Karl von Frisch

Erinnerungen eines Biologen

Dritte, erweiterte Auflage

Springer-Verlag Berlin
Heidelberg GmbH 1973

Mit 40 Abbildungen im Text, einem Portrait, einem Aquarell und einem Stammbaum

Professor Dr. Karl von Frisch
8000 München 90
Über der Klause 10

ISBN 978-3-540-06451-0 ISBN 978-3-642-61968-7 (eBook)
DOI 10.1007/ 978-3-642-61968-7

Library of Congress Catalog Card Number 73-11812

Ursprünglich erschienen bei Springer-Verlag Berlin Heidelberg New York 1973
Softcover reprint of the hardcover 3rd edition 1973

Der Österreichischen Akademie der Wissenschaften zugeeignet

VORWORT ZUR DRITTEN AUFLAGE

Fünf Jahre nach dem Erscheinen dieses Buches kam eine unveränderte zweite Auflage heraus. Auch diese ist nun seit einiger Zeit vergriffen.

Für eine Umgestaltung des ursprünglichen Textes liegt kein Anlaß vor. Er war kurz vor dem Ende meiner Tätigkeit als aktiver Hochschullehrer geschrieben und gibt so einen Überblick über eine in sich geschlossene Lebensspanne. Doch habe ich, wo es angezeigt war, einige Änderungen und Einfügungen angebracht. Neu hinzugekommen ist ein letztes Kapitel über die Zeit nach meiner Emeritierung. Als Anhang findet der Leser eine kleine Auswahl von Gedichten. Nicht, daß ich mich für einen Dichter hielte! Aber sie mögen ergänzend das Lebensbild von einer etwas anderen Seite her beleuchten.

Dem Springer-Verlag danke ich für seine Bereitschaft, die „Erinnerungen" noch einmal aufzulegen und in altgewohnter Weise aufs beste auszustatten.

München, 10. Mai 1973 KARL VON FRISCH

VORWORT ZUR ERSTEN AUFLAGE

Eine Darstellung des eigenen Lebensweges stand nicht auf meinem Arbeitsprogramm. Der Anstoß kam von außen. Die Österreichische Akademie der Wissenschaften, mit der ich seit 1938 als Mitglied und seit 1954 als Ehrenmitglied verbunden bin, verlangt von allen, die ihr angehören, für ihre Akten die Abfassung einer Autobiographie, über deren Umfang sie keine Vorschrift macht. Als ich jetzt nach wiederholter Mahnung endlich daran ging, der Verpflichtung nachzukommen, geriet mir das Schriftstück in die Breite, und so mag es schließlich in der Bücherei der Akademie, statt in ihrem Aktenschrank unterschlüpfen.

Indem ich dieses Buch der ehrwürdigen Österreichischen Akademie der Wissenschaften zueigne, möchte ich auch einen späten Dank dafür zum Ausdruck bringen, daß ich von ihr im Jahre 1921 mit der Verleihung des Liebenpreises meine erste wissenschaftliche Auszeichnung erhielt.

Herrn Dr. FERDINAND SPRINGER danke ich für seine verlegerische Bereitwilligkeit und für das schöne Gewand, das er diesem bescheidenen Versuch zugedacht hat.

Brunnwinkl, 4. Oktober 1956 KARL VON FRISCH

INHALTSÜBERSICHT

WOHER DES WEGES

Am 20. November 1886 kam ich als Sohn des Universitätsprofessors ANTON R. V. FRISCH und seiner Frau MARIE, geb. EXNER im Hause Wien VIII., Josefstädterstraße 17 zur Welt. Das Dasein verdanke ich wohl meinen drei erheblich älteren Brüdern. Zu ihnen hätte ein Töchterlein gehört. Und so erschien der Nachkömmling — aber nicht in der gewünschten weiblichen Ausgabe.

Abb. 1. Das Elternhaus Wien VIII., Josefstädterstraße 17, von der Gartenseite gesehen. Links oben das flache Promenadendach. — Federzeichnung von JENNY FRISCH geb. RICHTER um 1904

Das Elternhaus ist noch heute im Besitz unserer Familie. Wer an der schlichten Front des einstöckigen Gebäudes vorbeigeht, denkt nicht, daß hinter ihm, vom Häusermeer der Großstadt eingeschlossen, ein stiller Garten liegt, der den Übergang vom einstigen grünen Vorort zu einem zentralen Teil der Millionenstadt so gut wie unberührt um sich her geschehen ließ (Abb. 1). Gegen den Garten zu hatte mein Vater einen Teil des Daches zu einer flachen Promenade gestaltet, auf der meine Mutter allabendlich zu wandeln pflegte, um einen „Luftschnapper" zu machen. Da konnte sie ihren Blick über die Nachbargärten schweifen lassen bis zum fernen Kahlenberg, und ihr Schönheitsdurst fand täglich neue Freude am Farbenspiel des Sonnenuntergangs. Ihr Schmerz ist mir in lebhafter Erinnerung, als in der Nachbarschaft die aufsteigenden Zinshäuser den Blick in die Weite verbauten und den Himmel mehr und mehr einengten.

Mein Vater war Chirurg und in der Blütezeit der Wiener Ärzteschule Assistent bei THEODOR BILLROTH. Um heiraten zu können, gab er diese Assistentenstelle frühzeitig auf und spezialisierte sich auf das Fach der Urologie. Hierin hat er als praktischer Arzt, als Dozent an der Universität und durch seine wissenschaftliche Tätigkeit Hervorragendes geleistet. An der Akademie der bildenden Künste gab er den Unterricht in Anatomie.

Abb. 2. Mein Großvater väterlicherseits, Generalstabsarzt Dr. ANTON Ritter von FRISCH

Patienten strömten ihm aus dem In- und Ausland reichlich zu. Handgreifliche, schmackhafte Zeichen ihrer Dankbarkeit kamen uns zu den Festzeiten ins Haus, von Spargel und Wein bis zu Gänsen und Schweinchen, geziert mit den ungarischen Landesfarben oder mit anderen Dekorationen. Das ärztliche Ansehen des Vaters legte den Grund zu einer gewissen Wohlhabenheit, die mir und meinen drei älteren Brüdern eine sorglose Jugend und die freie Wahl des Berufes sicherte.

Zum Aufspeichern von Reichtum ist es nicht gekommen. Dafür sorgte in ihrer Weise meine Mutter, in der sich Geist mit Güte in ungewöhnlichem Maße verbunden hatte. Sie kannte keine größere Befriedigung, als anderen Menschen Freude zu bereiten und mein Vater, eher verschlossen und äußerlich oft als Brummbär erscheinend, ließ sie gerne gewähren. Als bezeichnendes Bild sehe ich vor mir, wie er eines Tages in der Weihnachtszeit eine große Anzahl ausgesucht schöne, verschiedenartige Taschenmesser schmunzelnd vor sie hinlegte, nur damit sie diese nach Belieben verschenken konnte. Ihre Wohltaten gegenüber vielen, die solcher bedürftig waren, kamen uns nur gelegentlich zur Kenntnis, denn sie machte kein Aufhebens davon.

Aber sie verlor sich nicht im Alltäglichen. Schon in jungen Jahren ihrer Ehe, als das Geld noch spärlich war, bewog sie ihren widerstrebenden Mann zum Ankauf eines großen, solide gebauten, 300 Jahre alten Mühlhauses in Brunnwinkl bei St. Gilgen am Wolfgangsee und legte damit den Grundstein zu einem sich bald erweiternden Familienbesitz, der zwei Kriege überdauern und in erschütternden Zeiten ein ruhender Pol der Besinnung, Erholung und auch der stillen Arbeit bleiben sollte.

Abb. 3. Mein Großvater mütterlicherseits, Dr. FRANZ EXNER, Professor der Philosophie an der Universität Prag. Lithographie von KRIEHUBER 1831

Doch richten wir zuerst den Blick auf die Vorfahren der Eltern (s. Stammbaum am Schluß des Buches). Unser Adel hat keine lange Geschichte. Mein Großvater väterlicherseits (Abb. 2) war österreichischer Generalstabsarzt. Für seine Verdienste um die Reorganisation des Militärsanitätswesens erhielt er 1877 den Orden der Eisernen Krone III. Kl., mit dem die Erhebung in den Ritterstand verbunden war. Schon sein Vater war Arzt gewesen, von seinen Söhnen haben zwei, von seinen Enkeln vier den ärztlichen Beruf gewählt. Lag so von dieser Seite her die ärztliche Kunst in der Tradition der Familie, so stammt unsere Neigung zu Forschung und Lehre wohl mehr aus dem Erbgut mütterlicherseits. Mein Großvater FRANZ EXNER (Abb. 3) war Professor der Philosophie an der Universität Prag. Seine Vorlesungen begeisterten die Studierenden. Eine Ansprache „Über die Stellung der Studierenden an der Universität", die er als Dekan 1834 gelegentlich der Immatrikulation hielt, ist nach Form und ethischem Gehalt eine der schönsten Reden, die ich kenne. Im Jahre 1848 wurde er zur Vorbereitung der neuen Studienpläne als Ministerialrat nach Wien ins Unterrichtsministerium berufen. Die für Jahrzehnte vorbildliche Reform des österreichischen Gymnasial- und Hochschulunterrichtes war in erster Linie sein Werk. Die energische Einführung der von ihm gemeinsam mit dem Philologen HERMANN BONITZ ausgearbeiteten Neugestaltung des gesamten Schulwesens war dem Unterrichtsminister Graf LEO THUN-HOHENSTEIN zu danken. Schon schwer krank, ging

Abb. 4. Die vier Brüder meiner Mutter mit ihrer „Tante TONI", einer unvermählten Schwester ihres früh verstorbenen Vaters. Von links nach rechts: ADOLF, FRANZ SERAPHIN, SIGMUND, KARL EXNER. Nach einer kolorierten Photographie

F. EXNER 1853 als Ministerialcommissär für das italienische Studienwesen nach Oberitalien, um in jenen Provinzen, die damals noch einen Teil der österreichisch-ungarischen Monarchie bildeten, die Studienreform zu betreiben. In Padua nahm ihn ein früher Tod dahin.

FRANZ EXNERs Vater war ein Wiener Zollbeamter, seine Mutter eine Grinzinger Weinbäuerin. Als Ehefrau führte er CHARLOTTE DUSENSY heim, die Tochter eines Prager Bank- und Handelsmannes. Obwohl gleich nach der Geburt getauft, war sie nicht arischer Abkunft. Das hat uns zwar später in einer Weise, von der meine liebe Mutter gottlob Zeit ihres Lebens nichts ahnen konnte, schwere Sorgen gemacht, aber es gab sichtlich eine gute Mischung, denn alle fünf Kinder FRANZ EXNERs entwickelten sich zu hervorragenden Menschen.

Sie wurden schon als Kinder Vollwaisen. Frau JULIE V. LADENBURG, aus einer befreundeten Wiener Familie, hat damals MARIE EXNER, meine Mutter, zu sich genommen, bis die Brüder erwachsen waren (s. Abb. 4). Trotz der erschwerten Verhältnisse konnten diese studieren und alle vier wurden Universitätsprofessoren: Der älteste, ADOLF, als Romanist in Zürich und dann in Wien; KARL — zunächst Gymnasialprofessor — wurde später als Professor der Mathematik an die Universität Innsbruck berufen, SIGMUND wurde Professor der Physiologie und Direktor des physiologischen Institutes an der Universität Wien und FRANZ SERAFIN ebenda Professor der Physik und Direktor des physikalischen Institutes.

Abb. 5. Meine Mutter, MARIE EXNER, 1871

Frühzeitig auf sich selbst gestellt, haben sich die Geschwister besonders eng aneinander geschlossen. Die Schwester, im Alter gerade in der Mitte stehend, nahm lebhaften Anteil an dem Schicksal der Brüder, an ihren Sorgen und Freuden und an ihren Interessen. Solches Milieu von Jugend auf gewöhnt, hatte sie zeitlebens für Frauentratsch nichts übrig und saß am liebsten als stille Zuhörerin, oder durch kluge Zwischenfragen beteiligt im Kreise anregender Männer, an denen im Hause nie Mangel bestand.

ADOLF erreichte als erster das Ziel der Dozentenlaufbahn; er wurde Professor für römisches Recht an der Züricher Universität und nahm seine Schwester zu sich in die Schweizer Stadt. Aus jener Zeit stammt die Freundschaft von ADOLF und MARIE EXNER mit GOTTFRIED KELLER. Sie ist aus dem Briefwechsel, der sich bis zum Tode des Dichters fortgesponnen hat, auch weiteren Kreisen bekannt geworden. In Zürich währte das Zusammensein nicht lange, weil ADOLF EXNER bald nach Wien berufen wurde. Aber im Sommer 1873 folgte KELLER einer Einladung der Geschwister EXNER nach See am Mondsee im Salzkammergut, wo sie zusammen mit Freunden die Ferien verbrachten. Ein paar Stellen aus den Briefen, die anschließend an diesen Ferienbesuch zwischen Zürich und Wien hin und her gingen, mögen zeigen, wie frei und humorvoll sich der sonst so verschlossene Schweizer dem harmlosen Frohsinn seiner österreichischen Freunde hingab und wie ungezwungen MARIE EXNER den rechten Ton fand, auf den er ansprach. Es geht dabei zum Teil um die kleinen Weihnachtsgaben, mit denen sich G. KELLER und die „Exnerei" wechselseitig bedachten.

Zürich, 19. Oktober 1873

Hochschätzbarstes Fräulein!

Ich bin ein bißchen von langer Weile geplagt, und da fällt mir ein, daß mich dummen Kerl eigentlich nichts hindert, mich durch Anfertigung eines Briefes an entfernte Kurzweilige etwas zu zerstreuen. Weil aber der Herr Professor[1] *nie antwortet, so mach' ich Sie zum Chef der Firma und schicke das Geschreibsel Ihnen.*

Vorerst habe ich meine glückliche Ankunft in meiner Heimat zu melden, die schon vor einer Ewigkeit erfolgt ist ...

Aber ich wollte Euch eigentlich noch vielmals danken für die gute Behandlung und alle Freundlichkeit, was hiermit geschieht. Auf Weihnachten will ich Ihnen die Ohrringe meiner Großmutter schicken für den Fall, daß Sie sich nächste Fastnacht wieder in Rokoko kleiden wollen. Sie dürfen sie schon annehmen, da sie nicht viel Wert haben.

Gestern war ich mit einer alten Herrengesellschaft am Rheinfall zu einem Herbstvergnügen mit neuem Wein und altem Champagner; ich habe erbärmliche Reden gehalten; nun bin ich voll Reue, und es ist mir Kopf und Herz schwer; auch fällt mir eben das weinende Sopherl am Mondsee ein, mit seiner Backerei, o je! Was machen Sie? Malen Sie fleißig und schön?[2] *Sind Sie wohl und munter? Wenn nun einige Wochen verstrichen sind nach Empfang dieses Briefes, so könnten Sie alsdann mir auch etwa eine halbe Seite voll Nachricht geben...*

Ihr ergebener G. Keller

Wien, 5. November 1873

Verehrter Herr Staatsschreiber!

Verzeihen Sie mir, wenn es Ihnen möglich ist, daß ich nicht erst meine Anzahl Wochen abwarte, bevor ich antworte. Ihr Brief hat mich zu sehr gefreut, als daß ich so lange das Maul halten könnte. Sonst ist es gar nicht so sehr meine Gewohnheit weder eifrig zu schreiben, noch viel zu reden, aber

---

[1] ADOLF EXNER.

[2] Meine Mutter hat schon als Mädchen mit Lust und Talent Porträts und Landschaften gemalt, ohne daß sie je einen entsprechenden Unterricht genossen hätte. Sie ist dieser Neigung bis ins hohe Alter treu geblieben.

MAR: EXN: FE
LAC: LUN: A.D
MDCCCLXXII

Ihnen gegenüber werde ich förmlich zur Schwatz-Liese und das kommt davon, daß Sie in der Regel nicht gerne den Mund auftun und man möchte es doch so gerne, denn man hat seine Freude daran. Seien Sie nicht böse, daß ich immer zupfe und zerre. Dies Jahr in Mondsee hatte ich schon sehr die Empfindung, Ihnen mit meinem Gezappel lästig zu sein, aber ich konnte nicht anders, es war stärker als ich. Wenn man zum Platzen voll Verehrung, Freude und Dankbarkeit jemandem gegenübersteht und nicht weiß, wo aus damit, so kommt das halt bei unsereinem so heraus...

Wir führen ein friedliches Dasein. Jeden zweiten Sonntag jedoch ist große Hasenjagd und da ist der Teufel los. Den Tag über bekommen sie nichts Warmes zu essen, dann fällt mir die ganze Bande des Abends heißhungrig ins Haus. Eine Art Feriengeist zieht da durch die Räume. Der Schützenkönig empfiehlt sich Ihnen bestens und ist sehr geschmeichelt, daß Sie sich seiner erinnern. Der Schürzenkönig ist bereits bei den Römerinnen.. Alles grüßt Sie und Alles erwartet sicher, daß Sie uns im Frühling heimsuchen. Sie bekommen ein Zimmer mit eigenem Eingang, wo keine Katze und kein Mensch Sie geniert und ich will so stille halten, daß Sie gar nicht merken sollen, daß ich da bin. Für Ihren lieben Gedanken, allerbester Herr Keller, mir die Ohrringe Ihrer Großmutter zu schicken, weiß ich gar nicht, wie ich danken soll. Aber sie faktisch anzunehmen, macht mir Skrupel. Sie haben mir einmal erzählt, daß Sie sie immer am Tintenzeug liegen hätten und gewohnt seien, damit zu spielen, wenn Sie über etwas nachdächten — wenn sie Ihnen nun fehlen? Wer weiß, wieviel gute Gedanken an dem Kleinod hängen — sind Sie nicht abergläubisch? Scherz bei Seite, ich nehme den Willen für die Tat und danke Ihnen schon für diesen tausendmal!!!

Adolf grüßt, er schreibt Ihnen nächstens. Alle guten Geister mit Ihnen! Bekommen wir wieder einmal Nachricht?

Ihre Marie Exner

Zürich, 20. Dec. 1873

Sie verschanzen sich ja, hochzuverehrendes Fräulein Marie Exner, so heftig gegen die Ohrringe, als ob sie von der Großmutter eines gewissen anderen Herrn kämen, statt von der meinigen. Damit sind Sie meine kleinen onkelhaften Wohlgesinntheiten aber noch nicht los geworden; denn ich habe sofort ein anderes Projekt gemacht und einen jener Wege abgebildet, die ich am Mondsee habe wackeln und patschen müssen, und schicke Ihnen hiemit das Produkt als Weihnachtsgeschenklein mit herzlichen Neujahrsgrüßen. Damit ich indessen die Schmiererei (ich habe seit länger als zwölf Jahren nicht mehr gewasserfärbelt) jederzeit ausleugnen kann, so habe ich dieselbe Ihnen in die Schuhe geschoben; wenn Sie eine gute Lupe nehmen, so können Sie das rechts oben in der Ecke bemerken.

Ein zweites Bildchen, der Holzweg nach Unterach mit dem Höllengebirge, ist nicht mehr fertig geworden und wird später gesandt...[1]

Ob ich nächstes Jahr nach Wien gerate, nimmt mich selbst Wunder. Wir wollen sehen, ob wir Leben und Gesundheit dafür behalten. Sollte ich aber in dem mir bestimmten Gartenzimmer wirklich etwas schaffen, so müßte vernünftig gelebt und das Punschwesen vor allem verpönt werden und überhaupt eine puritanische Strenge Platz greifen. Ich würde mich zu diesem Ende mit Kleidern aus Wachsleinwand versehen oder von Kautschuk, damit man die Punsch- und Weinflecke nicht so sieht...

Halten Sie fröhliche Festtage und geben Sie Ihren Jagdgesellen nicht zu viel zu essen! Bringen sie eigentlich auch Hasen nach Hause?

Ihr ergebenster G. Keller

Wien, 27. Dec. 1873

Liebster, bester, schönster Herr Staatsschreiber!

Sind Sie mir nicht böse über die Verehrungsduselei, ich werde sie mir schon abgewöhnen, nur ein bisserl noch! Also erstens muß ich Ihnen sagen, daß ich das Bildchen vom Mondsee so geschmackvoll, so schön, so sonnig und wonnig finde, daß mir das Herz hüpft vor Freude, so oft ich hinsehe. Ich danke Ihnen tausendmal für die ganze Sendung... In Betreff der Ohrringe muß ich gestehen, daß, wenn Sie das sauersüße Gesicht gesehen hätten, das ich gemacht haben muß, als ich die „Verschanzung" gegen diese Gabe niedersetzte, Sie wahrscheinlich großes Mitleid mit mir erfaßt hätte und Sie mir dieselben doch geschickt hätten. Nun bin ich vorderhand herzlich froh über das Bild, das mir sonst entgangen wäre, möchte Ihnen aber den Vorschlag machen, daß Sie die Ohrringe probeweise von Ihrem Schreibtisch entfernen sollen und wenn Ihnen wirklich daraus kein Schaden erwächst und wenn zwölf Monate darüber verflossen sind, dann erst sollen Sie mir sie schicken...

Vor Ihren künftigen Fenstern in unserem Hause wird gejätet und gepflanzt und sowie die erste Knospe springt, erwarten wir Ihren Einzug. Eine rauhe Gewandung zweckmäßiger Art soll bereit liegen.

Die Weidmänner lassen teils grüßen, teils grüßen sie selbst. Viele Hasen bringen sie wohl mit, aber sie essen mehr als sie heimbringen.

Glückliches neues Jahr!

Ihre Marie E.

---

[1] Das erste der genannten Bilder ist in Abb. 6 farbig wiedergegeben. Auf dem anderen ist ein Waldweg übertrieben steinig dargestellt, im Gedenken an sommerliche Spaziergänge. Die beiden reizvollen Aquarelle sind im Besitz unserer Familie. Wie in KELLERs Brief angedeutet, tragen sie die Signatur: MARIE EXNER fecit.

Zürich, 3. Januar 74

Grundgütiges Fräulein und Komp.!

Die Schachtel mit den zum Teil christlich-germanischen, zum Teil griechischen Geschenken ist glücklich angekommen und hat mich ganz verblüfft, Ihr Geldausgeber!...

Das Bäumchen hat sich gut gehalten, nur ein paar Fläschchen sind leer angekommen mit eingedrückten Bäuchlein; ich sagte: „Kommt ihr mir so, ihr Esel? Was soll ich jetzt aus euch entnehmen, ihr schlechten Sachwalter?" aber sie brachten nicht die geringste Entschuldigung vor! Die Mehrzahl ist indessen ganz geblieben, dank der rührend eigenhändigen Verpackung. Gewiß haben Sie das Schriftliche von den drei Brüdern für mich zusammengebettelt wie das liebe, kleine Prinzeßchen im Märchen, das im Walde einen verfrorenen alten Kohlenbrenner fand und nach Hause lief und seinen Brüdern das Vesperbrot für ihn abbettelte; drei gaben es ihm, nur der vierte konnte nichts geben, weil er gerade auf der Jagd abwesend war, um die vielen Raubvögel zu schießen, welche zu jener Zeit die Luft verfinsterten, so daß man mit vieler Kunst ein Loch am Himmel suchen mußte, um sie nur fehlen zu können? Und wie gütig und langmütig und fein erlösen Sie mich von meiner Ohrringmarotte! Zwölf Monate brauche ich aber nicht, da ich sie schon lange wieder weggelegt hatte. Ich schicke sie also gleich jetzt...

Nun stellt Euch meine Dankbarkeit so großartig vor, als Ihr wollt! Sie wird bald so chronisch bei mir, daß sie fast eine Art Gemütsverbesserung zuwege bringt! Übertrumpfen Sie mir das!

Gottfried Keller

Wien, 10. Jänner 1874

Liebster, aber nichtsdestoweniger grundboshafter Herr Staatsschreiber!

Daß Ihre breit und tief angelegten Dankesworte ein ausgespielter Trumpf sind und Sie meine Ergüsse auch nur für Spiel nehmen, ist höllisch von Ihnen und wahrhaftig, wenn ich nicht so herzlich hätte lachen müssen über Ihre feine Art, mir bezüglich meiner Dankeshymnen das Maul zu stopfen, ich wäre wild geworden. Nun sind Sie sicher; ich sage Ihnen nie mehr Dank für etwas; sollte ich aber eines Tages plötzlich verstorben sein und sich im Körper keine nachweisbare Ursache finden lassen, so wissen Sie, was passiert ist...

Der geplante Besuch KELLERs in Wien wurde im Sommer 1874 verwirklicht. Als Gast der EXNERs schrieb er in dem bewußten Gartenzimmer in der Josefstädterstraße 17 an der Novelle „Das verlorene Lachen".

Am 19. November 1874 heirateten meine Eltern. Gewiß hat der muntere Freundeskreis zum Polterabend und Hochzeitstag viel Schabernack und Witz verzapft. Bis heute ist nur die Depesche, die GOTTFRIED KELLER aus Zürich sandte, erhalten:

Macht frisch Wetter heut,
Hexen tun heiraten,
Um den Tisch sind schöne Leut',
Lustig dampft der Braten.

Hinter'm Ofen sitz' ich froh,
Brauch mich nicht zu zieren,
Rauch' mein Pfeiflein Haberstroh
Und tu' gratulieren.

In den Lüften klingt und weht
Überall ein Hoffen,
Besen in der Ecke steht
Und der Himmel offen.

Durch wiederholte Ferienaufenthalte waren meine Eltern mit dem Salzkammergut bekannt geworden. Es war damals noch nicht von

Abb. 7. Meine Mutter, MARIE v. FRISCH, als junge Frau 1875

Eisenbahnen durchschnitten, von Sommergästen kaum besucht und frei von entstellenden Bauwerken, wie sie später mit dem Zustrom der

Fremden leider so zahlreich emporschossen. Im Sommer 1882 mieteten sie einige Zimmer in der schon erwähnten Brunnwinkl-Mühle am Wolfgangsee. Meine drei Brüder waren damals 7 bis 4 Jahre alt. Ich war noch nicht erschienen. Obwohl die Gegend durch ihren „Salzburger Schnürlregen" berüchtigt ist und sich der Sommer durch ausnehmend schlechtes Wetter hervorgetan hatte, erkannte meine Mutter die Vorzüge dieses idyllischen Erdenfleckes und so kauften die Eltern noch im Herbst dieses Jahres das Haus mit einem Teil des umliegenden Grundes, als die verschuldeten Müllersleute sie darum anflehten. Meine Mutter schrieb davon an GOTTFRIED KELLER:

22. 12. 1882

Liebster Herr Keller

... In unseren Kalkwänden[1] *hat es heuer richtig wieder was Erkleckliches zusammengeregnet, trotzdem waren wir dort so vergnügt, daß wir den Übermut hatten die alte Mühle, in der wir wohnten, zu kaufen. Der Rumpelkasten, ein ehemals behäbiges Bauernhaus, samt einem hübschen Stück Grund war für 3000 fl. zu haben, was für uns leichtsinniges Wienervolk gar kein Geld ist und ich habe nun einen meiner sehnlichsten Wünsche erfüllt, mich alle noch kommenden Sommer und Spätsommer meines Lebens auf demselben Fleckchen Erde einspinnen zu können. Mein Mann findet dort auch eine Menge Vergnügungen, Fischerei, Kegelschieben (eigene Bahn), höhere Jagd (Rehe, Hirsche, Gemsen, nicht Raben und Eidechsen), Seefahren, Schwimmen etc., kurz es wird, wenn wir leben, eine Herrlichkeit sein und Sie sind hiermit zur üblichen Hausnudl feierlichst eingeladen. Bis zum Herbst hoffe ich so viel im Hause gemauert, genagelt, gemalt und geputzt zu haben, daß sich ein nachsichtiger Gast mit leidlichem Behagen darin niederlassen mag...*

Darauf GOTTFRIED KELLER an MARIE V. FRISCH:

Zürich, 29. XII. 82

Verehrte Frau Professor!

... Also Sie haben eine alte Mühle am Bergsee gekauft; ohne Zweifel wird auch ein Mühlbach da sein, mit aller Zubehör, so daß es losgehen kann mit einer neuen Serie Müllerlieder vom Wolfgangsee. Nun mahlen Sie nur ein recht schönes, lustiges, weißes Mehl alle Sommertage Ihres Lebens hindurch, bis das dunkle Haar sich davon zu bestäuben anfängt! Sie brauchen dann keinen Puder zu kaufen, um es zu verbergen; aber noch lange sei es bis dahin!

---

[1] Im Kalkgebirge des Salzkammergutes.

Während die alte Kornmühle hiermit ihren Betrieb einstellte und ohne zu tiefgreifende Veränderung ihres äußeren Gepräges als behagliches Sommerhaus mit 9 Wohnräumen eingerichtet wurde, hatten sich die Müllersleute aus dem Erlös ein neues, kleineres Wohnhaus an ihre 100 m entfernt gelegene Sägemühle angebaut, die zunächst weiter arbeitete (Abb. 9). Doch vier Jahre später stand auch die Sägemühle still. Mein Vater erwarb sie und schuf aus ihr und dem vom Müller angebauten Wohnhaus zwei neue Sommervillen. Die Müllersleute zogen fort. Die Fäden zu ihnen sind aber durch Jahrzehnte nicht ganz abgerissen.

Abb. 8. Das Muhlhaus in Brunnwinkl (erbaut 1615/16). Im Hintergrunde der Schafberg. Ölbild von Marie v. Frisch, um 1884

Auch in der folgenden Zeit gebrauchte mein Vater seine Ersparnisse überwiegend zur Erweiterung dieses Besitzes. Er wurde durch Wiesen und Wälder vermehrt. Auch kamen zwei weitere Häuser dazu (das „Schusterhaus" 1888, das „Jocklhaus" 1902), nur eines blieb im Besitz des ansässigen Kleinbauern, mit dessen Nachfahren wir noch heute in freundschaftlicher Nachbarschaft leben. Alle sechs Häuser liegen zerstreut in dem vom Mühlbach durchflossenen Wiesengrund, der vom See und von steil aufstrebenden Waldhängen begrenzt ist. Das ist der Brunnwinkl.

Damals führte nur die vom Mondsee kommende Straße an einem der Hänge vorbei, wo der Postillon ein munteres Lied zu blasen pflegte, wenn er das steile Stück zum See hinunter fuhr. 1893 wurde die Salzkammergut-Lokalbahn den Berghang entlang geführt. Mit ihr kamen die

Sommergäste, und manches änderte sich. Aber das ist in diesem Zusammenhang nicht wichtig. Ich will ja keine Geschichte des Brunnwinkls schreiben.

Abb. 9. Der Brunnwinkl. Im Vordergrund die Sagemühle mit dem vom Muller links angebauten neuen Wohnhaus. Hinter der Sagemuhle ist der Giebel der alten Kornmuhle („Muhlhaus") sichtbar, rechts von der großen Bootshütte das „Schusterhaus" (teilweise durch Baume verdeckt), links vor dem Felsenhugel das Dach des „Fischerhauses". Noch weiter links, im Bilde nicht mehr sichtbar, liegt das „Jocklhaus". Photographie aus dem Jahre 1885

Abb. 10. Der Brunnwinkl 1956. In der Mitte des Bildes ist das Mühlhaus frei sichtbar. Links von ihm, teilweise durch Bäume verdeckt, die umgebaute Sägemühle, ganz links das Fischerhaus, rechts das Schusterhaus. Phot. F. Baader

Wesentlich war die Art der Besiedlung der so entstandenen Kolonie. Im Stammhaus, in der alten Mühle, wohnten jeden Sommer die Eltern mit uns Buben. Die anderen Häuser, die gleicherweise in bäuerlichem Stil zum Sommeraufenthalt eingerichtet waren, vermietete meine Mutter zu einem Zins, der mehr der Form als des Geldes wegen streng eingehalten wurde, an drei ihrer Brüder mit ihren Familien. Nur ADOLF, der älteste Bruder, hatte in Tirol seinen eigenen Sommersitz. Das fünfte Haus wurde an Freunde der Familie vergeben, nicht immer an dieselben, so daß für Abwechslung in der kleinen Kolonie gesorgt war. An solcher war aber auch sonst kein Mangel. Denn jedes Haus war groß genug, um Gäste zu beherbergen, und ihrer kamen viele. Meine Mutter wünschte sehr, daß auch G. KELLER diesen Erdenwinkel noch kennenlernen möchte. In ihrem letzten, an ihn gerichteten Brief vom 9. April 1890 schrieb sie:

... *Im Sommer gehen wir wieder alle an unseren Wolfgangsee, wo Sie noch einmal im Leben gut bewirten, pflegen und hätscheln zu dürfen zu meinen liebsten Träumen gehört...*

Es sollte ein Traum bleiben. Am 16. Juli dieses Jahres ist G. KELLER gestorben.

Es galt in Brunnwinkl als ungeschriebenes Gesetz, einander nicht zu stören. Jeder — die Gäste eingeschlossen — hatte die Freiheit, zu tun was er mochte. Man konnte tagelang das einsamste Leben führen, wenn man Lust hatte. Aber ungezwungen, der augenblicklichen Neigung gemäß war doch abends ein Kommen und Gehen zwischen den Häusern, man versammelte sich bald da bald dort, die Jugend „blödelte" unter fröhlichem Gelächter, und war ein andermal ebenso bereit auf ernste Töne zu lauschen, wenn die Alten von ihren Reisen erzählten oder von Neuigkeiten aus dem Reich der Wissenschaft. Der Stoff für solche Diskussionen erweiterte sich durch die Freunde, die für kurz oder lang zu Besuch kamen. Auch hatte THEODOR BILLROTH wenige Jahre nach meinen Eltern an der Gegend Gefallen gefunden und sich einige hundert Meter vom Mühlenwinkel entfernt einen Sommersitz errichtet. Die vielen Gäste seines musikalischen Hauses gingen auch am Brunnwinkl nicht vorüber. Die Dichterin MARIE V. EBNER-ESCHENBACH war eine Reihe von Jahren als Sommergast in St. Gilgen und hat so manches ihrer neuen Manuskripte im kleinsten Kreise vorgelesen. Es war ein anregendes Leben, und ein gesundes, denn ganz natürlich und ohne sportliche Allüren anzunehmen, wurden wir Jungen in dieser Umgebung zu guten Schwimmern und Bergsteigern, und zu naturverbundenen Menschen. Die ganze Gemeinschaft aber war durch den ausgleichenden Geist meiner Mutter, der ungekrönten Königin des kleinen Reiches, zu seltener Harmonie vereint.

SCHULZEIT

In den ersten Schuljahren erhielt ich in Wien Privatunterricht zu Hause. Die letzte Volksschulklasse absolvierte ich bei den nahegelegenen „Piaristen". Als ich in die erste Klasse des humanistischen Gymnasiums eintrat, besuchte mein Bruder ERNST daselbst die 8. Klasse und stand vor der Matura, OTTO und HANS studierten bereits Medizin und Jura an der Universität. Für den Nachkömmling wäre es naheliegend gewesen, sich an gleichaltrige Gefährten anzuschließen. Aber dazu bestand wenig Neigung. Viel mehr zog es mich zu den Kameraden aus der Tierwelt.

Abb. 11. „Fruh krummt sich, was ein Hakchen werden will."
KARL FRISCH um 1889

Meine Mutter besorgte sich jeden Herbst bei einem Tierhändler eine Blaumeise, pflegte sie über den Winter, ließ sie oft stundenlang im Zimmer umherfliegen und gab ihr stets im Frühjahr die Freiheit wieder. Die fürsorgende Güte, mit der sie auf das Wohl und die Bedürfnisse des kleinen Stubengenossen bedacht war, machten großen Eindruck auf mich. Nicht minder lenkte ihre Empörung über jede tierquälerische Handlung frühzeitig meine Aufmerksamkeit auf die Tiere als beseelte Wesen.

Noch bevor ich zur Schule ging, hatte ich meinen kleinen zoologischen Garten im Zimmer. Wir waren damals alljährlich um Pfingsten für einige Tage zu Gast bei Freunden auf einem ungarischen Gut. Die Umgebung war reich an Tümpeln, die mit Molchen und Wasserfröschen bevölkert waren. Sie zu fangen, nach Wien mitzunehmen und da zu pflegen und zu beobachten, wurde zu einer wahren Leidenschaft. Stundenlang konnte ich vor ihrem Behälter sitzen, um jede Regung wahrzunehmen. Es blieb nicht bei den Fröschen und Molchen. Ein erhaltenes, im übrigen sehr kärglich geführtes Tagebuch aus meiner Gymnasialzeit verzeichnet an Tieren, die ich damals schon in Pflege gehabt hatte: 9 verschiedene Arten Säugetiere, 16 Vogelarten, 26 verschiedene Kriechtiere und Lurche, 27 Fischarten und 45 Arten von wirbellosen Tieren. Meiner Mutter werde ich ihre Duldsamkeit gegenüber diesen, nicht immer angenehmen Hausgenossen nicht vergessen. Dem Vater muß ich für seine zwar selten, aber im rechten Augenblick gegebenen Anregungen dankbar sein. So rief er mich eines Tages zu sich, nachdem der letzte Patient das Sprechzimmer verlassen hatte und offenbarte mir unter dem Mikroskop, das sonst der Untersuchung von Harnsedimenten diente, die Lebewelt der mikroskopisch kleinen Tiere. Er hatte für diesen Zweck Kulturen angelegt. Ein andermal fuhr er mit mir zu einem Aquarienfreund, der am anderen Ende der Stadt wohnte — der Himmel weiß, wie er ihn herausgefunden hatte —, damit ich seine Fischbecken und die Zuchten ausländischer Zierfische kennenlernte. Er gab mir Anweisung, wie man ein Aquarium fachgemäß einrichtet. Die Folgen blieben nicht aus. Viele Süß- und Seewasserbecken wurden mir zu einer Quelle von Freuden, zugleich aber auch, ganz unbewußt, zu einer Schule der Beobachtung.

Abb. 12. Mein Vater, Prof. Dr. Anton R. v. Frisch

Nach einer schweren Erkrankung verbrachte meine Mutter durch mehrere Jahre jeweils einige Frühjahrswochen im Süden; da nahm sie mich mit, nach dem kleinen, stillen Lovrana an der Ostküste Istriens, nicht weit von dem bekannten Kurort Abbazia. Was es an dieser Meeresküste an Lebewesen gab, war im Vergleich mit dem Gestade des Wolfgangsees von nicht gekannter Farbenpracht und reich an unerwarteten Überraschungen. Nichts Schöneres gab es für mich, als stundenlang regungslos auf den Klippen zu liegen und zuzusehen, was sich auf den algenbewachsenen Steinen unter der Wasseroberfläche an Lebendigem zeigte. Ich kam dahinter, welche Zauberwelt sich dem geduldigen Beobachter enthüllen kann, wo der flüchtige Wanderer überhaupt nichts bemerkt. Mein Seewasserbecken erhielt natürlich nach jedem solchen Küstenbesuch neue Gäste und manche von ihnen hatte ich jahrelang in Obhut.

Von den tierischen Hausgenossen jener Zeit verdienen wohl zwei der besonderen Erwähnung:

Ich war etwa 6 oder 7 Jahre alt, als ich eines Morgens in Wien davon erwachte, daß jemand am Gartenfenster anklopfte. Es war ein Buntspecht, der durch das rasch geöffnete Fenster bereitwillig ins Zimmer kam. Nachträglich stellte sich heraus, daß Buben aus der Nachbarschaft ihn aus dem Nest genommen und aufgezogen hatten. Er war ihnen entkommen und hatte dann, hungrig geworden, bei uns Einlaß begehrt. Seinen rechtmäßigen Eigentümern war er rasch abgekauft. Als Wohnkäfig wußte er sich bald ein ganzes Zimmer zu erobern. Findig, wie er war, entkam er auch uns. Doch hatte er inzwischen den großen irdenen Mehlwurm-Topf als Quelle bester Leckerbissen kennen gelernt und man brauchte ihn nur zu zeigen, um ,,Ignaz" zur Rückkehr zu bewegen. Als wir ihn nach Brunnwinkl mitnahmen, war dort an schönen Sommertagen so viel Gelegenheit, den Zimmern zu entfliehen, daß er sich bald ganz daran gewöhnte, den Tag im Walde zu verbringen und jeden Abend — schon der Mehlwürmer wegen — ins Haus zurückzukommen. War mittags der Tisch im Freien gedeckt, so erschien gleichzeitig mit der Suppe bestimmt auch Ignaz, um sich nach einem Trommelkonzert an der Dachrinne auf den Tisch zu setzen und den Topf mit seinem Leibgericht zu reklamieren. Als meine Mutter einmal mit Gästen, die zu kurzem Besuch gekommen waren, einen Spaziergang machte, bemerkte sie den Specht im Tannenwald und lockte ihn, worauf er ihr auf den Kopf flog und sie durch Trommeln mit dem Schnabel begrüßte. Die Gäste waren nicht wenig erstaunt, daß sie mit den Vögeln des Waldes auf so vertrautem Fuße stand. Eines Abends kam er nicht mehr heim, ohne daß wir erfahren haben, ob es ihn zu seinesgleichen gezogen hat oder ob ihm etwas zugestoßen war.

Eine viel längere und intimere Freundschaft entwickelte sich zwischen mir und einem Sittich, den ich, im Alter von etwa 8 Jahren, von Bekannten als Geschenk erhielt. Es war ein brasilianischer Blumenausittich, von grüner Farbe und größer als die bekannten Wellensittiche. Er schloß sich eng an mich an. In meiner ganzen Schulzeit und noch in den Wiener Studiensemestern war ich kaum je zu Hause, ohne daß ,,Tschocki" auf meiner Schulter saß, auf meinen Knien ein Schläfchen hielt, auf dem Schreibtisch Schulhefte und Bleistifte zernagte oder sich anderweitig in meiner Umgebung betätigte. Bei den Mahlzeiten war er stets mit zu Tisch und wußte als großer Feinschmecker genau, wo das Beste zu holen war. Von mir ließ er sich zutraulich alles gefallen, während er gegen die anderen Familienmitglieder, und noch mehr gegen Fremde, abweisend blieb. Charaktervoll hackte er meinen Bruder Hans, der ihn zuweilen neckte, auch dann in den Finger, wenn er ihm einen Leckerbissen anbot. Nachts schlief er neben meinem Bett, und am Morgen war der erste Griff in den Käfig, um den Vogel zur Begrüßung und Unterhaltung zu mir zu holen. Eine Voraussetzung für diese enge Gemeinschaft war ein gewisses Maß an Zimmerreinheit. Es war nicht schwer zu erzielen. Wenn er im Käfig ein „Batzi" machte, durfte er heraus, und er lernte bald um dieses Lohnes willen auch ohne innere Notwendigkeit minimale Quantitäten zu produzieren. Seine Bemühungen in dieser Hinsicht wirkten ungemein komisch. Anderseits pflegte ich ihn zur Strafe einzusperren, wenn er sich außerhalb etwas zu Schulden kommen ließ. Und so wurde er unruhig, wenn es an der Zeit war — ohne daß er freilich gelernt hätte, aus diesem Anlaß aktiv den richtigen Ort aufzusuchen. Auch stellte sich ein kleines Mißverständnis ein. Daß er nach einer Verrichtung im Käfig heraus durfte, machte ihm offenbar tieferen Eindruck als der umgekehrte Vorgang. So wurde das Drücken in seiner Vorstellung zu einer Tat, die belohnt wird, und er begann zuweilen auch außerhalb des Käfigs in dieser originellen Weise zu „bitten", wenn er einen Leckerbissen sah oder sonst einen lebhaften Wunsch hatte. — Er war etwa 15 Jahre unser Hausgenosse. Ich studierte schon an der Münchner Universität, als ich von meiner Mutter die traurige Nachricht erhielt, daß er nach kurzer Krankheit in ihren Händen gestorben sei.

Dem intensiven Umgang mit Tieren lagen keinerlei Überlegungen zugrunde. Es war eine naive Freude am Beobachten ihrer elementaren Lebensäußerungen und ihrer geistigen Regungen in den so mannigfachen Stufen der Entfaltung. Dazu kam schon damals ein leiser Drang, das Gesehene festzuhalten und anderen zu übermitteln. Vielleicht kam die Anregung dazu vom eifrigen Lesen naturwissenschaftlicher Schriften. Jedenfalls sandte ich schon in meiner Schulzeit manche kleine Tierbeobachtung an Liebhaber-Zeitschriften, die sie auch abdruckten. Eine solche Veröffentlichung in den „Blättern für Aquarien- und Terrarienkunde" handelte von der „Lichtempfindlichkeit der Aktinien". Ich hatte in meinem Seewasseraquarium gesehen, daß die Seerosen mit den Armen zu wackeln begannen, wenn ich abends das Licht anzündete. Da sie keine Augen haben, war das eigenartig und ich machte einige Versuche über den Grad ihrer Empfindlichkeit, und ob sie etwa auf die Wärme, und nicht auf die Lichtstrahlen ansprachen. Bei einer Abendtafel in unserem Hause reichte ich den eben erschienenen kleinen Artikel, nicht ohne leisen Stolz, meinem Onkel, dem Physiologen SIGMUND EXNER, der ihn mit ernster Miene las und eine anerkennende Bemerkung machte. Seine Tischnachbarin, eine meiner Tanten, hatte mitgelesen und fragte verwundert nach dem Grund seiner Freude über eine so langweilig trockene Darstellung. Er sagte darauf: „Die Mitteilung enthält alles Wesentliche und nichts Überflüssiges. Die gefälligen Floskeln herum zu machen, das lernt man später noch früh genug."

Es war dies die erste kompetente Bestätigung einer Liebhaberei, die später mein Beruf werden sollte, und ist mir als solche in Erinnerung geblieben.

Von meinen Tieren aus jener Zeit weiß ich heute noch viel mehr als von der Schule. Sogar von der Aufnahmeprüfung in das Schottengymnasium in Wien, die ich wegen der bevorstehenden Abreise nach Brunnwinkl etwas vor dem allgemeinen Termin allein im Zimmer des Direktors abzulegen hatte, könnte ich heute keine der gestellten schriftlichen Aufgaben mehr angeben, wohl aber entsinne ich mich genau, daß mich einige Fliegen an der Fensterscheibe so lebhaft ablenkten, daß sich der Direktor (vergeblich) bemühte, sie zu fangen oder zu verjagen.

Neben der Tierwelt begeisterten mich — wie jeden Buben — die Leistungen der Technik. Flugzeuge konnten damals ein kindliches Gemüt noch kaum entflammen. Dafür steckten sie selbst noch zu sehr in den Kinderschuhen. Ich erinnere mich eines Schaufluges, den ein französischer Pionier der Fliegerei angekündigt hatte. In hellen Scharen strömten die Wiener an jenem Sonntagmorgen hinaus, um in den Donau-Auen zuzusehen, was der Aeroplan zuwege brachte. Aber trotz wiederholter Versuche rollte er nur über den Boden dahin, bis er bei solcher Gelegenheit gegen einen Stein stieß, einen Satz in die Luft machte und nun 100—200 Meter weit knapp über dem Boden weiterschwebte. Donnernder Beifall belohnte ihm diesen Erfolg.

Mit solchen Anfangssprüngen einer technischen Entwicklung vermochte meine kindliche Phantasie nicht viel anzufangen. Viel lebhafter war sie durch Eisenbahn und Schiffahrt gefangen genommen. Die Kegelbahn in Brunnwinkl war für mich durch manchen Sommer nichts anderes als ein Eisenbahnzug, in dem ich bald als Lokomotivführer, bald als Schaffner die schönsten Fahrten durch die weite Welt unternahm. Und auf meinem Schulweg in der Stadt wurden die Straßen zu Strömen oder Kanälen, auf denen ich in kleinen Motorbooten, deren Leistungen der damaligen Technik entschieden voraus waren, von einem Ufer zum anderen steuerte. Ich muß aber gestehen, daß ich das Wunderwerk der Maschinen als solches hinnahm; Bemühungen um ihr tieferes Verständnis hatten nichts Anziehendes für mich.

Ich war ein schlechter Schüler, ausgesprochen unbegabt für Sprachen und für Mathematik. Von der ersten bis zur letzten Klasse hatte ich Nachhilfestunden in Latein und Griechisch bei einem hervorragenden Humanisten, Dr. Löhr, dem ich durch meine Unzugänglichkeit für die Lehren der Grammatik und durch meine permanente Unkenntnis der Vokabeln manchen Kummer bereitet habe.

Der Unterricht im Schottengymnasium lag in der Hand der Benediktinermönche. Es waren sehr gute Lehrer unter ihnen, z. B. der greise P. Stephan Fellner, der uns in den höheren Klassen die Naturgeschichte vortrug. Es lag wohl an dem damaligen Lehrplan, daß selbst die Stunden in Zoologie ohne nachhaltigen Eindruck blieben. Ausgezeichnet war der Unterricht in Physik und Mathematik bei P. Benedikt.

Er kannte meine biologische Neigung und Veranlagung und obwohl ich in puncto Mathematik ein Brett vor dem Kopf hatte, ließ er mich immer noch durchrutschen. In der Meinung, daß ich für meinen künftigen Beruf nicht an diesem Fehler scheitern dürfte, half er mir in seinem stillen Kämmerlein so wirksam über die Schwierigkeiten hinweg, daß auch in diesem Fach die Matura gut vorüberging.

Bei den meisten Schulfächern machte mir die Bewältigung des Stoffes Schwierigkeiten. Dem ließ sich durch einigen Fleiß und äußere Hilfe begegnen. Aber der Religionsunterricht führte zu inneren Nöten. Die strenge Lehre vom allein selig machenden Glauben der katholischen Kirche stand in Widerspruch mit der freieren Auffassung meines Elternhauses, die mir nicht lange verborgen bleiben konnte. Auch wollte mir nicht einleuchten, daß die überwiegende Mehrheit der Völker unserer Erde in Irrlehren befangen wäre und nur gerade unsere Auffassung die rechte sein sollte. Andererseits war mir der liebe Gott der Religionsstunden von Kindheit an eine so vertraute und vertrauenswürdige Gestalt, daß meine Gedanken sich gerne in ernsten Angelegenheiten unversehens an ihn wandten, auch in reiferen Jahren, als ich von Zweifeln über seine Existenz gequält war. Ganz allmählich, und mehr gefördert durch Gespräche am häuslichen Tisch als durch die Schulreligion, kam mir zu Bewußtsein, was für ein winziges Stäubchen unter den erkennbaren Gestirnen unsere Erde ist und wie flüchtig das Dasein der Menschengeschlechter in der Geschichte des Weltalls. Das führt zur Ehrfurcht vor dem Unbekannten, und wer solchen Gefühlen eine Gestalt gibt, an der er für sein Leben festen Halt findet, der ist auf gutem Wege. Jede ehrliche Überzeugung verdient Achtung — nur nicht die überhebliche Behauptung, daß es in aller Welt nichts Höheres gibt als den Menschengeist.

Neben der Freude an lebenden Tieren entwickelte sich in meinen letzten Gymnasialjahren in den Sommerferien eine andere Leidenschaft, die für meinen künftigen Beruf ebenso wichtig wurde, wie sie mich anderseits davon abhielt, in den Ferien meine mangelhaften Schulkenntnisse aufzufrischen: ich begann Sammlungen anzulegen und es entstand das Brunnwinkler „Museum". Schmetterlinge oder Käfer zu sammeln war damals ein bei der Jugend weit verbreiteter Brauch. Solche Liebhaberei befriedigt die in jedem Kinde steckende Sammelleidenschaft, gewährt dabei die Freuden erfolgreicher Jagd, schärft die Beobachtungsgabe und übt, beim Präparieren zarter Objekte, die manuelle Geschicklichkeit. Bei mir kam dieser Drang erst mit 17 Jahren zum Durchbruch, aber ich bin ihm mein Leben lang treu geblieben. Ich wollte alles sammeln, nicht nur Schmetterlinge oder irgend eine andere auserwählte Gruppe, wie es gewöhnlich geschieht; anderseits verlangte die drohende Uferlosigkeit des Unternehmens eine Beschränkung wenigstens in regionaler Hinsicht. So ergab sich der Plan einer

Lokalsammlung, aus der jedes Tier und jedes andere Objekt, das nicht im Schafberggebiet und in der Umgebung des Wolfgangsees gefunden war, streng verbannt blieb.

Meine neue Leidenschaft wirkte auf die Brunnwinkler ansteckend. Alle wollten mithelfen, die Sammlung rasch zu erweitern, aber die meisten hatten kein Fangnetz und wußten die Tiere nicht richtig zu behandeln. So holte mich der Ruf: „Karl, ein Viech!" bald hierhin, bald dorthin. Nach 2—3 Jahren hatten wir die häufigsten Formen beisammen und dann wurden die Helfer, die mich zu einer entdeckten „Rarität" riefen, durch die stereotype Bemerkung enttäuscht: „Ganz gemein, haben wir schon!" Ich konnte mich — ganz gegen die Regeln wahren Sammlertums — nicht entschließen, mehr als einen Vertreter jeder Art umzubringen und in die Sammlung aufzunehmen. Erst viele Jahre später lernte ich, daß einem auf diese Weise doch recht Bemerkenswertes entgeht.

Natürlich mußte ich Lehrgeld zahlen. Nach dem ersten Winter waren alle gesammelten Insekten verschimmelt und verdorben. Ich übersiedelte mit meinen Schätzen dreimal in andere Räume. Die Verluste nahmen erst ein Ende, als ich 1925 einen ausgebauten Teil des Dachbodens im Mühlhaus beziehen konnte, das trockenste Lokal unseres mit Feuchtigkeit gesegneten Erdenwinkels.

Zunächst wurde die Fischsammlung einigermaßen vollständig. Über diese hielt ich den Brunnwinklern den ersten Vortrag meines Lebens. Onkel SERAFIN (der Physiker FRANZ SER. EXNER) brummte nachher etwas in seinen Bart über ein „neu entdecktes Talent" und gab hiermit meinem Selbstvertrauen eine (sehr notwendige) Stärkung.

Heute umfaßt die Sammlung im zoologischen Teil etwa 5000 Nummern. Eine meiner Tanten ergänzte sie durch ein schönes Herbarium. Mein Vater, immer auf meine naturwissenschaftliche Ausbildung bedacht, wollte gerne auch die Petrefakten vertreten sehen. Die Gegend ist reich an Ammoniten und anderen Versteinerungen. Ein Beamter und Bürger der Gemeinde St. Gilgen hatte deren eine stattliche Menge zusammengebracht. Er wollte sie an uns als Grundstock der neuen Fossiliensammlung verkaufen. Um uns dafür zu erwärmen — anscheinend brauchte er dringend Geld —, lud er mich zu einer Sammeltour ein. An einem mit Lehm durchsetzten Sandhang zog er nach kurzem Suchen einige herrliche Schneckenschalen und andere, schwer definierbare Versteinerungen aus dem Boden. Ich war begeistert, und mein Vater kaufte die Sammlung. Später fand ich dann noch manches dazu, aber nie mehr so schöne Stücke. Als ich diese nach Jahren, mit geschärftem Blick, wieder einmal ansah, kam mir ein Verdacht. Ich nahm einen Hammer und zerschlug eine Rarität nach der anderen. Sie zersplitterten und zu Tage kamen — kleine Klumpen von Blei, mit dem der Gauner die Schalen von heute lebenden Meeresschnecken ausgegossen hatte, um ihnen das Gewicht von Versteinerungen zu geben. Er hatte sie äußerlich geschickt patiniert, dann vergraben und vor meinen Augen wiedergefunden. Für die Besucher meines „Museums" blieben die künstlichen Versteinerungen mit ihren entlarvten Bleikernen viel bestaunte Sensationsstücke — wie ja auch die von boshaften Menschen angefertigten „Fossilien", die Dr. J. B. A. BERINGER in gutem Glauben an die Funde anno 1726 in seiner Lithographia Wirceburgensis als interessante Entdeckungen abgebildet und beschrieben hat, zu größerem Ruhm gekommen sind als alle je von ihm gefundenen echten Petrefakten.

Ein Gedanke quälte mich, als die Sammlungen im besten Wachsen waren: was aus ihnen werden sollte, wenn ich einmal nicht mehr da wäre. Ohne dauernde Pflege ist ja ihr Schicksal bald besiegelt. Später wurde mir klar, daß der Wert dieser bescheidenen Lokalsammlung nicht in ihrem Bestand liegt, sondern in dem, was ich bei ihrer Anlage gelernt und beobachtet habe. Eine gewisse Formenkenntnis und Vertrautheit mit vielerlei Getier, die ich dem „Museum" verdanke, war mir noch oft von Nutzen.

Das „Museum" war zugleich mein Sommer-Laboratorium, in dem ich mit dem Präparieren und Bestimmen der Tiere die meiste Zeit verbrachte, die nicht der freien Natur gewidmet war. Aber es fand doch auch anderes Raum in jenen ungebundenen Ferienmonaten. Neben den schon erwähnten abendlichen Zusammenkünften bildete die Musik ein gewisses Gegengewicht gegen das „Viecherln". Die Erinnerung an den Klang der Instrumente ist aufs engste mit dem Andenken an meine drei Brüder verbunden. Wir waren zum Streichquartett geboren.

HANS, der älteste, war Professor für Staatsrecht an der Universität Basel, dann in Czernowitz und, als dieses nach dem ersten Weltkrieg für Österreich verloren ging, in Wien. Seine Sommerfreude war der Segelsport, dem er vom ersten, primitiv getakelten Ruderboot bis zu den Rennbooten des Union-Yacht-Clubs gehuldigt hat. Er spielte das Cello. Da er handwerklich geschickt und in den Ferien viel mit Zimmermannsarbeit beschäftigt war, kamen bei unseren musikalischen Unternehmungen seine schwieligen Hände nicht selten mit den erforderlichen zarten Tönen in Konflikt.

Der zweite, OTTO, war Chirurg, als Assistent an der Klinik EISELSBERG, später a. o. Professor der Chirurgie und Direktor des Rudolfinerhauses in Wien. Mit ihm hat mich der spätere Lauf der Dinge am engsten verbunden. Musikalisch war er der begabteste von uns. Er spielte Geige und Bratsche.

Der dritte, ERNST, trat in seiner stillen Bescheidenheit am wenigsten hervor. Er wurde Direktor der Salzburger Studienbibliothek, aus deren verstaubten Schätzen er die größten Kostbarkeiten ans Licht zog.

Nebenher erforschte er die Geschichte des Brunnwinkls, dessen wechselhaftes Schicksal er in reizvollen Schriften beschrieben hat. Auch er beherrschte, weniger virtuos, Geige und Bratsche.

Ich war der dritte Geigenspieler in der Familie. Unser Geigenlehrer, JULIUS WINKLER, machte einmal die unvorsichtige Bemerkung, daß man auch ohne zu üben Fortschritte mache. Er meinte das Reifen der Auffassung und den gesteigerten Impuls nach einer Ruhepause. Mein Versuch,

Abb. 13. Das brüderliche Streichquartett. Von links nach rechts: OTTO, ERNST, HANS, KARL. 1898

diese Art des Fortschreitens zu konsequent anzuwenden, ließ mich in der Fingerfertigkeit auf einer mittleren Sprosse der Stufenleiter stehen bleiben.

Immerhin, wir Brüder brauchten uns zum Streichquartett nur zusammenzusetzen, und wir haben es oft getan, wobei OTTO die 1. Geige spielte. Wenn aber unser Lehrer und Meister JULIUS WINKLER zur ersten Geige griff, wie es in Wien und in Brunnwinkl häufig geschah, dann kam es zu den schönsten Stunden an den Notenpulten. Nie wieder habe ich die Streichquartette von HAYDN in so schlichter Größe und Vollendung spielen gehört wie von ihm.

WINKLER hatte Jahre zuvor ein öffentliches Streichquartett geführt und das Wiener Publikum mit dem ganzen Reichtum der HAYDN-Quartette überrascht, die damals größtenteils unbekannt waren, weil man in den Konzerten nur wenige, ausgewählte zu bringen pflegte. Dann zog er sich wegen eines Ohrenleidens zurück, spielte nur mehr vor kleinem Kreise und widmete sich dem Geigenunterricht. Auch in seinen späten Jahren suchte ich ihn gerne auf, wenn ich nach Wien kam. Lebhaft steht er mir vor Augen, wie er einmal mit großer Wärme vom einzigartigen Talent eines Schülers erzählte — der sein letzter sein sollte: WOLFGANG SCHNEIDERHAN.

Es war bei uns und unseren Vätern Brauch, daß die bestandene Reifeprüfung in einer Maturareise ihren Lohn fand. Sie führte symbolisch aus der Enge der Schulzeit in die Weite der nun offen stehenden Welt. Bei mir war allerdings kein Zweifel, daß ich nach dem Examen auf kürzestem Wege nach dem geliebten Brunnwinkl und zu meinem Museum wollte, um dort zum erstenmal die Freiheit und einen unbegrenzten Spätherbst zu genießen. Die Maturareise wurde auf die folgenden Osterferien (1906) verschoben und ging dann nach Rom.

Dort lockte mich, neben dem traditionellen Reiseziel, die Anwesenheit zweier Kusinen: NORA, eine Tochter ADOLF EXNERs und HILDE, Tochter des Physikers FRANZ SERAFIN EXNER, waren beide der Malerei ergeben und waren zu Studienzwecken für ein Jahr in die Kunststadt gegangen. Da hatten sie sich in der Via Nomentana, am Rande der Campagna, in einem idyllischen Häuschen eingemietet und mich aufgefordert, bei ihnen zu wohnen. Beide sind sehr jung gestorben — aber damals waren sie lebensfrohe Mädel, von Tatendrang und von ihrer Kunst erfüllt. Sie berieten mich für meine Wege in die Stadt, und abends gab es ein nettes Zusammensein bei eigener italienischer Küche. Meine zoologischen Kenntnisse leuchten zu lassen, hatte ich meines Erinnerns ein einziges Mal Gelegenheit: bei der Diagnose von Bettwanzen, die mit der Wäsche ins Haus kamen.

Ein aufregendes Ereignis fiel in jene Osterzeit und veranlaßte uns, sofort nach Süden aufzubrechen: ein gewaltiger Ausbruch des Vesuv. Als wir uns auf der Bahnfahrt Neapel näherten, wurde es, obwohl um die Mittagszeit, finstere Nacht. Der Zug fuhr durch einen Aschenregen, der auch durch die geschlossenen Fenster eindrang und so fein war, daß hernach sogar die photographischen Platten in meiner Kamera mit Staub belegt waren. Bei der Ankunft in Neapel hatte sich der Himmel wieder aufgehellt. Aber in der Stadt watete man bis über die Knöchel in Asche.

In jenen Tagen sahen wir eindrucksvolle Bilder ungekannter Naturgewalten. Ein Lavastrom war durch das Städtchen Boscotrecase gegangen und hatte viele Häuser zerstört. Wir standen auf den erkalteten Schlacken und sahen durch ihre Spalten unter uns die Glut.

Aber das war nun ein Sprung voraus in die Zeit des Universitätsstudiums, von dem im folgenden Abschnitt die Rede sein soll.

AN DER UNIVERSITÄT

„Du weißt gar nicht, wie gut Du es hast — weil Du weißt, was Du werden sollst.“ Mit diesem Ausspruch überraschte mich einmal ein Freund des Hauses im Vorübergehen, als ich — mit etwa 12 Jahren — auf dem Tisch vor mir eben einen zoologischen Garten oder etwas dergleichen aufbaute. Über meinen künftigen Beruf hatte ich mir noch keine Gedanken gemacht. Aber mit der letzten Klasse des Gymnasiums wurde die Frage akut. Mein Interesse an Tieren war ebenso eindeutig wie meine Interesselosigkeit für Sprachen, Geschichte u. dgl.; Jura studierten nach meiner damaligen Überzeugung überhaupt nur Leute, die sich für gar nichts interessierten. So schien der Weg zur Zoologie vorgezeichnet. Aber das Fach hat keinen goldenen Boden. Mein Vater war bedenklich. Der gesicherten Zukunft wegen sollte ich erst Medizin studieren. Nachher könnte ich mich immer noch der Zoologie zuwenden, wenn sie mir dann noch anziehend schiene. Als lockenden Köder hielt er mir vor, daß ich als Arzt mehr Aussichten hätte, auf Forschungsreisen in ferne Länder mitgenommen zu werden.

Also bezog ich anno 1905 als Studierender der Medizin die Wiener Universität, und ich bereute es nicht. Die beiden ersten Jahre galten ja den Naturwissenschaften und führten noch nicht ans Krankenbett. Von der Vorlesung über Allgemeine Biologie hatte ich mir am meisten erwartet. Aber was der alte GROBBEN brachte, war Morphologie und keine Lehre vom Leben. Ich war bitter enttäuscht. Der botanische Teil der Biologie, von WETTSTEIN anschaulich vorgetragen, blieb leider — weil für Mediziner bestimmt — sehr elementar. Aber mit Begeisterung verschlang ich das zweibändige „Pflanzenleben“ von KERNER V. MARILAUN, dem Schwiegervater v. WETTSTEINs. Das war echte Biologie. Physik und Chemie wurden fleißig, doch ohne Enthusiasmus zur Kenntnis genommen. Von der Histologievorlesung des ehrwürdigen EBNER stehen mir noch heute die unerhört schönen und eindrucksvollen mikroskopischen Präparate vor Augen, die wir in den Demonstrationen zu sehen bekamen. Das Kolleg von ZUCKERKANDL über die Anatomie des Menschen war überragend durch das Temperament und die Anschaulichkeit des Vortrages. Häufige Seitensprünge auf vergleichend anatomisches Gebiet knüpften die Verbindungen zum Tierreich. Den größten Nutzen fürs ganze Leben hatte ich von der Physiologie bei meinem

Onkel SIGMUND EXNER. Seine Vorlesung galt als trocken. Er sprach langsam und pflegte keine Witzchen zu machen. Aber er brachte die Funktionsweise der menschlichen Organe ohne jedes unnötige Beiwerk in vorbildlicher Klarheit zur Darstellung und wußte dem Gesagten durch wohldurchdachte Versuche die Kraft der Überzeugung zu verleihen. Es war die einzige Vorlesung aus jener Zeit, die ich in Schlagworten vollständig mitgeschrieben und nach jeder Kollegstunde zu Hause ausgearbeitet habe. Diese Hefte waren noch lange bei den Medizinstudenten zur Vorbereitung auf die Physiologieprüfung beliebt. Auch die physiologischen Übungen interessierten mich brennend. Im Mikroskop zuzusehen, wie die roten Blutkörperchen im durchsichtigen Augenlid eines Frosches durch die Kapillaren flitzten und dann die Schatten der Blutkörperchen auf der Netzhaut des eigenen Auges wahrzunehmen und vieles dergleichen mehr, das hatte doch unmittelbare Beziehung zum Leben und war ganz anders erregend als die dürre Präparierkunst der zoologischen Übungen.

SIGMUND EXNER schlug mir damals vor, nebenher in seinem schönen, neuerbauten physiologischen Institut eine wissenschaftliche Arbeit zu beginnen. Seine Interessen gingen über die menschliche Physiologie weit hinaus. So war 1891 ein Buch von ihm „Über die facettierten Augen der Krebse und Insecten" erschienen, das bis heute für das Verständnis der Funktionsweise dieser wunderbaren Sehorgane grundlegend geblieben ist. Es war eine vergleichend physiologische Arbeit im besten Sinne, zu einer Zeit, als es diese Wissenschaft als selbständige Disziplin noch gar nicht gab. Auch mir stellte der Humanphysiologe ein tierphysiologisches Thema, das der damaligen Zoologie sehr fern lag: Er hatte in den Facettenaugen Verlagerungen der Augenpigmente gefunden, die mit dem Wechsel von Tagessehen und Dämmerungssehen in Zusammenhang stehen. Ich sollte nun herausfinden, welche Lage der Pigmente der Reizstellung, und welche der Ruhestellung entspricht. Meine Versuchstiere waren Schmetterlinge, Käfer und Garnelen.

Mit Eifer ging ich ans Werk, kam aber schnell in einen Konflikt. Ich mußte die Augen der lebenden Krebse mit elektrischen Strömen reizen, was ihnen sichtlich unangenehm war. Jeder Versuch kostete mich eine Überwindung. Doch blieb der Forschertrieb stärker als das Mitleid. Zu ähnlichen Versuchen an Vögeln oder Säugetieren mit ihrem höher entwickelten und gewiß auch empfindsameren Nervensystem hätte ich mich allerdings auch später kaum entschließen können.

Die Augen mußten auch histologisch untersucht werden. Prof. KARPLUS, damals Assistent am physiologischen Institut, führte mich in die mikroskopische Technik ein. Er verstand sich darauf. Die Schnitte durch die Garnelenaugen fanden sogar die Anerkennung der zünftigen Zoologen. Das Wichtigste aber habe ich von SIGMUND EXNER selbst gelernt: sauberes Experimentieren und Vorsicht in den Schlußfolgerungen. Er war betrübt, daß die Versuche auf die Frage nach der Reizstellung des Pigmentes, entgegen seiner Erwartung, keine klare Antwort gaben. Er meinte wohl, ich wäre enttäuscht. Doch war dies keineswegs der Fall, da ich von den methodischen Aufgaben und allerhand Nebenergebnissen völlig gefesselt und befriedigt war. Warum die Hauptfrage unentschieden blieb, wurde erst viele Jahre später verständlich, als man entdeckte, daß die Pigmentbewegungen bei den Krebsen nicht nervös, sondern hormonal gesteuert werden.

Nach vier Semestern legte ich das erste Medizinische Rigorosum ab, welches dem Physikum in Deutschland entspricht. Ich erhielt in allen 6 Fächern Auszeichnung, was mit Rücksicht auf die spätere Doktorprüfung in Zoologie vermerkt sei. In diesen zwei ersten medizinischen Studienjahren lernt man den Menschen in Hinsicht auf seine Anatomie, Histologie und Physiologie gründlicher kennen als irgendein Tier im normalen Ausbildungsgang der Zoologie. Ich habe dieses Wissen späterhin als großen Gewinn empfunden, es gibt eine solide Basis und ein bleibendes Bezugsobjekt bei der Betrachtung von Bau und Leistung tierischer Organe.

Im folgenden Jahr wandte sich aber der Lehrplan stärker nach der medizinischen Seite und wollte mir nicht mehr gefallen. Die glänzende Pharmakologievorlesung von HANS HORST MEYER, der es verstand, dieser ehedem trockenen Disziplin den Geist der Physiologie einzuhauchen, ist die einzige, die mir in Erinnerung geblieben ist. Mein Vater sah, daß ich von der Zoologie nicht abzuhalten war und willigte ein, daß ich nach Ablauf des 5. Semesters die Fakultät wechselte. Der Pedell der medizinischen Fakultät war fassungslos. Wie konnte einer bei so guten Zukunftsaussichten die Medizin an den Nagel hängen! Ich lachte und ahnte nicht, daß ich 10 Jahre später ernsthaft überlegen würde, zu ihr zurückzukehren.

Zunächst wollte ich nun mit vollen Segeln in die Zoologie. Aber zu welchem Lehrmeister? Von den beiden Ordinarien in Wien war B. HATSCHEK krank und K. GROBBEN ein Morphologe, dessen Arbeitsrichtung mich nicht fesselte. Um Rat befragt, empfahl er — durchaus richtig — TH. BOVERI in Würzburg oder RICHARD HERTWIG in München, als die derzeit bedeutendsten Vertreter des Faches. Die Wahl fiel auf München, wobei auch in Betracht kam, daß ich dort — der bisher von den Eltern so sehr behütete Jüngste — nicht ganz in der Fremde war. Meine Kusine ILSE HAUSER, eine Tochter SIGMUND EXNERs, mit einem Architekten verheiratet, lebte in München und ihre gastliche Wohnung in Schwabing, wo sich ein Kreis netter und anregender Menschen regelmäßig zusammenfand, war und blieb für mich ein Stückchen Heimat.

So kam ich für das Sommersemester 1908 zum erstenmal nach München. Das Zoologische Institut befand sich im zweiten Stock der ,,Alten Akademie" in der Neuhauserstraße. Das Gebäude war ehemals ein Kloster. Aus den Fenstern fiel der Blick auf die grünen Innenhöfe, in denen man zuweilen Patres von der benachbarten Michelskirche wandeln sah und alte Pensionisten, die ihren Rosengarten pflegten. Diese Räume hatten etwas vom Zauber ihrer stillen Abgeschiedenheit bewahrt, obwohl sie von jungen, lernbegierigen Studenten und älteren wissenschaftlichen Gästen aus aller Herren Ländern belebt waren. Das Münchener zoologische Institut hatte sich in jener Zeit zum meist besuchten internationalen Zentrum unserer Wissenschaft entwickelt. Kein anderer Zoologe hat je in gleichem Maße Schule gemacht, wie RICHARD HERTWIG.

Das lag zum Teil an seinen pädagogischen Gaben. Er verstand es in seltener Weise, das Wesentliche vom Unwichtigen zu sondern und so auch schwierige Dinge schlicht und klar darzulegen — mündlich wie schriftlich. Ich hatte von Zoologie noch wenig Ahnung und HERTWIGs Name war mir noch kein Begriff, als mir das Buch ,,Die Aktinien" (Seerosen) in die Hand kam, das er gemeinsam mit seinem Bruder OSCAR, dem späteren Anatomen, 1879 verfaßt hatte. Die Seerosen waren mir vertraute Zöglinge im Seewasserbecken. Ich war neugierig, was er von ihnen zu sagen hätte. Es zeugt von seiner Darstellungsgabe, daß ich dieses für die Wissenschaft geschriebene Buch, ohne Vorkenntnisse, mit Genuß gelesen und daraus eine anschauliche Vorstellung vom anatomischen und histologischen Aufbau dieser eigenartigen Tiere gewonnen habe. Derselben Kunst, klar und eindrucksvoll zu schreiben, verdankte sein unübertroffenes Lehrbuch der Zoologie seine weite Verbreitung.

Im persönlichen Umgang gesellte sich dazu sein Enthusiasmus, mit dem er alle zu begeistern wußte, gleichgültig, ob ein auch für ihn neues Problem zur Diskussion stand, oder ob es darum ging, dem Anfänger einen Lebensvorgang zu zeigen und zu erläutern, den er selbst schon tausendmal gesehen hatte. Dabei war er gar nicht schulmeisterlich. Er ließ vielmehr die älteren Schüler, soweit sie dazu fähig waren, ihre eigenen Wege gehen und stand ihnen doch, an ihren Gedanken lebhaft interessiert, mit seinem ganzen Schatz an Wissen und Erfahrung zur Seite. Nicht nur als sachlicher Berater. Seine Güte und warme menschliche Teilnahme am Schicksal jedes einzelnen machte ihn zum väterlichen Freund in allen Schwierigkeiten und Nöten des Lebens.

Vor allem aber waren es HERTWIGs neuartige Arbeitsmethoden, die damals jung und alt in seinen Bann zogen. Er hatte seine Laufbahn herkömmlicherweise als Morphologe begonnen. Sein Verlangen nach Erkenntnis der kausalen Zusammenhänge führte ihn bald dazu, daß er sich mit der Beschreibung der Natur nicht begnügte, sondern im exakten

Versuch seine Fragen an sie stellte. So wurde er zu einem Mitbegründer der experimentellen Zoologie.

Von alldem wußte ich freilich noch nichts, als ich mich bei HERTWIG vorstellte. Ich war aufs freundlichste aufgenommen und erhielt sogleich einen Platz im kleinen zoologischen Praktikum. Besonderen Gewinn hatte ich in jenem Semester von HERTWIGs Vorlesung über „Vergleichende Anatomie der Wirbeltiere", die er im Sommerhalbjahr an allen sechs Wochentagen, nicht zu jedermanns Freude um 7 Uhr morgens, abhielt. Seine Vortragsweise war frei von allem rhetorischen Beiwerk und beinahe trocken. Und doch war es neben EXNERs Physiologie das einzige Kolleg, das mich dazu begeisterte, das Gehörte nach jeder Stunde zu Hause auszuarbeiten. In beiden Fällen war die bleibende Wirkung dem Gehalt des Vortrages und nicht einer blendenden Form zuzuschreiben.

Abb. 14. RICHARD V. HERTWIG (1927)

Im folgenden Studienjahr, 1908/09, nahm ich an HERTWIGs „Großem Zoologischen Praktikum" teil. Diese zweisemestrige, gründliche Einführung war damals an den zoologischen Instituten noch keineswegs allgemeiner Brauch. Das Ziel war die Vermittlung einer guten Kenntnis der Anatomie und Histologie aller wesentlichen Tiergruppen. Vorbildlich war hierbei die sinnvolle Mischung von strenger Anleitung mit geschickter Anregung zu selbständigem Arbeiten. So manches Licht hat mir in jenem Jahr auch RICHARD GOLDSCHMIDT aufgesteckt, der HERTWIGs 1. Assistent und rechte Hand war und mit seinem Temperament und umfassenden Wissen das Praktikum belebte[1].

[1] Das „Große Praktikum" wurde dann in ähnlicher Form wohl von den meisten zoologischen Instituten übernommen und später nach der physiologischen Seite hin erweitert. Heute ist es von der Flut der Studenten und der zunehmenden Spezialisierung der Dozenten bedroht. Wo seine Leitung in viele Hände übergeht, verliert es den Charakter einer gemeinsamen, wohl ausgewogenen Basis für das weitere Studium.

Von den anderen Dozenten fesselte mich besonders FRANZ DOFLEIN durch seine biologischen Vorlesungen. Er war neugebackener a. o. Professor für Systematik und Biologie der Tiere. Ihm war unter HERTWIGs Oberleitung das — damals noch mit dem zoologischen Institut verbundene — zoologische Museum anvertraut. Aber er war kein Museumszoologe vom alten Schlag, der im Aufstapeln von Bälgen oder Spirituspräparaten und im Beschreiben neuer Arten den Inhalt seines Wirkens sah. Immer stand ihm das *lebende* Tier vor Augen, und auch in der Schausammlung suchte er, gestützt auf einen tüchtigen Präparator, in einer damals noch wenig geübten Weise in schönen Gruppen und Einzelstücken das *Leben* der Tiere dem Beschauer darzustellen. Seltenes Material dazu hatte er genug von seinen Weltreisen mitgebracht. Kleine Expeditionen gehörten auch zu seinem Münchener Alltag. Denn es zog ihn hinaus in die Natur. Daher waren auch seine Biologievorlesungen zuweilen mehr Erlebnisberichte als Bücherweisheit. Am anregendsten waren die Exkursionen, die er mit uns Studenten unternahm. Ob es ins Dachauer Moos ging, dessen Moorlandschaft in jenen Jahren noch nicht durch kulturelle Maßnahmen ihr ursprüngliches Gesicht verloren hatte, oder ob er uns für Tage in die Südtiroler Berge führte — auf diesen Lehrausflügen gab er sich als der vielseitige Naturforscher, der er nach Neigung und Veranlagung war, mit offenem Sinn für alles Schöne. Hatte er doch einst lange geschwankt, ob er Mediziner, Botaniker, Zoologe oder Landschaftsmaler werden sollte. Dabei wußte er aber jeden Schüler für ein Spezialgebiet zu interessieren, um ihn zu vertieften Studien anzuregen. Mich brachte er auf die Beschäftigung mit den Einsiedlerbienen, deren Nestanlagen sich bei den zahlreichen Arten zwischen größter Primitivität und raffinierter Baukunst bewegen. Manche geplante Ferientour in meinem späteren Leben endete nach einigen hundert Metern vor einem Bienennest, von dem ich mich stundenlang nicht trennen konnte.

Einmal wöchentlich versammelten sich die Großpraktikanten, Doktoranden und Assistenten um HERTWIG im größten Arbeitsraum des Instituts, dessen Kreuzgewölbe von zwei Marmorsäulen getragen wurde, zum Seminar. Da hatte einer von uns über irgendeine, ihm zum Studium zugeteilte Arbeit zu berichten und anschließend wurde darüber diskutiert. HERTWIG wußte immer etwas Interessantes dazu zu sagen, auch wenn er, wie es aus gutem Grunde zuweilen geschah, beim Vortrag eingeschlummert war. Für meinen ersten Seminarvortrag war mir eine umfangreiche Arbeit des amerikanischen Zoologen JENNINGS zur Berichterstattung zugeteilt worden. Sie handelte von Seesternen und eine große Rolle spielte die Frage, wie sich ein solcher, wenn er auf den Rücken gefallen ist, durch verzwickte Turnkünste mit seinen Armen wieder umdrehen kann. Das war schwer zu beschreiben. Um seine verschiedenen Tricks vorführen zu können, ließ ich mir von meiner Hauswirtin aus Stoff und Watte einen

Seestern anfertigen, der zunächst in meiner Brusttasche verborgen blieb. Es gab einen Heiterkeitserfolg, als ich im passenden Moment das farbenprächtige Modell hervorzog. Dadurch wurde ich anderseits in der Sicherheit des Vortrags bestärkt, und ich habe mir gemerkt, wie wichtig die Anschaulichkeit und wie nützlich bisweilen ein Überraschungseffekt ist.

Auf HERTWIGS Rat meldete ich mich für die Osterwochen des Jahres 1909 zum Zoologischen Ferienkurs in Triest an, damals noch Österreichs Hafenstadt. Der Staat unterhielt dort eine biologische Meeresstation. Die regelmäßigen Lehrkurse, die ihr Leiter, Professor CORI, während der Universitätsferien abhielt, wurden hauptsächlich von Wiener Studenten, aber auch aus dem Ausland besucht. Mit gutem Grund. Die anschließenden Küstenstriche von Istrien und Dalmatien sind landschaftlich bezaubernd schön und reich an interessanten Tieren. Diese hatte ich mit laienhaften Kinderaugen schon in Lovrana schätzen gelernt. Nun sollte ich nach allen Regeln der Zoologie mit ihnen vertraut werden.

Ein Zoologe, der die Meeresfauna nicht aus eigener Anschauung kennt, hat keine volle Ausbildung. Das Meer war die Brutstätte des Lebens, dort ist die Tierwelt noch heute von einer Formenfülle und vielfach von einer Ursprünglichkeit, mit der man bekannt sein muß, um die höher spezialisierte Lebewelt des Landes zu verstehen.

CORI war ein guter Kenner der Meeresfauna, er war ein anregender Lehrer, er war aber außerdem geprüfter Kapitän und steuerte selbst den schmucken kleinen Dampfer der Station, die „Adria", durch die Wogen ihrer Namenspatronin. Es waren schöne, vergnügte und nützliche Unterbrechungen des täglichen Kursganges, wenn er uns an die flache Küste von Grado führte, wo sich werdendes Land in Form von Schlamminseln über den Meeresspiegel hob, von ärmlichen Fischerhütten spärlich besiedelt, oder wenn er vor der romantischen Steilküste beim Schloß Duino einen Netzzug machte oder mit uns nach Pola und den Brionischen Inseln fuhr, wo alte Kulturstätten von prächtiger südlicher Vegetation überwuchert waren. Bei diesen Ausflügen lernten wir durch Schleppnetzzüge die reiche Bodenfauna in ihrer Abhängigkeit vom Bodengrund kennen. Es gab auch aufregendere Geschichten. Schwärme von Delphinen kamen uns nicht selten zu Gesicht und einmal sollte einer für die Wissenschaft sterben. Die Jagdleidenschaft packte die Besatzung. CORI steuerte das Boot in scharfen Kurven hinter den Delphinen her und schließlich gelang es dem Schützen, mit grobem Schrot eines der Tiere zu erlegen. Es war ein Weibchen. Als es an Bord gehißt war, floß Milch aus seinen Zitzen. Meine Gedanken waren bei dem Walkind, das um seine Mutter gekommen war.

Die Waljagd habe ich immer als etwas Unwürdiges empfunden. Man weiß nicht viel vom Leben dieser Tiere in der Weite des Meeres. Aber sie haben ein hoch entwickeltes Gehirn und nichts hindert die Phantasie, sich ihr Herden- und Familienleben auf einem Niveau auszumalen, das unsere stumpfsinnigen Rinderherden weit unter sich läßt.

Für wenige Tage kam meine Mutter aus Wien nach Triest. Stürmische Bora war der Anlaß, daß auf Straßen und Plätzen Stricke zum Festhalten gespannt wurden, damit man nicht ins Meer geweht wurde, und dieses Wetter behinderte unsere geplanten Ausflüge. Aber wir hatten trauliche Stunden bei guter Lektüre und manches Gespräch über Gegenwart und Zukunft.

Ich stand vor dem dritten Münchner Semester. Es wäre naheliegend gewesen, in der reizvollen Stadt mit ihrer schönen Umgebung und netten Kameraden zu bleiben, und nach Beendigung des großen Praktikums RICHARD HERTWIG um ein Thema für die Doktorarbeit zu bitten. Aber meine Eltern hatten den Wunsch, mich wieder bei sich zu haben. Deshalb entschloß ich mich, in Wien meine Doktorarbeit zu machen.

Auch dort regte sich damals die experimentelle Biologie, allerdings nicht in den beiden zoologischen Universitätsinstituten. Am Rande der Stadt, unmittelbar neben dem berühmten Wurstelprater mit seinem Riesenrad, stand das „Vivarium“, ein Gebäude, das durch eine Reihe von Jahren als öffentliches Schauaquarium und Tierhaus gedient hatte. Der Zoologe HANS PRZIBRAM hatte es erworben und daraus eine „Biologische Versuchsanstalt“ gemacht, die er gemeinsam mit den Botanikern FIGDOR und v. PORTHEIM leitete. Dort roch es nicht nach Nelkenöl und vergälltem Alkohol, dort regierte das *lebende Tier* — und dorthin zog es mich. PRZIBRAM war ein lebhafter, ideenreicher Dozent. Er hatte eine beträchtliche Zahl von Schülern um sich versammelt. Im Herbst 1909 wandte ich mich an ihn mit der Bitte um ein Thema für meine Dissertation. Er schlug mir eine entwicklungsgeschichtliche Studie an Gottesanbeterinnen vor, einer südlichen Heuschreckenform, die auch in der klimatisch begünstigten Umgebung von Wien zu finden war. Das einzige, was mir an dieser Aufgabe gefiel, war, daß ich in die Wachau fahren mußte, um die Eier der Tiere zu suchen. Während ich dann beschäftigungslos auf ihr Schlüpfen wartete, sah ich bei einem Kameraden, der sich mit der Pigmentbildung bei Fischen beschäftigte, die rasche Farbanpassung von Ellritzen an hellen und dunklen Untergrund. Von dieser Erscheinung war ich fasziniert. Sie beruht auf der raschen Verlagerung eines Farbstoffes in den mikroskopisch kleinen Pigmentzellen der Haut. Mit Pigmentverlagerungen von freilich etwas anderer Art hatte ich mich schon bei meiner Erstlingsarbeit im Wiener physiologischen Institut beschäftigt. So fühlte ich mich persönlich angesprochen. Es war eine Rückkehr in vertrautes und doch neuartiges Gebiet.

PRZIBRAM, der seine Studenten nie ans Gängelband nahm, ließ mich der erwachenden Neigung folgen. Er machte mich auf eine ältere Arbeit des Franzosen POUCHET aufmerksam, worin beschrieben wird, daß sich bei Durchtrennung des Nervus sympathicus der Schwanz der Fische hinter der Operationsstelle schwarz färbt. Ich machte POUCHETs Versuche nach, sah dabei zufällig, daß getötete Ellritzen nach etwa 20 Minuten auf einmal erbleichen und daß in diesem Zustande die Nervendurchtrennung am toten Fisch denselben Erfolg hat wie am lebenden, verlegte halb spielerisch die Schnittstelle immer weiter nach vorn, bis sich plötzlich statt des Schwanzes der Kopfteil des Fisches schwarz färbte und kam so von einer Überraschung zur anderen. Vergessen

Abb. 15. Mit meinem Onkel, SIGMUND EXNER, im Brunnwinkler „Museum". Um 1910

waren die Gottesanbeterinnen, und ich studierte die Nervenbahnen und Nervenzentren des Farbwechsels. Wieder war ich einem vergleichend physiologischen Thema verfallen, und wenn ich dabei nicht weiter wußte, schlug ich den vertrauten Weg nach dem physiologischen Institut ein und holte mir bei meinem Onkel SIGMUND EXNER Rat. Er wurde zum zweitenmal mein Lehrmeister. Schon nach einem Semester konnte ich die Untersuchung abschließen und Professor GROBBEN vorlegen. Obwohl dieser allem, was aus der Biologischen Versuchsanstalt kam, mit einem gewissen Mißtrauen begegnete, nahm er sie als Dissertation an. So trat ich am Ende des Wintersemesters 1909/10 zur mündlichen Doktorprüfung an.

Als Nebenfach hatte ich Botanik gewählt. Statt des in Deutschland üblichen zweiten Nebenfaches ist in Österreich eine Prüfung in Philosophie abzulegen. Auf diese pflegte man sich, nach Anweisung des prüfenden

Professors, im Zeitraum weniger Wochen vorzubereiten. So kam auch ich mit einigen oberflächlichen Kenntnissen und mit dem unguten Gefühl, von wahrer Philosophie wenig zu wissen, zu Professor L. MÜLLNER in die Prüfung. Seine erste und einzige Frage galt der Selektionstheorie. Er war ein Gegner der Lehre DARWINs von der natürlichen Auslese, worüber ich mich als begeisterter Darwinist schon vorher im Stillen geärgert hatte. Nun war Gelegenheit, dem Ärger Luft zu machen. Ich vergaß völlig die gegebene Situation und geriet mit dem alten Philosophen in einen langen und heftig geführten Streit. Das Schlimmste war zu befürchten. Aber er gab mir „Auszeichnung" mit der ausdrücklichen Begründung, daß ich eine eigene Meinung vertreten hätte.

Für das Hauptfach, die Zoologie, hatte ich im Vertrauen auf das bei HERTWIG erworbene Wissen, und viel zu sehr beschäftigt mit meinen Farbwechselversuchen im Prater, wenig gearbeitet. Leider fragte GROBBEN ganz anderes, als was ich bei HERTWIG gelernt hatte — sehr langweilige Dinge, wie mir schien. Ich wäre um ein Haar durchgefallen. Als ich heimkam und meinen Eltern etwas betreten von diesem Ergebnis berichtete, lachte meine Mutter hell heraus. So machte auch ich mir weiter keinen Kummer. Den Doktorhut hatte ich.

In jenen Jahren — und wohl bis zum ersten Weltkrieg — bestand an der Wiener Universität eine gute Einrichtung: Alljährlich in den Osterferien wurde eine „Universitätsreise" unternommen, meist in das eine oder andere Gebiet des Mittelmeeres. Ostern 1910, nach bestandenem Examen, fuhr ich mit. Die Fahrt ging nach der dalmatinischen Küste. Die Universität hatte einen stattlichen Frachtdampfer gechartert. Seine Frachträume waren durch Einbau zahlloser Bettstellen in Schlafsäle verwandelt worden. Obwohl die Reise nur auf 8 Tage bemessen war, haben wir in dieser kurzen Zeit eine Menge erlebt und sind an Plätze gekommen, die sonst für Reisende schwer erreichbar sind. Die Navigation besorgte ein tüchtiger Kapitän der Handelsmarine, aber wohin er steuern sollte, das bestimmte die Reiseleitung, die zur Hauptsache in den Händen des Botanikers R. v. WETTSTEIN und des Paläobiologen O. ABEL lag. Es fuhren auch andere Professoren aus allen Disziplinen mit, und so bekamen wir in Abendvorträgen von zuständiger Seite viel zu hören über das, was am folgenden Tag zu sehen war. Was gab es da alles an diesem reich gegliederten Küstenstreifen, der damals noch ein Teil der österreichisch-ungarischen Monarchie war! In der Bucht von Cattaro führte uns der Kapitän mit besonderer Liebe, weil er da geboren war, an die malerischen Szenerien heran. Die romantische Hafenstadt Traù, ein Ausflug landeinwärts nach Mostar, eine Fahrt auf Torpedobooten die Narenta aufwärts bis zu der Stelle, wo sie als mächtiger Fluß aus dem Felsen bricht, ein Besuch der Insel Busi mit ihrer blauen Grotte, die nicht weniger schön, nur schwerer zugänglich und darum weniger bekannt ist als die blaue Grotte von Capri — das sind in der verblaßten Erinnerung an die Reise noch heute lebendige Glanzlichter.

Das folgende Sommersemester benützte ich dazu, die Versuche über den Farbwechsel der Fische an der Biologischen Versuchsanstalt im Prater fortzuführen. In diese Zeit fiel meine erste richtige Entdeckerfreude. Ich hatte bemerkt, daß Ellritzen nach restloser Entfernung beider Augen doch noch auf Licht reagierten, und zwar durch eine Farbänderung: sie wurden im Dunklen hell und bei Belichtung dunkel. Um zu sehen, ob es sich bei dieser Reaktion der blinden Fische um eine unmittelbare, lokale Lichtwirkung auf die Pigmentzellen handelt, brachte ich eine solche Ellritze in einen, ihrer Körperform genau angemessenen, mit Wasser durchströmten Glasbehälter und belichtete mit einem feinen Strahlenbündel verschiedene Hautstellen — ohne Erfolg. Als aber der kleine Lichtfleck mitten auf die Stirn des Fisches fiel, wurde dieser binnen wenigen Sekunden am ganzen Körper dunkel. Genau an jener Stelle der Stirne war eine durchscheinende, fensterartige Stelle erkennbar (Abb. 16), ganz entsprechend dem von Echsen bekannten, sagenumwobenen Stirnauge. Um seine Funktion ging ein alter Streit. Hier war sie offensichtlich. SIGMUND EXNER, dem ich natürlich den Befund brühwarm berichtete, schien ungläubig. Aber er scheute den weiten Weg in den Prater nicht, sah sich die Versuche an und ließ sich überzeugen.

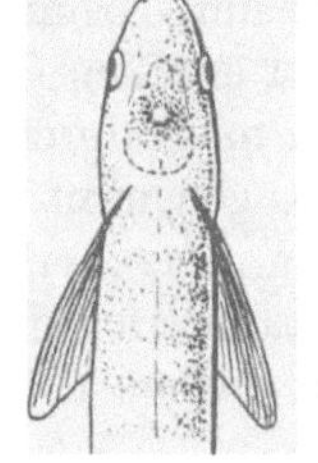

Abb. 16. Kopf einer Ellritze mit dem „Stirnauge“

Unter dem lichtdurchlässigen Fensterchen im Schädeldach liegt bei der Ellritze kein rudimentäres Auge, wie bei einer Eidechse, sondern eine schlauchförmige Ausstülpung des Zwischenhirns, die Zirbeldrüse (Epiphyse). Bei einer histologischen Untersuchung hatte man in diesem Organ Sinneszellen gefunden. Es schien in primitivster Form als drittes Auge zu dienen. Aber zu meiner Enttäuschung blieb auch nach Entfernung der Zirbeldrüse ein Rest von Lichtempfindlichkeit an dieser Stelle erhalten. Der ganze Zwischenhirnbereich erwies sich als lichtempfindlich.

Die Lichtempfindlichkeit des Zwischenhirnes konnte später mein Schüler ERNST SCHARRER, der diese Versuche wieder aufnahm, auch auf andere Weise zeigen: durch eine Futterdressur blinder Elritzen auf Licht. Sie lernen rasch, auf die Belichtung des Stirnauges hin nach einem Futterbrocken zu suchen. SCHARRER fand bei dieser Gelegenheit die neurosekretorischen Zellen im Zwischenhirn und kam dadurch auf ein Arbeitsgebiet, das zu seiner Lebensaufgabe werden sollte. Aber ob jene auffälligen Lichtreaktionen durch Sinneszellen oder durch die von SCHARRER entdeckten hormonbildenden Nervenzellen vermittelt werden, klärte sich erst in den Sechzigerjahren durch eine Reihe von Arbeiten, die sich die Fortschritte der technischen Möglichkeiten zunutze machten. Mit dem Elektronenmikroskop gelang es, im Parietalorgan der Elritze Lichtsinneszellen von gleicher Art wie in der Netzhaut nachzuweisen. Mit den Methoden der Elektrophysiologie bestätigte sich überdies das Ansprechen des Parietalorgans auf Lichtreize. Meine letzte Doktorandin, Ingrid de la Motte, bestimmte an lebenden blinden Elritzen die Empfindlichkeit der Zwischenhirnregion für Licht verschiedener Wellenlänge. Sie fand eine Empfindlichkeitskurve, die mit der Absorptionskurve eines aus der Netzhaut der Wirbeltiere bekannten Sehfarbstoffes in bester Übereinstimmung steht.

Wenn ich an jene Studienjahre zurückdenke, kann ich mir einen bitteren Vorwurf nicht ersparen. Mein Vater verfolgte mit warmer Aufmerksamkeit und nicht verhehltem Stolz die ersten Regungen meiner selbständigen Forschertätigkeit. Keine größere Freude hätte ich ihm bereiten können, als ihn teilnehmen zu lassen an den Fragen, die von früh bis spät meine Gedanken beschäftigten, an den Versuchsplänen, die am Abend eines Arbeitstages für den kommenden Morgen reiften und an allen Gärungen einer jungen Entwicklung. Statt dessen fühlte ich mich durch sein Interesse und durch seine Erwartungen befremdet und gehemmt, und so blieb ich ihm gegenüber verschlossen und schweigsam. Das Verhältnis zwischen uns war niemals getrübt. Aber zu spät erkannte ich die versäumte Gelegenheit, ihm seine unentwegte Fürsorge für meinen Lebensweg in anderer Münze bescheiden zu vergelten.

ALS ASSISTENT AM MÜNCHNER ZOOLOGISCHEN INSTITUT

An der Biologischen Versuchsanstalt beschaulich und ungehemmt wie ein Privatgelehrter zu arbeiten, war zwar sehr schön, kam aber als brotlose Beschäftigung auf die Dauer nicht in Frage. Nun hatte mich HERTWIG einmal im Gespräch gefragt, ob ich nach beendetem Studium als Assistent an sein Institut kommen wolle. Aber nach meinem Examen war er nicht darauf zurückgekommen, und ich wagte nicht zu fragen. Da bot mir K. HEIDER eine Assistentenstelle am Innsbrucker Zoologischen Institut an. Das war eine Gelegenheit, bei HERTWIG zu sondieren — denn München lockte mich mehr. Ich bat ihn um Rat, ob ich HEIDERs Angebot annehmen solle. Die Antwort war überraschend. Er legte ausführlich und mit großer Objektivität dar, welche Vor- oder Nachteile ich als Assistent in Innsbruck, bzw. in München zu erwarten hätte und ersuchte mich, ganz nach eigenem Ermessen und ohne Rücksicht auf ihn zu wählen. Erfreut entschied ich mich für München. HERTWIG war seinerseits erstaunt gewesen, daß ich auf sein — nur in Gedanken verfaßtes — Schreiben und Stellenangebot nicht eingegangen war. Ähnliches ist ihm in seinen alten Tagen mehrfach passiert.

So zog ich im Herbst 1910 wieder nach München. Meine erste Assistentenhandlung war die Teilnahme an der Feier von RICHARD HERTWIGs 60. Geburtstag. Eine unübersehbare Zahl alter und junger Schüler hatte sich zum Festabend zusammengefunden. Aus seinem buntfröhlichen Verlauf sind mir zwei Vorgänge in lebhafter Erinnerung geblieben.

Erstens die Aufführung eines von RICHARD GOLDSCHMIDT verfaßten Festspieles, in dem ,,Der Befruchtungstag" mit viel Humor persifliert wurde. In Wirklichkeit war der ,,Befruchtungstag" eine sehr ernste Angelegenheit. Es war im Ablauf des kleinen zoologischen Praktikums jener Tag, an dem den Kursteilnehmern (Medizinstudenten und angehenden Biologen) an lebenden Seeigeleiern das Eindringen der Samenzellen bei der Befruchtung und die Entwicklung der Keime bis zur frei schwimmenden Larve (Pluteus) gezeigt wurde. Die Seeigeleier waren für HERTWIG eine Jugendliebe. An diesem Objekt hatte sein Bruder OSCAR als erster den Vorgang der Befruchtung richtig gesehen und verstanden, an Seeigeleiern hatte er selbst die Entwicklung unter normalen und unter experimentell abgeänderten Bedingungen studiert. Die

Keime sind so durchsichtig, daß der Betrachter unter dem Mikroskop die Gestaltung des Darmes im Inneren ebenso klar beobachten kann wie das Werden der äußeren Form, und da sich alles im freien Wasser abspielt, genügt zur Aufzucht vom Ei bis zur Larve ein kleines Schälchen mit Seewasser.

Es war natürlich, daß HERTWIG dieses günstige und vertraute Material heranzog, um so grundlegende Vorgänge wie die Befruchtung und Entwicklung der Eizellen den Studenten im lebendigen Ablauf zu demonstrieren. Zu diesem Zweck ließ er in jedem Semester zur gegebenen Zeit Seeigel von Triest nach München senden. Von dem Augenblick an, da ein Telegramm ihr Kommen ankündigte, glich das Zoologische Institut einem in Aufregung versetzten Ameisenhaufen. Denn im Kurs standen nur zwei Stunden zur Verfügung und in dieser Zeit sollten alle wichtigen Entwicklungsstadien gezeigt werden, die im natürlichen Geschehen in zwei Tagen durchlaufen werden. In der halben Woche zwischen dem Eintreffen der Seeigel und dem Kurstermin waren die Tiere sorgsam zu betreuen, es waren Probebefruchtungen anzusetzen, um die recht wechselhafte Qualität der Eier und ihr Entwicklungstempo kennenzulernen, und dann mußten nach genauen Berechnungen zu bestimmten Zeiten weitere Befruchtungen vorgenommen werden, damit zum Kurs auch wirklich alle gewünschten Stadien zur Verfügung standen. Bei den nötigen Manipulationen war auf vielerlei zu achten, damit alles sauber und ohne Störung ablief. Wehe dem jungen Assistenten, der etwa zwei verschieden alte Kulturen mit derselben Pipette bediente und so einige Keime in ein Schälchen übertragen konnte, wo sie nicht hingehörten! HERTWIG hatte seine Augen überall, machte am liebsten alles selbst, keine Mühe war ihm zu groß und keine Nachtstunde zu kostbar, um den Gang der Dinge unter Kontrolle zu halten. Diese Besorgtheit um das Gelingen, gewürzt mit allerhand Anzüglichkeiten war das Thema der launigen und gut dargestellten Aufführung. — Heute wird die Befruchtung und Entwicklung lebender Seeigeleier fast in jedem zoologischen Institut gezeigt. Wir treffen die Vorbereitungen mit weniger Aufwand — aber ich gestehe, daß ab und zu ein Stadium fehlt, was bei HERTWIG eben nicht vorkommen durfte.

Ein zweiter Höhepunkt des Abends war die Übergabe der dreibändigen Festschrift, die dem Jubilar zum 60. Geburtstag gewidmet war. THEODOR BOVERI, als ältester Schüler, überreichte sie und hielt eine Ansprache von klassischer Schönheit. Der 1. Band war der Zellenlehre und Protozoenkunde zugedacht, der 2. brachte Arbeiten morphologischen, biologischen und deszendenztheoretischen Inhaltes und der 3. experimentelle Untersuchungen. In dieser Mannigfaltigkeit der Schülerarbeiten spiegelte sich HERTWIGs eigene vielseitige Meisterschaft. Heute pflegt man solche Festtags-Arbeiten genau wie alle anderen in wissenschaftlichen Zeitschriften zu veröffentlichen und die Widmung nur durch eine Anmerkung zum Ausdruck zu bringen. Eine Festschrift als selbständige Erscheinung findet naturgemäß nur geringe Verbreitung. Mit Recht äußerte damals SIGMUND EXNER angesichts der 3 stattlichen Bände: Das schönste Zeichen der Anhänglichkeit sei, daß sich so viele Schüler bereit gefunden hätten, ihre Veröffentlichungen in einer Festschrift lebendig zu begraben.

Das Fest war verrauscht, und der Alltag eines Assistentenlebens begann mit seinen mannigfachen Anregungen und Pflichten. Im großen Praktikum, wo ich noch kürzlich als Lernender gesessen hatte, sollte ich nun als Lehrender auftreten. Zugleich mit mir begann PAUL BUCHNER, dessen Name durch seine schönen Untersuchungen über intracellulare Symbiosen bald allgemein bekannt wurde, seine Assistententätigkeit am Institut. R. GOLDSCHMIDT, als erster Assistent, nahm uns unter seine Fittiche und machte uns bei seinen täglichen Runden durch das Laboratorium mit Plan und Ziel des großen Praktikums bekannt.

Wenn wir auch noch andere Assistentenpflichten hatten, so blieb doch Zeit genug für eigene wissenschaftliche Arbeiten, denn HERTWIG verlangte von seinen Assistenten keinerlei Hilfeleistung für sich. Er machte auch die Verwaltungsarbeit im wesentlichen selbst, wobei er die — schon damals nicht wenigen — Eingaben an die Behörden mit bedächtigen Schriftzügen eigenhändig entwarf und dann ins reine schrieb.

Jeden Nachmittag versammelten sich die Assistenten, älteren Doktoranden und wissenschaftlichen Gäste in GOLDSCHMIDTs Arbeitszimmer zum Tee. Dann drehte sich das Gespräch manchmal um Zoologie und oft um Kunst, Politik oder um das tägliche Geschehen. GOLDSCHMIDT hatte einen weiten Blick und feinen Humor. Und er hatte für uns Jüngere überraschend viel Zeit übrig, die er durch ungewöhnliche Intensität der Arbeit wieder hereinbrachte. Am Aschermittwoch pflegte er uns vor dem um 11 Uhr beginnenden Kurs zu einem Frühschoppen im Augustinerbräu mit Würstchen und Bier zu verführen, oder an einem schönen Maiabend zu einer Bowle im Grünen, er begeisterte uns zu gemeinsamem Fußballspiel, wir machten im Winter miteinander Schitouren in die nahen, damals noch nicht überlaufenen Berge, und es gab da und dort ein ungebundenes Zusammensein, bei dem sich auch in mir, trotz meiner ungeselligen Veranlagung, manche Freundschaft fürs Leben anbahnte. So mit R. GOLDSCHMIDT selbst, mit DOFLEIN, mit P. BUCHNER und meinem um wenige Jahre jüngeren Kollegen O. KOEHLER. Es waren fröhliche, unbeschwerte Jahre in jener goldenen Zeit vor dem ersten Weltkrieg — gleichsam symbolisiert auch dadurch, daß uns regelmäßig die Hälfte unseres Monatsgehaltes in Goldmünzen ausgezahlt wurde.

Meine wissenschaftlichen Arbeiten hat damals (1911) der Ophthalmologe und Direktor der Münchner Augenklinik C. v. HESS in eine neue Richtung gelenkt. Ich werde ihm für seine ungewollte Anregung immer dankbar bleiben. HESS war durch umfangreiche Tierversuche zu der Überzeugung gekommen, daß die Fische und alle wirbellosen Tiere total farbenblind seien. Diese These schien mir mit meinen Erfahrungen über die Anpassungsfähigkeit der Fische an farbigen Untergrund nicht recht vereinbar. Ich prüfte in neuen Versuchen ihre Anpassung an die Umgebungsfarbe unter Bedingungen, bei welchen das Ergebnis nicht anders als durch ein Erkennen des Farbtones erklärt werden konnte. Dressurversuche auf farbige Objekte brachten noch weitere Aufschlüsse über die Art des Farbensehens der Fische.

Die Publikation dieser Befunde brachte mich in offenen Konflikt mit v. HESS und in eine wissenschaftliche Polemik, die sich mit weiteren Arbeiten über den Farbensinn der Bienen und anderer Tiere durch Jahre hinzog und heftige Formen annahm. Ich hatte als Anfänger gegenüber dem weltbekannten Geheimrat einen schweren Stand. Zu meiner Enttäuschung war v. HESS nicht bereit, sich die Versuche, die nach seiner These nicht gelingen durften, bei mir anzusehen. Empört über seine Art, meine Angaben in ein schiefes Licht zu setzen, um sie mit seinen Ideen in Einklang zu bringen, führte ich in meinen Entgegnungen eine scharfe Klinge. Das trug mir einen Verweis HERTWIGs ein, der mir — mit Recht — vorhielt, daß sich diese Sprache gegenüber dem so viel älteren, verdienten Manne nicht geziemt. Aber sachlich stand er zu mir, er sah statt HESS gewisssenhaft bei meinen Versuchen zu, unterzeichnete das Protokoll und gestattete dessen Veröffentlichung. Der spätere Verlauf hat mir Recht gegeben. Mein anfänglicher Groll gegen den zähen Widersacher war bald verraucht. Wer weiß, ob ohne diese Fehde, die damals die Aufmerksamkeit der Fachgenossen auf sich lenkte, mein weiterer Lebensweg so glücklich verlaufen wäre.

Die Osterferien des Jahres 1911 führten mich für fast 2 Monate an die Zoologische Station in Neapel. Es war die Farbenpracht der Meeresfische, die mich verlockte, die Studien über die Farbenanpassung und den Farbensinn der Fische dort fortzusetzen. Das große weiße Haus mit der Aufschrift „Stazione Zoologica", inmitten eines alten Baumbestandes am Ufer des Golfes gelegen, bot alle Voraussetzungen für die geplanten Experimente. Aber es überläuft mich noch heute ein leiser Schauer, wenn ich an meine Versuchsanordnung denke. Ich wollte, unter anderem, die Fische mehrere Wochen lang in verschiedenfarbigem Licht halten. Zu diesem Zweck wurden die Aquarien in etwas größere Glasbecken eingesetzt, der Zwischenraum mit Farblösungen gefüllt und durch den lichtdicht aufgesetzten Deckel frisches Meerwasser zu- und abgeleitet, sonst wären ja die Fische bald erstickt. Nun waren aber manche Farblösungen sehr giftig. Hätte sich ein Ablaufheber verstopft, so wäre die Giftlösung ausgeschwemmt worden und in das Meerwasser gekommen, das durch Pumpen in dauerndem Umlauf gehalten wurde. Das Schreckgespenst eines allgemeinen Tiersterbens ließ mich zuweilen auch nachts die Heber kontrollieren. Ich weiß nicht, ob REINHARD DOHRN, der Leiter der Station, diese Anordnung im Vertrauen auf meine Sorgfalt duldete oder mehr im Vertrauen darauf, daß das Gift gegebenenfalls im weitverzweigten Röhrennetz der Station doch hinreichend verdünnt werden würde. Ich nahm das erstere an und suchte sein Entgegenkommen durch größte Wachsamkeit zu rechtfertigen. Es ist gottlob nichts passiert.

Die Zoologische Station ist von ANTON DOHRN, dem Vater REINHARDs, gegen tausendfältige Widerstände und Schwierigkeiten gegründet und 1874 eröffnet worden. Sie war die erste marine Station dieser Art und vorbildlich für viele weitere. DOHRNs Absicht war, die Fauna und Flora des Meeres, die an Formenreichtum und Ursprünglichkeit die Lebewelt des Süßwassers weit übertrifft, den Biologen nutzbar zu machen. Die Pioniere unter ihnen, die bis dahin am Meeresstrand gearbeitet hatten, entbehrten schwer die Hilfe, die ein gut eingerichtetes Laboratorium dem Forscher bietet. Als DOHRN noch um Verständnis für seinen Plan kämpfte, prophezeite der alte Berliner Professor EHRENBERG, daß bei dem beabsichtigten Aufwand an Hilfsmitteln und Arbeitskräften nach 5 oder 10 Jahren im Golf von Neapel für Zoologen und Botaniker nichts mehr zu erforschen übrigbleiben würde. Aber DOHRN hatte richtiger in die Zukunft gesehen. Noch heute, und mehr denn je, trifft man dort zu jeder Jahreszeit Gelehrte aus allen Kulturländern gemeinsam an der Arbeit, und sie finden immer noch genug zu tun.

Der internationale Charakter dieser ständigen Biologenversammlung hat seinen Ursprung in einer genialen Idee ANTON DOHRNs: Um eine Geldquelle für die Erhaltung und den Betrieb der Station zu haben, bewog er die staatlichen Stellen der Kulturländer zur dauernden Miete von Arbeitsplätzen, die dann für Angehörige jener Länder zur Verfügung standen. Eine zweite Einnahmequelle schuf er, nicht minder weitblickend, durch ein öffentliches Schauaquarium im Stationsgebäude, in dem auch der Laie dem Zauber der marinen Tierwelt verfällt und durch sein Eintrittsgeld einen Tribut an die Wissenschaft entrichtet.

Wenn ich vom Arbeitstisch aufsah, dann lag vor meinen Augen der blaue Golf mit der unvergleichlichen Silhouette der Insel Capri, umrahmt von der Sorrentiner Halbinsel und dem Cap Misenum, und der Vesuv gab seinen Qualm dazu. Saß man in der reichen Bibliothek, so blickten die schönen Fresken auf einen herab, die ANTON DOHRNs Freund H. v. MARÉES an die Wände gemalt hat. War man einmal der

Arbeit überdrüssig, so bot das Neapler Museum mit seinen pompejanischen Funden, oder Pompeji selbst, und das Meer und das fremdartige Land Abwechslung für Stunden oder Tage der Entspannung. Es gefiel mir dort so gut, daß ich auch 1912 und 1913 für die Osterferien wieder an die Neapler Station ging.

Im Jahre 1912 war O. Koehler mit mir zugleich dort. Wir hatten gemeinsam hoch auf dem Vomero ein Zimmer gemietet, mit freiem Blick auf den Golf. Bei der Arbeit konnte ich dem Jüngeren wissenschaftlich manches geben, während er mir an klassischer Bildung und auf den Gefilden der Kunst weit überlegen war. Zum Auffüllen meiner Bildungslücken gab es unvergeßlichen Anschauungsunterricht. Und in welch zauberhafter Landschaft liegen die Juwele vergangener Kunst eingestreut! In meinen Augen blieb jene größer und schöner als alles Werk von Menschenhand.

Wir stiegen zusammen auf den Vesuv, nachdem wir den sich aufdrängenden Führern glücklich entkommen waren und unsere Freiheit mit einigen Irrwegen bezahlt hatten, und genossen das weite Panorama und die abenteuerlichen Lebensäußerungen des Vulkans. Oder wir wanderten gegen das Cap Misenum und kamen da einmal spät abends aus dichtem Wald heraus bei Mondenschein an den nach Westen offenen Sandstrand, wo zur Freude und Überraschung unserer Zoologenherzen eine Menge Wildschweine im Spülsaum des Meeres frutti di mare suchten. Sie nahmen sich im Mondlicht wie höllische Gespenster aus. Wir waren, ohne es zu bemerken, in das Gehege eines Wildparkes geraten. Ein andermal fuhren wir mit einem kleinen, billigen, fast nur von Einheimischen benutzten Dampfer für einen Tag nach der Insel Capri. Bei der Rückfahrt kam ein Sturm auf. Das Deck war ziemlich dicht bevölkert, und es gab rundum ein Wiedersehen mit Spaghetti con pomidoro, die auf der Insel genossen worden waren. Obwohl sonst gegen Seekrankheit gefeit, war ich damals inmitten der windgepeitschten Spaghetti hart daran, dem Neptun auch mein Opfer zu bringen. Ich machte die Erfahrung, daß man sich bei solcher Gelegenheit auf einem Schiffsdeck besser in Luv als in Lee aufhält. Aber das schäumende Meer war wunderbar, und nach solchen Seitensprüngen hielt man wieder um so strenger zur Stange.

Ein schönes und harmonisches Milieu schien mir immer der fruchtbarste Boden für gedeihliche wissenschaftliche Arbeit.

HABILITATION UND WEITERE ASSISTENTENJAHRE IN MÜNCHEN

Was ich in München und Neapel über den Farbwechsel und Farbensinn der Fische herausgebracht hatte, ergab eine größere Arbeit, und HERTWIG forderte mich auf, mich mit dieser zu habilitieren. So wurde ich zwei Jahre nach dem Doktorexamen, im März 1912, Privatdozent für Zoologie und vergleichende Anatomie an der Universität München.

Zur Habilitation gehört neben der Vorlage einer geeigneten wissenschaftlichen Arbeit als zweiter Schritt das Bestehen eines Kolloquiums, bei dem man von einer Korona von Professoren des eigenen Faches und verwandter Disziplinen auf seine allgemein naturwissenschaftliche Bildung hin untersucht wird und, wenn diese Schleuse passiert ist, die Abhaltung einer Probevorlesung und die öffentliche Verteidigung von Thesen, die man — damit Gelegenheit zu Angriffen gegeben ist — einigermaßen gewagt aufstellen soll.

Das Kolloquium war schon damals, wie heute noch, der unheimlichste Punkt in dieser Prozedur der Dozentwerdung. Man weiß ja nicht, was den Beteiligten in den Sinn kommen mag, zu fragen, und man weiß nicht einmal, welche Fächer bei dem einstündigen Verhör vertreten sein werden. In meinem Falle bewegte sich die Unterhaltung zumeist auf allgemein interessanten Bahnen und verlief gut, bis es dem Paläontologen einfiel, nach irgendwelchen fossilen Haifischzähnen zu fragen. Da aber davon, außer ihm selbst, keiner der Anwesenden eine Ahnung hatte, hinterließ mein Versagen keinen besonders schlechten Eindruck.

Anders als heute[1] wurde die Probevorlesung gehandhabt. Jetzt hat der Kandidat selbst drei Themen vorzuschlagen, von denen die Fakultät eines auswählt. Es steht also bei ihm, nur Gebiete in Vorschlag zu bringen, auf denen er sich zu Hause fühlt. Überdies weiß er viele Wochen vor der entscheidenden Stunde die drei Vortragsstoffe, die allein in Frage kommen. Damals bestimmte die Fakultät von sich aus ein Thema, welches dem Kandidaten 3 Tage vor der Probevorlesung mitgeteilt wurde. Den Vorschlag machte natürlich der Fachvertreter. Aber bei der strengen Auffassung HERTWIGs von solchen Dingen war nicht damit zu rechnen, daß er es einem leicht machen würde. Tatsächlich erhielt ich ein vergleichend anatomisches Thema über die Kopfsegmente der

[1] gemeint ist 1957. Inzwischen ist der Weg zur Dozentur noch in mehrfacher Hinsicht erleichtert worden, nicht im Sinne einer strengen Auslese.

Wirbeltiere, das mir in der knappen Zeit der Vorbereitung ordentlich zu schaffen machte. Ich halte diese alte Methode der Überraschung für richtiger als den heutigen Brauch. Sie ist ein besserer Prüfstein für das Können des angehenden Dozenten und stellt ihn vor die Aufgabe, sich auch über ein weniger vertrautes Gebiet aus der zur Verfügung stehenden Literatur in beschränkter Zeit so weit zu unterrichten, daß er davon eine vernünftige Darstellung geben kann. In seiner Laufbahn ist er später oft genug dazu gezwungen.

Ich hatte den Vortrag als Manuskript ausgearbeitet, und der Tag der Habilitation, zu dem sich sogar mein Vater aus Wien eingefunden hatte, war da. GOLDSCHMIDT gab mir den wohlgemeinten Rat, beim Vortrag nicht das ausführliche Manuskript, sondern Zettel mit Schlagworten zu benützen. Daran habe ich mich für alle Zukunft gehalten, aber leider nicht beim Probevortrag. Wie es manchmal geht, war dann die Situation ganz anders als erwartet. Ich brauchte für den Vortrag Wandtafel-Bilder, die rückwärts und seitlich hingen. Während ich dort etwas erklärte, war das Vortragspult mit meinem Manuskript in weiter Ferne. So kam es, daß ich an einer schwierigen Stelle den Zusammenhang verlor, und als ich mich wieder an mein Manuskript herangepirscht hatte, nicht recht wußte, wo die Fortsetzung zu suchen war. Irgendwie habe ich mich durchgeschwindelt, ohne daß das allgemeine Publikum etwas gemerkt hat. GOLDSCHMIDT freilich war meine Verlegenheit nicht entgangen und sein „Sehen Sie!" nachher unter vier Augen ließ ich mir gesagt sein.

An den Vortrag schloß sich eine lange Diskussion, wobei HERTWIG, bald unterstützt von anderen kampflustigen Zuhörern, den Inhalt des Vortrages und die aufgestellten Thesen angriff. Es gab einen fröhlichen Streit mit freundlichem Ausklang. HERTWIG entwickelte bei solchen Gelegenheiten eine wunderbare Gabe, die Diskussion so zu lenken, daß zum Schluß ein rechtschaffener Vergleich der Gegner zustande kam.

Es war übrigens eine Dozenten-schwangere Zeit. Am gleichen Tag habilitierte sich mein Studienkamerad und Mit-Assistent PAUL BUCHNER und kurz darauf HANS KUPELWIESER. Letzterer entstammte einer begüterten österreichischen Familie und huldigte unserer Wissenschaft als Privatgelehrter — eine Möglichkeit, die man heute bei uns kaum mehr verwirklicht findet. Aber nicht nur das; sein Vater Dr. CARL KUPELWIESER schuf ihm zur Befriedigung seiner hydrobiologischen Interessen eine originelle Arbeitsstätte, indem er 1906 auf seinem eigenen Grund und Boden am Lunzer See in Nieder-Österreich die Biologische Station Lunz errichten ließ. Durch diese Stiftung schenkte der weitblickende Mäzen dem jungen Zweig der Hydrobiologie ein Institut, das in fruchtbarer Forschungsarbeit und Unterrichtstätigkeit einen großen Wirkungskreis gewann und ihn immer noch erweitert. Als nach dem ersten Weltkrieg die private Wohlhabenheit zerrann, wurde die Station durch den im Jahre 1923 gegründeten Verein „Biologische Station Lunz" übernommen, der im wesentlichen durch die Kaiser-Wilhelm-Gesellschaft und durch die Österreichische Akademie der Wissenschaften getragen war.

Das neu gebackene Dozententrio hat sich gut verstanden. Die zwei Jahre, die uns bis zum ersten Weltkrieg noch beschieden blieben, waren voll wechselseitiger Anregung und fröhlichen Schaffens. Es gab auch keine Geheimniskrämerei, wie sie in manchen Instituten vorkommt, wenn jeder Angst hat, der andere könnte ihm eine Entdeckung wegschnappen. Gerne und offen erzählten wir einander von unseren, auch unfertigen Arbeiten, wobei der Gedankenaustausch nicht auf die Zoologie beschränkt blieb. Junge Zoologen, Botaniker, Physiologen, Anatomen, Paläontologen und andere Naturwissenschaftler versammelten sich jeden Mittwoch zum „Biologischen Abend" in der Bibliothek des zoologischen Museums. Reihum kamen alle Fächer zu Wort, jeder trug das Beste vor, was er von seinem Arbeitsgebiet zu geben hatte, frei, sachlich und ungezwungen waren die anschließenden Diskussionen, die oft nachher in einem nahen Bräu spät in die Nacht hinein zu harmloser Fröhlichkeit umschlugen. Diese Abende hatte Franz Doflein ins Leben gerufen. Damit auch die Jüngsten ihre Meinung frei von Hemmungen vertreten sollten, waren ursprünglich Dozenten und Professoren von der Teilnahme ausgeschlossen. Als sich Doflein habilitierte, wurden die Schranken um einen Schritt vorgeschoben, und als er Extraordinarius wurde, da waren nur noch für Ordinarien die Pforten verschlossen. Dabei ist es geblieben. Denn als Doflein Ordinarius wurde, verließ er München.

In Brunnwinkl besaß ich einen kleinen Bienenstand. Die Gegend ist für die Imkerei nicht günstig. Nur selten gab es eine Honigernte. Aber die Bienen interessierten mich aus einem anderen Grunde und wurden in den Sommerferien 1912 zum erstenmal meine Versuchstiere. Die These von ihrer totalen Farbenblindheit reizte zum Widerspruch. Zu einleuchtend schien für den unbefangenen Betrachter die Meinung der Blütenbiologen, daß die bunten Blumenkronen die Aufgabe hätten, die Blüten für Bienen und andere Insekten auffällig zu machen und ihnen wie durch farbige Wirtshausschilder weithin anzuzeigen, wo Nektar ausgeschenkt wird. Die Blütengäste zahlen ihren Sold für die empfangene Nahrung durch den Vollzug der Bestäubung. Sollte dieses Wechselverhältnis wirklich zu Unrecht als ein Musterbeispiel gegenseitiger Anpassung gegolten haben und die ganze Farbenpracht der Blumen vor den Augen einer farbenblinden Insektenwelt ihren biologischen Sinn verlieren?

Die Behauptung von der Farbenblindheit der Fische hatte sich als Trugschluß herausgestellt. Nun versuchte ich es mit der dort bewährten

Dressurmethode auch an den Bienen. Sie erwiesen sich als gelehrige Schüler. Füttert man sie z. B. einige Zeit auf blauem Papier mit Zuckerwasser, so merken sie sich rasch die blaue Farbe als Kennzeichen der Futterstelle. Legt man ihnen dann ein blaues Papier ohne Futter zwischen vielen grauen Papieren vor, die in allen Helligkeitsabstufungen von Weiß bis zum Schwarz führen, so fliegen sie nur auf das Blau und suchen da nach dem gewohnten Zuckerwasser. Hiermit geben sie eine klare Antwort auf die Frage, ob das Blau für sie eine Farbe ist. Ein farbenblindes Auge sieht das Blau als ein Grau von bestimmter Helligkeit. Wären sie farbenblind, so müßten sie also die Dressurfarbe mit einer bestimmten Graustufe verwechseln.

Mit dieser einfachen Methode ließ sich nicht nur das Farbensehen der Bienen nachweisen, es ließen sich auch manche Einzelheiten über die Beschaffenheit ihres Farbensinnes herausbringen, die mit den Eigentümlichkeiten der Blumenfarben in schönster Harmonie standen.

Wenn eine Arbeit gut anläuft, so geht es meistens so, daß zunächst mehr neue Fragen als Antworten herausspringen. Daher standen viele weitere Dressurversuche auf dem Programm, als der Herbst für dieses Jahr dem Vorhaben ein Ende machte. In den Sommerferien 1913 wollte ich aber die Arbeit zum Abschluß bringen. Ich hatte in Brunnwinkl zeitweise an vier Stellen gleichzeitig Dressuren in Gang, wobei ich von früh bis abends in der Runde herumsauste, um sie überall in Fluß zu halten. Das konnte ich allein machen. Aber bei den *Versuchen* mußten, nach entsprechender Vorbereitung, alle Bienen, die sich auf die verschiedenen Papiere setzten, genau gezählt werden. Dazu waren Hilfskräfte nötig, und da bewährte sich die Familienkolonie von einer neuen Seite. Die graubärtigen Onkel FRANZ und SIGMUND EXNER stellten sich willig zur Verfügung. Bessere und zuverlässigere Beobachter hätte ich mir nicht wünschen können. Aber sie reichten nicht aus, und manche Vettern und Basen oder Dauergäste mußten daran glauben und Bereitschaftsdienst machen, statt spazieren zu gehen. *Ihrer* Zuverlässigkeit war ich weniger sicher. Ich pflegte Neulinge erst einmal durch heimliche Kontrolle ihrer Aufzeichnungen auf die Probe zu stellen. Ein Jurist unter ihnen hat völlig falsch protokolliert. Er wurde schleunigst ausgeschieden. Ich bin nachträglich nicht ganz sicher, ob das vielleicht seine Absicht gewesen ist.

Als die Versuche in bestem Gange und ganz besonders spannend waren, kam wie ein Blitz aus heiterem Himmel ein Brief RICHARD HERTWIGs aus München. HERTWIG war im allgemeinen großzügig in der Gewährung von Urlaub, besonders wenn er wußte, daß er nicht zum Faulenzen verwendet wurde. Aber er verlangte, daß *einer* von uns drei Assistenten auch in der Zeit der Universitätsferien anwesend war. Die Laboratoriumsarbeiten der Doktoranden liefen ja weiter. Ich hatte meist Glück gehabt, weil entweder GOLDSCHMIDT oder BUCHNER wegen ihrer Arbeiten ohnehin in München blieben. Nun war aber BUCHNER an der Zoologischen Station in Neapel und HERTWIG schrieb zu meinem Entsetzen, daß GOLDSCHMIDT für einige Wochen auf Urlaub fahre, ich müßte daher sofort zurückkommen. Es blieb mir nichts anderes übrig, als zu gehorchen, aber in München suchte ich ihn mit allen Mitteln der Überredungskunst davon zu überzeugen, daß meine Anwesenheit zur Zeit ganz überflüssig und die Fortführung der Versuche in Brunnwinkl viel wichtiger wäre. Tatsächlich brauchten damals die anwesenden Doktoranden keine Hilfe, und für seine anderen Argumente hatte ich kein Verständnis. Doch ihm ging es auch um das Prinzip. Es gab eine lange und heftige Aussprache, bei der wir schließlich beide Tränen in den Augen hatten. Er blieb fest. Aber nur bis zum folgenden Tag. Da schickte er mich wieder nach Brunnwinkl und hatte einen der älteren Schüler für die Zeit von GOLDSCHMIDTs Abwesenheit mit meiner Vertretung betraut. In HERTWIGs Konflikt zwischen pflichtgemäßer Strenge und Herzensgüte hatte wieder einmal die letztere gesiegt. Die Bienenarbeit kam zum guten Abschluß, und ich bin ihm bis heute dafür dankbar geblieben.

Die Polemik mit HESS war damals auf ihrem Höhepunkt. Unsere tatsächlichen Angaben standen miteinander in direktem Widerspruch. Die Leser der Arbeiten wußten vielfach nicht, wem sie glauben sollten. Deshalb kündigte ich für die Tagung der Deutschen Zoologischen Gesellschaft in Freiburg zu Pfingsten 1914 eine „Demonstration von Versuchen zum Nachweis des Farbensinnes bei angeblich total farbenblinden Tieren" an. Meine von München mitgebrachten farbdressierten Fische vertrugen das Freiburger Wasser nicht, sie wurden noch vor der Demonstration krank und unbrauchbar. Fast hätte es auch mit den beabsichtigten Bienenversuchen ein Fiasko gegeben, denn bei der guten Frühjahrstracht zeigten die Freiburger Bienenvölker kein Interesse für meine ausgelegten Honigköder. In letzter Stunde entdeckte ich im frischgegossenen Gemüsegarten des Institutsdieners auf den Salatpflanzen wassersammelnde Bienen, die sich mit List und Geduld zum Zuckerwasser auf dem Versuchstisch bekehren ließen. Damit war das Spiel gewonnen, und bei der Vorführung im Garten des Freiburger Institutes taten die Bienen genau das, was sie als farbenblinde Wesen nicht hätten tun dürfen. Ein Zufall unterstrich noch die Beweiskraft der Demonstration. Ich zeigte nachher etwas abseits vom Versuchstisch eine Probetafel der im Druck befindlichen Arbeit über den Farbensinn der Bienen. Auf ihr war die Versuchsanordnung verkleinert dargestellt, und zwar in vier Varianten, bei jeder ein farbig wiedergegebenes blaues Feld inmitten von vielen, gleich großen grauen Feldern verschiedenster Helligkeit. Auf dem Versuchstisch hatte ich inzwischen das Futterschälchen nicht wieder aufgefüllt und die blaudressierten Bienen schwärmten suchend in der Luft herum. Als ich die Tafel entfaltete, setzte sich wie auf Kommando je eine Biene auf jedes der vier blauen Feldchen, die so klein waren, daß die Farbfläche vom Bienenkörper ganz bedeckt wurde. Das kam unerwartet und wirkte überzeugend.

Die wissenschaftlichen Erfolge in jenen Jahren hätten mich eigentlich zuversichtlich und heiter machen können. Aber im Drange des Erlebens sah die Arbeit anders aus als bei retrospektiver Betrachtung. Zu den gesicherten Ergebnissen einer experimentellen Untersuchung ist es ein langer Pfad, gepflastert mit oft mühevoller Suche nach den besten Methoden, mit Irrtümern und Sackgassen, mit Zweifeln über den rechten Weg und Sorgen um übersehene Fehlerquellen, mit Enttäuschungen und Rückschlägen aller Art. Es ist Sache der Veranlagung, wie tragisch man diese Dinge nimmt. Ich war oftmals, auch in späterer Zeit, wochenlang bedrückt und schwermütig, wenn es mit der Arbeit nicht nach Wunsch vorwärts ging, und überzeugt von meiner Unzulänglichkeit. Viele Jahre lang dachte ich bei jeder Untersuchung, es würde die letzte sein, bei der mir etwas einfiele. Ganz bin ich diese Meinung bis heute nicht losgeworden. Auch schien mir zu Anfang der Dozentenlaufbahn sehr zweifelhaft, ob ich jemals vernünftige Themen für meine Schüler bereit haben würde, wenn solche sich an mich wenden sollten. Und wenn bei den Arbeiten etwas herauskommen sollte, dann wäre es doch niemandem zunutze.

In diesen selbstquälerischen Stimmungen kamen mir Verse von WILHELM BUSCH zu Hilfe:

Früher, da ich unerfahren
Und bescheidner war als heute,
Hatten meine höchste Achtung
Andre Leute.

Später traf ich auf der Weide
Außer mir noch mehre Kälber
Und nun schätz ich sozusagen
Erst mich selber.

Diese Lebensweisheit war mir einmal das rettende Seil aus dem Sumpf der Depression.

Und zuweilen war es meine Mutter, die zu trösten wußte und mit ein paar Pinselstrichen Farbe in meine Zukunftsbilder brachte. Ein Brief von ihr aus meiner ersten Assistentenzeit bei HERTWIG kommt mir wieder in die Hand und ist so bezeichnend für sie, daß ich ihn wiedergeben möchte:

Mein liebes Karlinchen. *Wien 17./1.11*

Nur dumme Menschen zweifeln nie an sich. Eine historische Tatsache. Kein bedeutender Künstler noch Mann der Wissenschaft wird in seiner Entwicklung solchen Stimmungen entgehen. Bei meinem Bruder Adolf, dem begabtesten der 4 Brüder habe ich den Kampf mitgelebt. Wenn Du Dich unselbständig findest, so denke, daß Dein Papa durch Jahrzehnte seinen Meister Billroth neben sich hatte, O. Schiga[1] *20 Jahre Assistent bei Brücke war, ebenso O. Serf.*[2] *seine ganze Jugend neben seinem Lehrer Lang als Assistent verbracht hat; Du willst allein alles aus Deinen Fingern zuzeln? Aber Kind! Wundern thut mich, daß Du gleich garantiert für die Menschheit wirken willst — ein mir neuer Zug in Dir. Wirke still für Dich, und es ist auch für die Menschheit. Ob und was bei solchen Arbeiten herauskommt, ist doch fast nie zu sagen, aber jeder Schritt weiter in der Erkenntnis der Natur kann ungeahnte weitere Aufschlüsse geben, das weißt Du doch. Oder hast Du ein Haar in der Zoologie gefunden? Und zwickt Dich da etwas? Ich hoffe daß Du durch den schwarzen Schleier bereits die Sonne durchsiehst da Du selbst meinst, in 8 Tagen wieder seelenvergnügt zu sein. Laß mich bald wieder was hören, nur auf einer Karte!*

Frau Richter[3] *schrieb auch von dem Tag am Tegernsee und daß Du mitgerodelt habest wie der gewiegteste Rodler und es sei doch Deine erste Fahrt gewesen. Also, wenn alle Stricke reißen, dieses Talent hast Du...*

Herzlichst

Deine alte M.

---

[1] Der Physiologe SIGMUND EXNER.

[2] FRANZ SERAFIN EXNER, der Physiker.

[3] Die Schwiegermutter meines Bruders OTTO.

ZWISCHENSPIEL IM RUDOLFINERHAUS (1914—1918)

Der 29. Juni 1914 — Peter und Paul, daher Feiertag im damaligen Bayern — verlockte mich zu einem kurzen Ausflug nach Brunnwinkl, wo meine Mutter und zum Teil auch meine Brüder bereits zum Sommeraufenthalt eingetroffen waren. Schon am 28. Juni war ich dort und wir saßen eben vergnügt beim Nachmittags-Kaffee, als jemand die Nachricht brachte, der österreichische Thronfolger, Erzherzog FRANZ FERDINAND sei in Sarajevo ermordet worden. Er war auch in der engeren Heimat wenig beliebt und man hatte sich mancherlei Sorge vor seinem Regierungsantritt gemacht. So erinnere ich mich an Äußerungen, als wäre durch seinen jähen Tod eine Gefahr für die Zukunft Österreichs abgewendet. Die Wirklichkeit sah anders aus. Einen Monat später kam der Krieg.

Wegen meiner hochgradigen Kurzsichtigkeit hatte ich nicht beim Militär gedient, war daher von der Mobilmachung zunächst nicht betroffen. Innerlich stand ich der kriegerischen Auseinandersetzung zwischen den Völkern Europas verständnislos gegenüber.

Unser Institut in München leerte sich schnell; wer nicht zu den Waffen einrückte, hatte doch in jenen Wochen keine Gedanken für die Zoologie. HERTWIG gab mich frei und meinte, als Österreicher sollte ich in mein Vaterland gehen. Ich fuhr nach Brunnwinkl, und da in der ersten Kriegsbegeisterung ein Überfluß an nicht benötigten Hilfskräften zu herrschen schien, begann ich mit einer neuen Bienenarbeit, für die schon alles vorbereitet war. Aber nach wenigen Wochen schon entschied sich mein Geschick für die Dauer des Krieges; es führte mich nach Wien ins „Rudolfinerhaus".

THEODOR BILLROTH — von 1867 bis zu seinem Tod im Jahre 1894 Professor an der Wiener Universität — hatte 1870 die Chirurgie des Schlachtfeldes kennengelernt. Damals hatte er die Notwendigkeit erkannt, schon in Friedenszeiten Krankenschwestern auszubilden, die den Anforderungen eines Krieges gewachsen und zur Pflege der Verwundeten geeignet sind. Diesen Gedanken verwirklichte der große Arzt später durch die Gründung eines chirurgischen Spitales mit Pflegerinnenschule. So entstand im Wiener Außenbezirk Döbling das „Rudolfinerhaus".

Dieses war in den langen Jahrzehnten des Friedens, die ihm beschieden waren, ein Zivilspital mit 100 Betten, geleitet von einem

Schüler BILLROTHs, ROBERT GERSUNY. Im Sinne des Gründers war seine vornehmste Aufgabe die Ausbildung tüchtiger, chirurgisch geschulter Krankenschwestern. Die „Rudolfinerinnen" waren als vorbildliche Pflegerinnen überall gesucht und begehrt.

Mit Kriegsausbruch wurde das Zivilspital zum Kriegslazarett umgestaltet und stand ab 24. August 1914 als „Vereins-Reserve-Spital Nr. 3, Rotes-Kreuz-Spital Rudolfinerhaus" in Verwendung. Mein um 9 Jahre älterer Bruder OTTO, Primarius am Rudolfinerhaus, war zwei Jahre vorher im Balkankrieg mit einer Gruppe von Rudolfiner-Schwestern nach Bulgarien gesandt worden und hatte da die Kriegschirurgie aus erster Hand kennengelernt. Nun hatte er das Rudolfinerhaus als Chefarzt zu leiten. Obwohl ihn, den abenteuerlustigen, nicht selten die Sehnsucht nach erster Hilfe an der Front packte, so bot doch die ihm anvertraute Tätigkeit die größere Befriedigung. Denn nur im Hinterland war es möglich, die Verwundeten mit allen Hilfsmitteln der ärztlichen Kunst auf den Weg der Gesundung zu führen, ohne daß sie einem vorzeitig entrissen wurden.

Aber wie sah es damals, Ende August 1914, in jenem Musterspital der Friedenszeit aus! Die Zahl der Betten war in der Anstalt selbst von 100 auf 400 erhöht worden, was dadurch möglich war, daß die Korridore mit Notbetten und zum Teil mit Strohlagern ausgestattet wurden. Um leicht Verwundete oder Rekonvaleszenten, die nicht mehr unter dauernder ärztlicher Aufsicht sein mußten, noch weiter betreuen zu können, ohne daß sie für dringende Neuaufnahmen den Platz versperrten, wurden in der Umgebung des Hauses private Pflegestätten mit schließlich 600 Betten eingerichtet, so daß der gesamte Krankenbestand gegenüber dem Friedensbelag verzehnfacht war. Und es waren nicht Blinddarm- und Gallenleiden, die ins Haus kamen! Unmittelbar von den östlichen Schlachtfeldern brachten die Transporte die Schwerverletzten heran, nach 2—3tägiger Bahnfahrt oft in erbarmungswürdigem Zustand, mit verschmutzten eiternden Wunden, mit Ungeziefer bedeckt und nicht selten auch mit Seuchen behaftet. Für ihren Empfang blieb alles zu improvisieren, denn Entlausungsbaracken und andere Behelfe, die später zu einer Selbstverständlichkeit wurden, fehlten noch.

Dazu kam, daß ein großer Teil der Ärzte und Schwestern, die bis dahin für 100 Patienten zur Verfügung gestanden hatten, ins Feld beordert war und trotz der vervielfachten Krankenzahl entweder nicht, oder durch unzureichende Hilfskräfte ersetzt wurde.

Unter diesen Umständen ließ mich mein Bruder wissen, daß er helfende Hände brauche, ich sollte zu ihm kommen. Daraus erwuchs eine enge und ungetrübte Zusammenarbeit, die erst durch das Ende des Krieges gelöst wurde. Ich arbeitete etwa 2 Jahre freiwillig und wurde dann vom Roten Kreuz angestellt.

Was mein Bruder in jenen Jahren geleistet hat, bleibt mir unvergeßlich. Er gönnte sich keinen Tag Urlaub. Die Arbeit riß niemals ab, sie hielt das Haus, und ihn als verantwortlichen Chefarzt, Tag und Nacht in Spannung. Und wenn auch organisatorisch bald manches besser und leichter wurde, so erging anderseits an die Wiener Leitstelle für die Aufteilung der ankommenden Transporte die Weisung, das Rudolfinerhaus ausschließlich mit schwer Verwundeten zu belegen. Das war die Folge einer Inspektion des Hauses durch den Chef des Sanitätswesens. Es bedeutete eine hohe Anerkennung — und eine weitere Vermehrung der Arbeitslast.

Ich kam als Nicht-Mediziner in eine unbeschreibliche Ansammlung menschlichen Elends und in eine fanatisch arbeitende Schar von Ärzten und Krankenschwestern hineingeschneit. Die erste Aufgabe war, überall anzupacken, wo Hände fehlten. Ging es da zuerst um Betten rücken, Fieberkurven anbringen, Hilfeleistung beim Eintreffen der Verwundeten und ähnliche Dinge, so schälte sich bald eine geordnetere Tätigkeit heraus. Ich lernte Röntgenaufnahmen machen, wurde Narkotiseur im Operationssaal und half beim Verbinden.

Da in den ersten Monaten die Verwundeten ohne vorherige Sichtung eingeliefert wurden, kam es nicht selten vor, daß Ruhr-, Typhus- und choleraverdächtige Fälle darunter waren. Beim dichten Belag des Hauses bildeten sie eine große Gefahr für die anderen. Um durch eine bakteriologische Diagnose Sicherheit zu gewinnen, mußten die Stuhl- oder Blutproben an eine Untersuchungsanstalt geschickt werden, von der man frühestens nach 4—5 Tagen Bescheid bekam. Inzwischen konnte viel passiert sein. Anderseits war es ein schwerer Entschluß, Verwundete, die eine chirurgische Betreuung dringend nötig hatten, an ein Infektionsspital abzugeben.

Darum machte ich meinem Bruder den Vorschlag, ein eigenes bakteriologisches Laboratorium im Hause einzurichten. Ende November 1914 war es verwirklicht und nahm seine Tätigkeit auf. Die nötigen, natürlich recht einseitig ausgerichteten Kenntnisse hatte ich mir am hygienischen Institut angeeignet. Die Nährböden für die Kulturen bereiteten wir selbst, so daß die Betriebskosten gering waren. Das Rudolfinerhaus hatte einen großen Kellerraum zur Verfügung gestellt. An Arbeit fehlte es nicht.

Die Errichtung dieses Hauslaboratoriums hat sich für die ganze Dauer des Krieges bewährt. In der ersten Zeit konnte ich aus der großen Zahl der Verdächtigen einige Cholerafälle und recht viele Erkrankungen an Typhus und Ruhr kurzfristig diagnostizieren, und war nicht wenig stolz darauf. Soweit es ihre Verwundungen zuließen, wurden sie in ein Infektionsspital überstellt, andernfalls bei uns in Isolierzimmern untergebracht — die nur in beschränkter Zahl zur Verfügung standen.

Gerade in der Zeit noch bestehender Unklarheit erwies sich der enge Kontakt zwischen Laboratorium und Krankensaal als nützlich. Als in den späteren Kriegsjahren die Spitäler des Hinterlandes nicht mehr mit Infektionskrankheiten überschwemmt wurden, traten andere Aufgaben des Laboratoriums in den Vordergrund, die weniger Zeit beanspruchten.

Da verlegte ich meine Arbeit mehr und mehr in die Krankensäle. Gegen Ende des Krieges war mir eine Abteilung mit 70 Betten anvertraut, für die mein Bruder die Verantwortung trug. Ich hatte viel von ihm gelernt, nur blieb meine medizinische Ausbildung sehr speziell auf die Kriegschirurgie eingestellt. Immerhin durfte ich, von ärztlichen Argusaugen überwacht, auch manche Operation, bis zur Oberschenkelamputation ausführen. Die Behandlung der Schußbrüche des Ober- und Unterschenkels wurden zu meiner besonderen Liebe. Auf dem Gebiet kam es zu einer größeren wissenschaftlichen Veröffentlichung, gemeinsam mit meinem Bruder.

Leidenden Menschen unmittelbar helfen zu können, war für mich eine neue Seite des Lebens, und so schön, daß ich ernstlich erwog, das seinerzeit begonnene Medizinstudium noch nachträglich zum Abschluß zu bringen und die Zoologie an den Nagel zu hängen. Mein Bruder bestärkte mich in solchen Gedanken. Aber er war wohl selbst Schuld, wenn es schließlich nicht dazu kam — indem er in manchen Kriegssommern darauf bestand, daß ich für einige Wochen nach Brunnwinkl auf Urlaub ging. Dann aber hatte ich, doch ausgehungert nach dem Umgang mit Tieren, nichts Eiligeres zu tun als die Bienen vorzunehmen und die begonnenen Versuche über ihren Geruchsinn fortzusetzen. Die Dressurmethode führte auch auf diesem kaum noch erforschten Gebiet zur Klärung biologischer Beziehungen. Ein sich Versenken in die anmutige Welt der Bienen und Blumen war die beste Erholung. Aber zugleich hatte mich die Zoologie wieder in den Armen, und sie erwies sich auf die Dauer als die Stärkere.

Ich darf nicht verschweigen, daß auch im harten Alltag des Lazarettdienstes zuweilen der Zoologe zu seinem Recht kam. Im Frühjahr 1915 war unserem Spital eine Aufnahmebaracke angebaut worden, die beim Eintreffen der Transporte von allen Verwundeten passiert werden mußte. Damals machte die Ausbreitung des Fleckfiebers Sorge. Überträger dieser gefährlichen Krankheit sind die Kleiderläuse. Ihre Einschleppung brachte die Gefahr des Flecktyphus unmittelbar mit sich. In der Aufnahmebaracke wurden die Verwundeten gereinigt und frisch verbunden. Um ja keine Laus zu übersehen, wurde mit Vorliebe das in solchen Dingen geschärfte Zoologen-Auge herangebeten. Vielfach waren sie freilich gar nicht zu übersehen. Nie wieder sind sie mir in solchen Mengen unter die Augen gekommen wie bei jenen Transporten. Mit

Vorliebe saßen sie auch in den wattierten Gipsverbänden, die deshalb ausnahmslos entfernt und neu angelegt werden mußten.

Noch eine andere Aufgabe hielt schwache Fäden zu meinem eigentlichen Beruf aufrecht. Das Rudolfinerhaus blieb auch im Krieg Schwesternschule, ja war es bei dem vermehrten Bedarf in gesteigertem Maße. Der Unterricht lag zum überwiegenden Teil in den Händen meines Bruders, als nicht geringe zusätzliche Belastung. Ich brachte durch Vorträge über Biologie etwas Abwechslung in diesen Lehrgang. Überdies hielt ich an stillen Abenden für die angehenden und auch für die ausgebildeten Schwestern Vorträge über Bakteriologie, um ihnen den Sinn der Maßnahmen, durch die das Verschleppen von Krankheitskeimen verhütet werden sollte und zu deren Befolgung sie mit Strenge erzogen waren, lebendig zu machen. Daraus entstand ein kleines Büchlein: „Sechs Vorträge über Bakteriologie für Krankenschwestern", dessen Niederschrift eine nicht vorgesehene Folge hatte.

Abb. 17. MARGARETE MOHR

Wir standen mitten im Kriege. Ich war 30 Jahre alt und hatte schon manchmal gründlich mein Herz verloren. Aber jene Sterne leuchteten mir an einem Horizont, zu dem keine Brücke hinüberführte. Nun regte sich eine neue Neigung zu einer Schwester DOROTHEE, einer Schülerin, die kurze Zeit auf meiner Abteilung tätig war und dann leider ausgerechnet in den am weitesten entfernten Rudolfspavillon versetzt wurde. Daß sie MARGARETE MOHR hieß und die Tochter eines angesehenen Wiener Verlagsbuchhändlers war, wußte ich nicht und es wäre mir auch nebensächlich gewesen. Meine Gedanken drehten sich nur darum, wie man ihr näher kommen könnte, wozu der Hochbetrieb der Krankensäle keine Gelegenheit bot. Da hatte ich eine gute Idee. Zum Text der Bakteriologie brauchte ich einige Abbildungen. Ich ging kurzerhand in den

Rudolfspavillon und fragte Schwester DOROTHEE, ob sie zeichnen könnte. Die prompte Antwort war: „Nein". Aber ihre Oberschwester WILHELMINE stand zufällig daneben und schaltete sich ein: „Zieren Sie sich nicht wie eine Bauernbraut und sagen's Ja!" Sie wußte, daß besagte Schwester bis zum Kriegsausbruch als Schülerin des Professors KAUFFUNGEN mehrere Jahre gebildhauert hatte. Das war nun freilich eine andere Arbeit gewesen, als Portraits von Bakterien anzufertigen, aber es gelang mir sie zu überzeugen daß solches sehr viel einfacher wäre. Von da an saß sie jeden Abend, sofern es der Dienst gestattete, bis in die Nacht hinein bei mir im Laboratorium und schuf die Bilder zu dem kleinen Buch — denen man es nicht ansieht, daß sie zwei Menschen fürs Leben zusammengeführt haben.

Meine Schwägerin JENNY war als treue Helferin ihres Mannes meist vom Morgen bis zum Abend gleichfalls im Rudolfinerhaus tätig. Beide hatten in nächster Nähe des Spitales eine Wohnung bezogen, und auch mich bei sich aufgenommen. Sie wußten noch von nichts, als ich Schwester DOROTHEE einmal unter einem Vorwand zum Abendessen mitbrachte. Mein Bruder machte erstaunte Augen über diesen Gast, aber bald übertrafen sich beide im wechselseitigen Erzählen von Jagd- und Fischereigeschichten und es gab ein angeregtes Beisammensein.

Auf frohe Stunden jener Zeit fiel der Schatten einer ernsten Erkrankung meines Vaters. Er hat meine künftige Frau noch kennengelernt und seine Freude gehabt an ihrem Wesen. Aber sein Zustand verschlimmerte sich rasch und am 24. Mai 1917 hat der Nimmermüde, stets um uns Besorgte sein Leben beschlossen. Die reichen Blütenzweige des Rotdorns aus unserem Garten waren der Schmuck seines Totenbettes. Oft habe ich es im späteren Leben schmerzlich empfunden, ihm von manchem Erfolg nicht mehr berichten zu können. Wie kein anderer hätte er sich gefreut.

Die Zeiten waren ernst — in vieler Hinsicht. Aber nachdem wir einander gefunden hatten, wollten wir nicht länger warten. Am 20. Juli 1917 haben wir in der Hinterbrühl bei Wien geheiratet. Ich bekam einige Wochen Urlaub. Die Hochzeitsreise führte uns nach Wildalpen in der Steiermark, wo meine Frau im Sommerhaus der Schauspielerfamilie THIMIG ihre glücklichste Jugendzeit verbracht hatte. So schön es dort war, mich zog es mit Macht nach Brunnwinkl. Nun seit Jahren in strenge Arbeit eingespannt, hielt ich selbst als Hochzeiter die Tatenlosigkeit nicht aus. Meine Frau hat mir bis heute nicht ganz verziehen, daß in den weiteren Wochen die Bienen das Feld beherrschten und daß sie stundenlang die bei den Duftdressuren gebrauchten Porzellankästchen säubern mußte. Mein Bruder, dem dies zu Ohren kam, schrieb an seine frühere Schülerin und jetzige Schwägerin: „Ich gebe dem KARL noch 1 Woche Urlaub. Wenn er nicht mindestens zwei Spaziergänge mit Dir macht, dann laß Dich wieder scheiden." Die Bedingung werde ich wohl erfüllt haben. Jedenfalls sind wir nicht geschieden worden.

Das verwaiste Ordinationszimmer meines Vaters in der Josefstädterstraße mit seinen beiden Wartezimmern wurde zu unserer ersten Wohnung, in der sich im Mai 1918 ein junges Leben in der Wiege regte. In unserem gemeinsamen Wohn- und Schlafraum lag am späten Abend die einstige „Schwester DOROTHEE" als zufriedene Mutter im Bett, während der Vater nach beendetem Spitaldienst am Schreibtisch saß, eine dicke Abhandlung über den Geruchsinn der Bienen schrieb und sich, samt Mutter und Töchterlein in den Qualm seiner Zigarren hüllte.

Mehr als ein Jahr war so unser junger Hausstand unter einem Dach mit meiner betagten Mutter. Wir möchten diese Zeit in unserem Leben nicht missen.

Es kam das Ende des Krieges. Die Arbeit im Rudolfinerhaus ließ nach. Im Münchener Zoologischen Institut wuchs sie an, denn viele kriegsverletzte Studenten wollten ihr Studium fortsetzen. So kehrte ich nach vierjähriger Unterbrechung in meine Assistenten- und Dozentenstellung nach München zurück — in mancher Hinsicht ärmer geworden und mit dem Bewußtsein, daß eine Art der Lebensführung ihr Ende gefunden hatte, die nicht mehr wiederkehren würde. Aber als Kriegsgewinn hatte ich meine liebe Frau. Und als unser HANNERL die Wiege verließ und temperamentvoll im Zimmer herumkrabbelte, als Schwänzchen eine nasse Windel hinter sich, die ihre Spur auf den Boden schrieb — da fiel mir ein Ausspruch meiner Mutter ein, der 15 Jahre zurückliegen mochte und der sich, wie manches gesprochene Wort aus der Jugendzeit, mitsamt dem getreuen Bild der ganzen Situation tief in die kindliche Seele geprägt hatte. Sie sah mich vor meinem Aquarium stehen, in andächtiger Betrachtung der eben geschlüpften Jungfische des Makropoden-Pärchens und meinte: „Dir steht einmal eine noch größere Freude bevor, wenn Deine eigene Brut heranwächst."

Das ersparte, in Kriegsanleihe angelegte Geld war verloren. Aber auch das Schlimme hat meistens eine gute Seite. Da wir eine neue Wohnungseinrichtung nicht kaufen konnten, spendeten meine Mutter und die Schwiegereltern aus ihren reichen Beständen, und diese vertrauten Biedermeiermöbel blieben für uns ein Stückchen Heimat in der Fremde.

ZUR ZOOLOGIE ZURÜCK

Es war nicht leicht, in München Unterkunft zu finden. Ich fuhr als Quartiermacher voraus und konnte eine Wohnung in Schwabing auftreiben, im 5. Stock des Hauses Gedonstraße 6, mit freiem Blick auf den schönen Rosengarten der Münchner Rückversicherungsgesellschaft. Leider fand mein Enthusiasmus keinen Widerhall bei meiner Frau. Mehr Eindruck als der Rosengarten vor den Fenstern machte ihr die Küche der Wohnung, die später unser Nachfolger im Mietvertrag, ein Photograph, als Dunkelkammer verwendet hat — womit sie hinreichend charakterisiert ist. Zwar gelang es uns vorübergehend, für einige Stunden täglich eine Küchenfee zu gewinnen, was noch schwieriger erreichbar war als eine Wohnung. Aber als sie den Knödelteig im Spüleimer anrührte, war die Freude gedämpft. Das waren unsere ersten Erfahrungen über Licht und Schatten im Haushalt.

Im großen politischen Geschehen gab es damals viel Schatten und wenig Licht. Was uns als staatliche Ordnung von Kindheit an zu einer Selbstverständlichkeit geworden war, hatte die Revolution über den Haufen geworfen. In welcher Form sich die Zustände wieder stabilisieren sollten, war nicht abzusehen. Zunächst wurde es immer schlimmer. Die Ermordung des Bayrischen Ministerpräsidenten KURT EISNER durch den Grafen ARCO gab den radikalen Elementen neuen Auftrieb. Es kam in Bayern zur Ausrufung der Räteregierung und hiermit zur „Diktatur des Proletariates". Die Nahrungsmittel waren knapp. Verwegene Gestalten mit roten Armbinden und Schießgewehren beherrschten die Straße. Wer sich in anständiger Kleidung zeigte, war in Gefahr. Wem es noch einigermaßen gut ging, der bangte um seinen Besitz.

Das vornehme Haus, unter dessen Dach wir unsere Mansardenzimmer hatten, wie auch das Nachbargebäude gehörten dem bekannten Politiker und Pazifisten Professor L. QUIDDE. Er war wenig daheim. Die pazifistische Gesinnung seiner temperamentvollen und musikalischen Frau kam am auffälligsten in einer unbegrenzten Tierliebe zum Ausdruck. Wenn wir miteinander Sonaten spielten, tanzten dabei die Mäuse im Zimmer herum. Sie zerfraßen die Bibliothek und die Teppiche des Professors, aber Frau QUIDDE stellte keine Fallen, sondern streute ihnen Brot, um ihren Appetit von Wertvollerem abzulenken. Bei den Spartakisten hörte ihre Nächstenliebe allerdings auf. Sie fürchtete das Erscheinen einer Kommission, wie solche damals in vielen guten Wohnungen Haussuchungen abhielten. Sie berief die männlichen Bewohner ihrer beiden Häuser zu einer Beratung über entsprechende Abwehrmaßnahmen in die Wohnung ihrer Schwester im Nachbargebäude. Da war nun alles versammelt, nur Frau QUIDDE fehlte. Die lange Beratung offenbarte die Verwirrung der Geister. So machte ein junger Mann den ernsthaften Vorschlag, wenn die Kommunisten vor der Türe stünden, sollte man mit Wasser gefüllte Papierdüten aus den Fenstern auf die Straße werfen, sie würden zerplatzen und die Roten vertreiben. Endlich erschien Frau QUIDDE. Der Grund ihrer Verspätung war der Knalleffekt des tragikomischen Nachmittags. Sie war durch eine Kommission der Kommunisten aufgehalten worden, die ihre Wohnung durchstöberten. Doch war sie weder ermordet noch bestohlen worden.

Die wüste Zeit dauerte einige Wochen. Eines Tages verbreitete sich wie ein Lauffeuer die Nachricht, daß die Befreier am Stadtrand stünden. Als ich zur nahen Leopoldstraße kam, war sie bereits zu beiden Seiten gesäumt von einem Spalier jubelnder Bürger und schon erschienen die Truppen, die Oberst v. EPP zur Beseitigung der Diktatur organisiert hatte und nun von außen heranführte. Die berittenen Offiziere und ihre Mannschaften, in tadelloser Ordnung und mit sauberen Uniformen, boten nach den letzten Repräsentanten der Macht einen erlösenden Anblick.

So glatt, wie es anfangs schien, ging es freilich nicht. Bald fielen Schüsse aus Fenstern und Dachlucken und es dauerte noch manchen Tag, bis Ruhe und Sicherheit ihren Einzug hielten.

Nach unserer Übersiedlung aus Wien blieben wir $2^1/_2$ Jahre in der Isar-Stadt. Wir suchten nach einer größeren Wohnung, denn ein Münchner Kindel stand uns in Aussicht. Als es am 27. Mai 1920 in Gestalt einer zweiten Tochter (MARIA) erschien, war das Raumproblem bereits gelöst. Als Untermieter des Verlagsbuchhändlers PAUL OLDENBOURG wurden wir in dessen weiträumige Wohnung, nicht weit von unserem ersten Schwabinger Quartier, aufgenommen — und zugleich in den Schoß seiner patriarchalischen Familie. Denn aus den äußerlichen Beziehungen entwickelte sich rasch eine Freundschaft fürs Leben. In jenen ersten Jahren unseres jungen Hausstandes, wie auch viel später in unruhigen und sorgenvollen Münchner Jahren war HELENE OLDENBOURG wahrhaft mütterlich um uns besorgt. Sie blieb für meine Frau ein fester Hort, sich aufzurichten, wenn sie in der Zeit des Dritten Reiches zuweilen nahe daran war, am Leben und an den Menschen zu verzweifeln.

Was sich aber zunächst politisch begab, erschien mir als natürliche Folge des wahnsinnigen Krieges und ist in der Erinnerung verblaßt. Denn ich verbohrte mich mit doppelter Intensität in die Arbeit.

Bald nach dem Wiederantritt meiner Assistentenstelle, im Januar 1919, erhielt ich den Titel eines a. o. Professors und ein Jahr später einen Lehrauftrag für vergleichende Physiologie. Neben Vorlesungen aus diesem Gebiet hielt ich auch ein vergleichend physiologisches Praktikum ab, was damals noch nicht üblich war. Die Neuerung fand bei den Studenten Anklang und machte mir als Dozenten viel Freude.

Noch vor wenigen Jahren war die Physiologie, die Lehre von der Funktion der Organe und somit vom *Leben* der Organismen fast ausschließlich eine Sache der Medizin gewesen. Wenn an den physiologischen Instituten der medizinischen Fakultäten Tierversuche gemacht wurden, so geschah es, weil man mit den Menschen nicht in gleicher Weise experimentieren konnte. Man studierte Frösche und Kaninchen, um per analogiam über die Funktion der menschlichen Organe etwas zu erfahren. Für die Zoologen hätte es nahe gelegen, ihre Vertrautheit mit dem weiten Reich der Tiere zu nützen, um nach dem Vorbild der vergleichenden Anatomie eine vergleichende Physiologie zu begründen. Aber das geschah nicht. Man war noch zu sehr gefesselt von der morphologischen Betrachtung der Formenfülle, die durch Expeditionen in ferne Länder und durch die Erforschung der Tiefsee noch immer größer wurde. Man war auch nicht geschult im physiologischen Experiment. So kam es, daß Humanphysiologen an medizinischen Fakultäten, gewappnet mit den notwendigen methodischen Kenntnissen, die Bahnbrecher für diesen neuen Zweig der Zoologie wurden.

Bausteine zu einer vergleichenden Physiologie sind zwar auch in der älteren Literatur zu finden. LAZZARO SPALLANZANI machte im 18. Jahrhundert seine berühmten Experimente über die Orientierung der Fledermäuse, 1891 lieferte SIGMUND EXNER mit seiner „Physiologie der facettierten Augen von Krebsen und Insekten" eine klassische vergleichend physiologische Arbeit, bald nach der Jahrhundertwende zeigte ALBRECHT BETHE, wieviel sich durch Studien am Nervensystem niederer Tiere für das Verständnis der nervösen Funktionen des menschlichen Körpers gewinnen läßt, HANS WINTERSTEIN machte grundlegende Versuche über die Atmung von Wassertieren, ALOIS KREIDL klärte durch ein Experiment an Krebsen, das heute in jedem zoologischen Lehrbuch steht, die Wirkungsweise der Gleichgewichtsorgane, und so ließe sich noch manches anführen. Aber solche Untersuchungen blieben vereinzelt und systemlos. Erst als HANS WINTERSTEIN — Humanphysiologe, wie EXNER, BETHE und KREIDL — sein „Handbuch der vergleichenden Physiologie" herausgab (1911—1925), in dem die in der Literatur zerstreuten Kenntnisse gesammelt und unter einheitlichen Gesichtspunkten dargestellt wurden, bereitete er der jungen Disziplin den Boden für ihr Gedeihen. Später hat die vergleichende Physiologie der Humanmedizin mit Zinsen zurückgezahlt, was sie ihr schuldig war. Denn viele physiologische Vorgänge an menschlichen Organsystemen wurden erst auf ihrer breiten Basis ins rechte Licht gesetzt.

Als sich Doktoranden einstellten und Vorschläge für ein Thema wünschten, war es ganz natürlich, daß auch hier die vergleichende Physiologie zum Zuge kam. So behandelte mein erster Schüler, ANTON HIMMER, ein Farbwechselthema und als zweite RUTH BEUTLER, die mir ihr Leben lang in enger Mitarbeit verbunden blieb, die Verdauungsphysiologie bei niederen Tieren.

Abb. 18. Im Münchener Zoologischen Institut. Blick von meinem Arbeitszimmer in den Gartenhof der „Alten Akademie", mein Gelände für Bienenversuche. Im Hintergrund die Frauenkirche. Dr. ECKE phot.

Mich selbst zogen wieder die Bienen in ihren Bann. Ausgangspunkt der neuen Arbeit waren frühere Beobachtungen bei den Farb- und Duftdressuren. Wenn das Futterschälchen leer getrunken und nichts mehr zu holen war, dann blieben die Sammlerinnen bald daheim und es kamen nur mehr vereinzelte Kundschafter, um Nachschau zu halten. Wenn ein solcher das Schälchen wieder gefüllt fand und beladen heimkehrte, dann war nach wenigen Minuten die ganze Sammelgruppe wieder da. Offenbar gab es im Bienenvolk einen gut funktionierenden Nachrichtendienst. Worauf er beruhte, war unbekannt. Das ließ mir keine Ruhe.

Im Frühjahr 1919 saß ich an einem kleinen Bienenvölkchen im malerischen Gartenhof unseres Institutes in der Alten Akademie. Der Bayerische Landesinspektor für Bienenzucht HOFMANN hatte mir ein Königinzuchtkästchen geliehen. Es hatte gegenüber anderen Bienenkästen den Vorteil, daß sich die Insassen nicht verstecken konnten. Denn es enthielt nur eine einzige Wabe, die durch Glasfenster von beiden Seiten überschaubar war. Ich lockte einige Bienen an ein Zuckerwasserschälchen, betupfte sie mit roter Ölfarbe und schaltete eine Futterpause ein. Als es am Schälchen still geworden war, füllte ich es wieder auf und beobachtete eine Kundschafterin, die angeflogen war und getrunken hatte, bei ihrer Heimkehr in den Stock. Ich traute meinen Augen nicht! Sie machte auf der Wabe einen Rundtanz, der die umsitzenden rot betupften Sammlerinnen in helle Aufregung versetzte und sie veranlaßte, wieder an den Futterplatz zu fliegen. Das war wohl die folgenreichste Beobachtung meines Lebens. Sie gab im Laufe der Jahre Anlaß zu mehr als 50 eigenen Veröffentlichungen und etwa 40 Schülerarbeiten. Was dabei herauskam, hat mir die schönsten Vortragsreisen und manchen Blick in die weite Welt eingetragen.

Das sah ich freilich damals nicht voraus. Ich baute zunächst geeignetere Beobachtungsstöcke, verbesserte das Verfahren zur individuellen Kennzeichnung der Bienen und glaubte nach 3 Jahren intensiver Arbeit, die „Sprache" der Bienen zu kennen. Zwanzig Jahre später bemerkte ich, zu diesem Thema zurückgekehrt, daß ich die Hauptsache übersehen hatte und daß die vierfache Zeit und eine vervielfachte Zahl der Mitarbeiter nicht ausreichte, um die Quelle der unerforschten Geheimnisse jener Bienensprache auszuschöpfen.

Wenn wir heute Versuche machen, um in diesem Zusammenhange die eine oder andere Einzelfrage zu klären, so sind dabei nicht selten 12 und mehr Beobachter gleichzeitig tätig. Zu Anfang ging es bescheidener zu. Als Berater in praktischen Fragen stand mir ein tüchtiger Imker, Guido Bamberger, zur Seite. Er war ein glänzender Beobachter und gab mir aus seiner Erfahrung heraus manche Anregung. Nicht selten stellte sich, wenn ich mich sonntags im Institutsgarten der ungestörten Arbeit freute, als erwünschte Hilfskraft meine Frau ein, die den weiten Weg von Schwabing mit dem Kinderwagen zu Fuß zurücklegen mußte. Dann wurde Hannerl für die Zeit der gemeinsamen Beobachtungen in einen leeren Brunntrog gesteckt. So forderte schon damals die Wissenschaft ihr Recht auf Kosten des Familienlebens, ein Problem, das ohne Konzessionen nicht zu lösen ist.

Sobald die Ferien kamen und der Brunnwinkl mit seiner landschaftlich reich gegliederten Umgebung zu abwechslungsreichen Versuchen einlud, dann standen dort mehr Hilfsmannschaften zur Verfügung. Einer unserer ersten, noch recht primitiven „Versuche über Land" galt der Frage, in welchem Umkreis die durch Rundtänze alarmierten Bienen die Umgebung ihres Stockes absuchen. Es hatte sich nämlich bald herausgestellt, daß durch die Tänze nicht nur — nach einer Futterpause — die alten Sammlerinnen wieder auf den Plan gerufen werden, sondern auch Neulinge, die den Futterplatz zunächst nicht kennen. Wenn eine Biene von Blütenbesuch heimkehrt und tanzt, so erfahren die Kameraden durch den ihr anhaftenden Blütenduft den spezifischen Geruch des

Zieles, nach dem sie suchen sollen. Daß eine Tänzerin darüber hinaus ihren Stockgenossen eine genaue Lagebeschreibung der Fundstelle liefern kann, hätte ich damals für unmöglich gehalten. Ich nahm an, daß bei anhaltenden Tänzen die ausfliegenden Neulinge erst in der Nähe des Stockes und allmählich in immer weiterem Umkreise suchen, bis sie zufällig ans Ziel gelangen.

Diese Vermutung sollte geprüft werden. Daß sie für die nähere Umgebung stimmt, hatte sich bereits bestätigt. Nun aber saß ich bei einem letzten Versuch dieser Reihe an einem Honigschälchen, das *einen Kilometer* vom Beobachtungsstock entfernt inmitten ausgedehnter Wiesenflächen unscheinbar im Grase stand. Hügel und Wälder lagen dazwischen. Einige gezeichnete Bienen wurden in der Nähe des Stockes gefüttert; sie tanzten nach jeder Heimkehr. Ein paar Tropfen eines ätherischen Öles dienten als künstlicher Blütenduft, um dem Futterplatz, wie dem fernen Schälchen die gleiche Duftnote zu geben. Wenn nun wirklich Bienen an mein Beobachtungsschälchen kommen sollten, dann mußte festgestellt werden, ob es nicht Fremdlinge aus anderen, vielleicht näher gelegenen Stöcken waren, die zufällig den Honig bemerkt hatten. Darum war vereinbart, jeden Besucher des Schälchens durch einen Farbtupfen zu kennzeichnen. Seinen Abflug wollte ich durch das Kuhhorn — ein altes Wahrzeichen unserer Kolonie — meinem Bruder HANS melden, der halbwegs nach Brunnwinkl auf einer Hügelkuppe postiert war und seinerseits mit einer Kuhglocke einen weiteren Gehilfen zu verständigen hatte. Dieser sollte durch ein Trompetensignal die Beobachter in Brunnwinkl alarmieren, damit sie nun scharf aufpaßten, ob die bemalte Biene in unserem Beobachtungsstock einfliegen würde.

Daß mein Bruder auf der einsamen Höhe zwar seine Tabakspfeife in der Tasche, aber den Tabak vergessen hatte, konnte er lange nicht verwinden. Denn aus dem Versuch wurde eine Geduldsprobe. Als fast 4 Stunden verstrichen waren und mein Schälchen immer noch verlassen da stand, war ich nahe daran, aufzugeben. Da schwärmte wirklich, bedachtsam suchend, eine Biene heran, ließ sich nieder und tat sich am Honig gütlich. Sie wurde gezeichnet und flog ab. Nie wieder habe ich mit solcher Inbrunst das Kuhhorn geblasen. Alles klappte. Sie war wirklich aus unserem Stock und ich freute mich über das positive Ergebnis. Heute wissen wir, daß jene Biene eine Eigenbrötlerin war, wie solche zuweilen gerade durch ihr regelwidriges Verhalten dem Volke nützlich werden können, und daß die Bienen aus dem Beobachtungsstock nach wenigen Minuten zu Dutzenden das kilometerweit entfernte einsame Schälchen gefunden hätten, wenn ihnen in ihrer Sprache gesagt worden wäre, wo es steht. Aber die Tänzerinnen fanden ja das Futter 16 m vom Stock und hatten keinen Anlaß, ihre Kameraden in die Ferne zu schicken.

Später haben sich solche und andere Versuche zuweilen über Geländestrecken von 5 bis 10 km ausgedehnt. Wir haben gelernt, ein Feldtelephon zu gebrauchen und uns manche andere Erfindung der Technik zunutze gemacht. Aber eines ist immer gleich geblieben: Die Hilfskräfte müssen stundenlang gewissenhaft aufpassen, auch wenn sich nichts ereignet. Das ist nicht jedermanns Sache. Darum ist die Auswahl geeigneter Beobachter eines der wichtigsten Anliegen. Nur der Versuchsleiter ist gegen Langeweile gefeit, und dauernd in Spannung gehalten. Für ihn ist jeder Versuch ein neues Erlebnis, das ihm seine Gedanken bestätigen soll und ihn statt dessen zuweilen vor ein unerwartetes Rätsel stellt.

ALS ORDINARIUS IN ROSTOCK (1921—1923)

Im Spätherbst 1921 wurde ich als Ordinarius für Zoologie und Direktor des Zoologischen Institutes an die Universität Rostock berufen. Daß dies zu erwarten stand, erfuhr ich schon im September in Brunnwinkl auf eine für die damalige Zeit bezeichnende Weise. Es kam folgender Brief des — mir unbekannten — Professors für Physik in Rostock:

Vertraulich! *Rostock, d. 23. Sept. 1921*

Geehrter Herr Kollege.

Da erhebliche Aussicht besteht, daß Sie als Nachfolger von Becher hierher berufen werden — die Fakultät schlägt Sie an 1. Stelle vor — so frage ich an, ob sich für diesen Fall ein Wohnungstausch zwischen uns einleiten ließe. Ich habe zum 1. 10. d. J. meine Emeritierung erbeten und erhalten und den lebhaften Wunsch, meinen Wohnsitz in oder bei München zu nehmen, was natürlich von der Zuzugserlaubnis abhängt, die auf dem Wege des Wohnungstausches wohl am leichtesten zu erzielen sein würde... Ich bemerke noch, daß, falls Ihnen die Wohnung selbst nicht paßt, man mit einer solchen an der Hand am leichtesten zu einer passenden (größeren oder kleineren) wieder auf dem Tauschwege gelangen kann; sonst müssen Sie hier wie anderswo unter Umständen jahrelang warten, ehe Sie passendes finden...

Mit kollegialem Gruß

ergebenst

A. Heydweiller

Es dauerte noch eine Weile, bis diese Voranzeige am Abend des 12. Oktober durch ein Telegramm des Unterrichtsministeriums aus Schwerin ihre amtliche Bestätigung erhielt. Ich eilte zu Hertwig in die Wohnung, der schon unter der Türe mein strahlendes Gesicht mit den Worten quittierte: „Na, haben Sie den Ruf erhalten!" Er hatte damit gerechnet. Ich selbst habe auch später nie an einen Ruf geglaubt, bevor ich ihn in der Tasche hatte.

Ein Glückwunschbrief von Hans Spemann war ganz dazu angetan, unsere Erwartungen noch zu steigern. Spemann war Professor der Zoologie in Freiburg; ehedem war er in Rostock Bechers Vorgänger gewesen, er war also sozusagen mein Großvater im kommenden Amt. Seine Arbeiten hatten mich schon als Anfänger in Begeisterung versetzt. Die strenge Logik seiner Experimente, die Vorsicht der Schlußfolgerungen, der schöne Stil seiner Darstellung machten die Lektüre zum reinen Genuß. Persönlich begegnete er dem Jüngeren nicht im geringsten geheimrätlich, sondern mit fröhlicher Offenheit, die später zu warmer Freundschaft wurde. In dem erwähnten Brief stand:

Freiburg, 15. X. 1921

Lieber Herr Kollege!

Es freut mich außerordentlich zu hören, daß Sie den Ruf nach Rostock erhalten haben...

Rostock ist der einzige Ort, nach dem ich manchmal etwas wie Heimweh habe. Der erste Anblick vom Bahnhof aus ist ja nicht berauschend; aber die alte Stadt selbst und ihre schöne Umgebung, die Kirchen und Türme und Straßen, all das wird einem immer lieber. Und wenn ich an meinen Arbeitsplatz denke mit dem Blick auf die alten Bäume des Blücherplatzes u. auf die Jacobikirche, wo die weißen Möven fliegen als Boten des nahen Meeres, so könnte ich Sie beneiden. Grüßen Sie das trauliche alte Institut, das ich ganz umgebaut habe, u. denken Sie bei der Schneelandschaft von Biese u. dem von mir überzogenen schön geblümten Sofa freundlich an Ihren Vorgänger. Vor allem aber grüßen Sie die alten Kollegen, Falkenberg, Geinitz, Geffken recht herzlich von mir.

Mit allen guten Wünschen

Ihr

H. Spemann

Es wurde wirklich sehr schön. Nachdem ich 37 Jahre Ordinarius und Direktor von vier verschiedenen Universitätsinstituten gewesen bin, muß ich sagen, daß der heitere Glanz unserer kurzen Rostocker Zeit nie mehr überstrahlt worden ist.

Bevor J. Becher Rostock verließ, um an die Universität Gießen zu übersiedeln, übergab er mir das Institut und führte den neugebackenen Ordinarius in die lokale Atmosphäre ein. Ein solches Institut ist wie ein Organismus, dessen Leben und Gedeihen in erster Linie von seinem Chef abhängt. Ein Wechsel des Leiters bedeutet daher eine Krise, die von den Organen der Anstalt, von den dort tätigen Schülern und Mitarbeitern, nur mit Bangen erwartet wird.

Nachdem wir alles durchgesprochen hatten, sagte BECHER aufmunternd im Hinblick auf mein neues Amt: „Sie sind als Ordinarius und Institutsdirektor ein kleiner König in Ihrem Reich." Wie oft mußte ich später an diesen Ausspruch denken, solange er noch gültig blieb und der Professor, gestützt auf das Vertrauen der staatlichen Behörden, in seinem Institut ein Freiherr war; und erst recht später, als mit dem Aufkommen des Nationalsozialismus Vertrauen und alte Freiheiten Stück um Stück verloren gingen und oft genug auch das Amt — soferne man nicht sein Fähnchen nach dem Winde steckte.

Rostock galt als gutes Sprungbrett für die Universitätslaufbahn. Der Mecklenburgische Staat konnte seinen Professoren keine hohen Gehälter zahlen. Er half sich, indem er bei seinen Berufungen nach hoffnungsvoller Jugend ausspähte, die noch billig zu haben war. Natürlich gab es manchmal eine Niete. Hatte er aber einen guten Griff getan, so wurde ihm meistens nach einigen Jahren von einer besser situierten Universität der Braten wieder weggeschnappt. Es gab daher viele junge Kollegen, und es war durch die häufigen Berufungen für ständige Blutauffrischung gesorgt. So kam es, daß diese „Anfängeruniversität" mehr Anregung bot als manche ihrer berühmteren Schwestern.

Im Zoologischen Institut gab es ein Buch, das seit langen Zeiten — ich habe vergessen, seit wann — bei jedem Chefwechsel von Hand zu Hand weitergereicht wurde. Jeder hatte darin sein Bild hinterlassen und eine Eintragung über die Zeit seiner Tätigkeit. Als ich mit meiner Frau diesen netten kleinen Band durchstudierte, ergab ein einfaches Rechenexempel, daß die Zoologen im Durchschnitt 7 Jahre in Rostock geblieben waren. Auf diese Zeit stellten wir uns ein.

Mit dem Wohnungstausch klappte es, wenn auch nach einigen Anstrengungen. HEYDWEILLER hatte eine vornehme Wohnung mit modernem Komfort, damals in Rostock eine Seltenheit. Sie war uns zu teuer. Anderseits entsprach auch unsere Münchner Wohnung nach Lage und Größe nicht seinen Wünschen. Hier wie dort mußte man sich nach weiteren Interessenten umsehen, und so kam schließlich ein fünfgliedriger Ringtausch zustande. Was wir suchten, fanden wir in Rostock in der Friedrich-Franz-Straße 101: eine nette und geräumige Wohnung mit Garten in günstiger Lage. Ihr Inhaber, der als Seeheld aus dem ersten Weltkrieg bekannte Kapitänleutnant LAUTERBACH, war mit Freuden bereit, in das schönere Haus HEYDWEILLERs zu übersiedeln. Aber als ehrlicher Mann fühlte er sich verpflichtet, mich vor einem endgültigen Entschluß auf einen schweren Nachteil seiner Wohnung hinzuweisen. Er führte mich mit ernster, fast tragischer Miene in den Keller und machte mir das Geständnis, daß hier zuweilen schwarze Schnecken gesichtet worden wären. Daß sich ein Zoologe dadurch nicht abschrecken ließ, nahm er erleichtert und etwas ungläubig zur Kenntnis.

So kam der große Tag des „Vater leih' mir die Schere", an dem gleichzeitig aus 5 Wohnungen die Möbel abrollten. Einige Tage später stand der Münchner Wagen in der Friedrich-Franz-Straße. Aus dem Institut herbeigerufen, fand ich ein eigenartiges Bild vor. Da war meine Frau umringt von den Möbelpackern, und obwohl die Wienerin und die biederen Mecklenburger als Muttersprache „Deutsch" hatten, verstand keine Seite ein Wort von dem, was die andere sagte. Mir ging es nicht besser, trotz meiner stillen Liebe für FRITZ REUTER. „Ut mine Stromtid" *lesen* oder einen waschechten Mecklenburger plattdeutsch reden *hören* ist doch zweierlei. Aber mit Gestikulieren und einigem guten Willen stand schließlich jedes Stück am richtigen Platz. Und als wir entdeckten, daß sich in einem Loch der Gartenmauer ein wilder Bienenschwarm eingenistet hatte, erschien uns dies als Zeichen, daß auch der Himmel zum Einzug seinen Segen gab.

Wenn ich hinterher überlege, warum jene Rostocker Jahre so schön waren, so scheint es dreifach begründet.

Erstens hatte ich die Stellung erreicht, die das Ziel eines jeden Dozenten ist. Dazu gehört außer anderen Voraussetzungen immer auch eine Portion Glück. So ging es nun freudig und mit vollen Segeln in die neue Tätigkeit an dem kleinen, aber hübschen Institut.

Zweitens boten Stadt und Land für uns viel Neues. Das damalige Rostock vereinte in sich die Vorzüge einer Kleinstadt mit großstädtischen Möglichkeiten. Die Altstadt mit ihren bezaubernden Kirchen und Türmen, auf die uns schon SPEMANNs Brief vorbereitet hatte, und alles was sonst für uns Interesse bot, war so dimensioniert, daß die eigenen Beine als Verkehrsmittel genügten. Aber ein Pulsstrom internationalen Lebens wurde durch den nahen Hafen von Warnemünde und durch die Ostseebäder herangeführt. Infolgedessen gab es moderne Kaufläden, ein gutes Theater, vorzügliche Konzerte. Die Warnow ist von der Stadt bis zur 10 km entfernten Küste von Warnemünde ein breiter, schiffbarer Strom. Mein Vorgänger hatte im Rostocker Hafen ein Segelboot liegen und fuhr nicht selten davon, bis auf die hohe See hinaus. Er soll zuweilen zu spät ins Kolleg gekommen sein, wenn bei der Heimfahrt der Wind nicht günstig blies. Es war malerisch am Ufer der Warnow, wenn der weite Himmel des Abends in allen Farben spielte, oder in den Sanddünen der Ostsee oder im Küstenwald der Rostocker Heide unter den alten sturmgebeugten Kiefern. Aber das Meer selbst war mir enttäuschend. Das Tierleben der halb ausgesüßten Ostsee erwies sich als unsagbar arm gegenüber dem, was die vertraute Adria zu bieten hatte. Sandstrand statt romantischer Klippen, wenige farblose Segelschiffe an Stelle der südlichen Fischerboote mit ihren bunten Segeln — das war nicht ganz nach meinem Geschmack; und statt der vielen kleinen und großen Dampfer nach aller Welt, bei deren Anblick so gerne die Gedanken mitreisten, erschien kaum etwas anderes als das Fährboot nach Dänemark als Repräsentant moderner Schiffahrt. Auch dieses verkehrte nicht oft. Es war schon ausgesuchtes Pech jener Filmgesellschaft, die damals in der Nähe von Warnemünde mit großem Kostenaufwand die Reise des COLUMBUS und die Entdeckung Amerikas drehte, als sie auf ihren Filmstreifen hinter den getreu nachgebildeten Booten des kühnen Seefahrers am Horizont die qualmende Dampffähre entdecken mußte.

Aber, um gerecht zu sein: wenn die Fluten der Ostsee dem Zoologen keine Schätze boten, so wurde er durch die reiche Vogelwelt des Landes entschädigt. Wir lernten sie auf mancher aufschlußreichen Exkursion kennen, so in der stimmungsvollen, schwermütigen Landschaft der Lewitz, oder bei wiederholten Ausflügen nach der nahen Vogelinsel Langenwerder, wo Möven und andere Seevögel zu Tausenden auf engem Raume brüteten. Diese Vogelinsel war ein Sorgenkind. Die Zeiten waren schlecht, es gab wenig zu essen, und Möveneier waren begehrt. Die Insel wurde geplündert, die Naturfreunde bangten um den Bestand des Vogelparadieses. Eine Kommission wurde eingeladen, den Schauplatz zu besuchen und Maßnahmen zum Schutze der Vögel in die Wege zu leiten. Mein Kollege HORST WACHS hatte diesen Besichtigungsausflug vortrefflich organisiert, nur eines hatte er vergessen: eine Warnung an die Herren, nicht die beste Kleidung anzuziehen. Als sich bei unserem Erscheinen die gestörten Vögel als weiße Wolke in die Luft erhoben und, wie üblich, ihre Brutstätte durch ein Bombardement aus ihren hinteren Leibesöffnungen verteidigten, geschah dies nicht zum Besten der schwarzen Röcke einiger Ministerialbeamter.

Nicht zuletzt waren es die Menschen, an der Universität und außerhalb von ihr, die das Leben in Rostock angenehm machten. Unter den Kollegen herrschte ein netter Ton freundschaftlicher Kameradschaft. Man kam mehr zusammen als an großen Universitäten. Es fing damit an, daß der neu Berufene mit seiner Frau an einem Sonntag einen Wagen nahm und bei allen Kollegen seine Karten abgab. Er pflegte bei dieser Gelegenheit nicht empfangen zu werden. Aber am folgenden Sonntag hatte er zu Hause zu sein. Dann kamen sie alle zur Gegenvisite und besichtigten die neu Angerückten. Für uns, wenig an Geselligkeit gewöhnte Leute verlief dies ein bißchen turbulent. Meine Frau behauptet, ich hätte ihr die vielen Besucher entweder überhaupt nicht, oder unter falschem Namen vorgestellt. Immerhin knüpften sich schon da einige Beziehungen an. Mit dem zum gleichen Semester neu berufenen Anatomen C. ELZE und mit dem Physiologen H. WINTERSTEIN verbindet uns seit damals treue Freundschaft. Wir drei gründeten, zusammen mit dem leider früh verstorbenen Pharmakologen TRENDELENBURG und mit dem Dermatologen FRIEBOES ein wissenschaftliches „Kränzchen", bei dem im Turnus jeder aus seinem Fachgebiet ein Referat hielt; das Thema war natürlich so gewählt, daß es auch die anderen interessierte. Wir tagten jeweils in der Wohnung des Vortragenden, wobei die Hausfrau für das leibliche Wohl zu sorgen und dann zugunsten der Wissenschaft zu verschwinden hatte. So etwas gibt es auch anderswo. Aber es war ein gutes Zeichen für den Geist an der Universität, daß daneben ein viel weiterer Kreis bestand, von den Dozenten aller Fakultäten gebildet, der sich gleichfalls regelmäßig zusammenfand, um in Vorträgen allgemeinen Inhaltes zu vernehmen, was die einzelnen Disziplinen zur Zeit am meisten bewegte.

Am engsten befreundeten wir uns mit dem Augenarzt Dr. HERMANN PFLÜGER und seiner temperamentvollen Frau. Sie hatten zwei Buben im Alter unserer damals noch zweisamen Töchter, und oft nahm eine der Mütter alle vier an die Leine, um die andere zu entlasten. Aber der ursprüngliche Anlaß unseres Verkehrs war Dr. PFLÜGERs Geigenspiel. Er wurde der Primgeiger unseres Hausquartettes. Hatte man nach dem Abendessen noch Lust zu musizieren, so waren die vier Streicher meist schnell zusammengeholt. Man brauchte sie nur auf einem kleinen Rundgang durch die Nachbarschaft aus ihren Wohnungen zu pfeifen. Herausläuten konnte man sie nicht, denn Türklingeln waren an den Haustoren Rostocks eine Seltenheit.

An einem solchen Quartettabend, als meine Frau zeitig am folgenden Morgen nach Wien abreisen sollte, saßen wir trotzdem bis in die tiefe Nacht an den Pulten. Unser Haus in der Friedrich-Franz-Straße war damals eingerüstet, da es neu getüncht werden sollte. Als die Gäste endlich zum Tempel hinaus waren und meine Frau ihren Koffer packen wollte, erschien die ganze Gesellschaft auf dem Gerüst vor den Fenstern, rief nach weiterem Kuchen und Wein und wir waren noch lange vergnügt.

Obwohl HERMANN PFLÜGER gut spielte, entstand — auch bei ihm — der Wunsch nach einer noch vollkommeneren Hausmusik. Sie kam zustande, indem wir ab und zu den Konzertmeister des Opernorchesters einluden, die Primgeige zu übernehmen. Das waren nette Abende, und neben Quartetten standen dann Streichquintette und manche kleine Orchesterveranstaltung auf unserem häuslichen Spielplan. Freunde stellten sich als Zuhörer ein und es gab eine heitere Geselligkeit.

Aus diesen Anfängen wuchs eine andere musikalische Unternehmung heraus: der Konzertmeister wurde mit Mitgliedern seines Orchesters zu uns und in weitere Professorenhäuser gebeten, wo er an Sonntag-Vormittagen vor einem größeren, geladenen Kreise Hauskonzerte gab. Das war eine intime Form, musikalische Kostbarkeiten mit Andacht zu genießen, bis unserem Konzertmeister diese Art der Betätigung aus Sorge vor der Konkurrenz von seiner Direktion verboten wurde — ein Symptom der Kleinstadt. So konnten wir ihn künftig nur mehr in öffentlichen Konzerten und in der Oper hören, und nahmen dann die Kleinstadt von ihrer guten Seite, indem wir im Zwischenakt rasch einen Sprung nach Hause machten, um uns zu überzeugen, daß alles in Ordnung war und die Kinder schliefen.

Das erste Jahr in Rostock brachte uns eine Überraschung von besonderer Art. Das dortige Klima war uns, mit seinen milden Wintern und kühlen Sommern, als sehr angenehm geschildert worden. Entgegen dieser Prophezeiung herrschte im Winter 1921/2 eine anhaltende, strenge Kälte. An der Küste von Warnemünde war die Ostsee zugefroren, soweit der Blick reichte. Für uns waren die übereinander getürmten Schollen am Strande und das ausgedehnte Eisfeld dahinter nichts weiter als ein schönes Schauspiel der Natur. Anders für die Einheimischen, für die mit der See von klein auf Vertrauten, für die Fischer und Schiffer, denen das Wasser die immer unberechenbare Elementargewalt ihres Daseins bedeutet. Für sie war „das gefesselte Meer" ein seltenes Erlebnis, das sie zutiefst bewegte.

In den Sommerferien reisten wir natürlich trotz der weiten Entfernung nach Brunnwinkl. Nachdem ich zehn Monate lang nur Ebene und kaum einmal einen Hügel erblickt hatte, brachten die ersten Ferientage neben dem frohen Wiedersehen mit den Bergen auch einen unvergeßlichen psychologischen Eindruck. Niemals zuvor waren mir die bewaldeten Steilhänge um unser Tal so steil und so hoch erschienen wie in jenen Tagen — nicht etwa beim Hinaufsteigen! Der unmittelbare optische Eindruck war, offenbar unter der Wirkung des Kontrastes, in zwingender Weise gegenüber der Erinnerung völlig verändert.

Während in den Sommermonaten wieder die Bienen auf dem Arbeitsprogramm standen, wandte ich mich in Rostock einem neuen Problem an Fischen zu. In der sinnesphysiologischen Literatur der vorangegangenen Jahrzehnte war die Streitfrage entbrannt: können die Fische hören oder nicht? Sie haben keine Ohrmuscheln, keinen Gehörgang und kein Mittelohr. Der Fachmann weiß zudem, daß sie an ihrem Innenohr keine „Schnecke" besitzen, die bei uns als der Sitz des Gehörsinnes betrachtet wird. Das im Schädel eingeschlossene Ohrlabyrinth der Wirbeltiere ist ja, anatomisch betrachtet, ein recht kompliziertes Gebilde, das nicht nur dem Gehör, sondern auch dem Gleichgewichtssinn dient. Nur ein Abschnitt des Labyrinthes, der beim Menschen und bei allen Säugetieren schneckenförmig aufgerollt ist und die zarte Basilarmembran enthält, soll nach der HELMHOLTZschen Resonanztheorie und nach ihren neueren Abwandlungen die Tonwahrnehmung besorgen. Ein entsprechendes Gebilde findet sich in etwas anderer Form bei allen landbewohnenden Wirbeltieren. Aber am Labyrinth der Fische fehlt es völlig (Abb. 19). Ihr Innenohr schien nach seinem Bau ein reines Gleichgewichtsorgan zu sein. Die meisten Anatomen, Physiologen und Ohrenkliniker waren aus diesem Grunde überzeugt, daß Fische taub sein müßten. Zoologen und Physiker waren nicht durchwegs der gleichen Ansicht. Einige hatten an Fischen im Aquarium, wie auch im Freiland Reaktionen auf Töne beobachtet.

Die Frage war von grundsätzlicher Bedeutung. Wenn bei Fischen ein echtes Hörvermögen, das heißt eine Schallwahrnehmung und Tonanalyse durch das Innenohr, möglich war, dann war eine Schnecke und eine Basilarmembran zum Hören nicht notwendig.

Es ging also um ein Prinzip, und daraus erklärt sich die Leidenschaft, mit der diese wissenschaftliche Fehde geführt wurde. Zuverlässige Beobachter behaupteten, Fluchtbewegungen oder andere Reaktionen auf

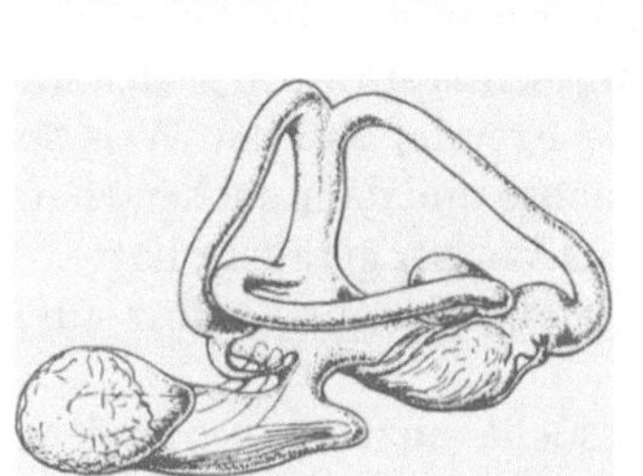

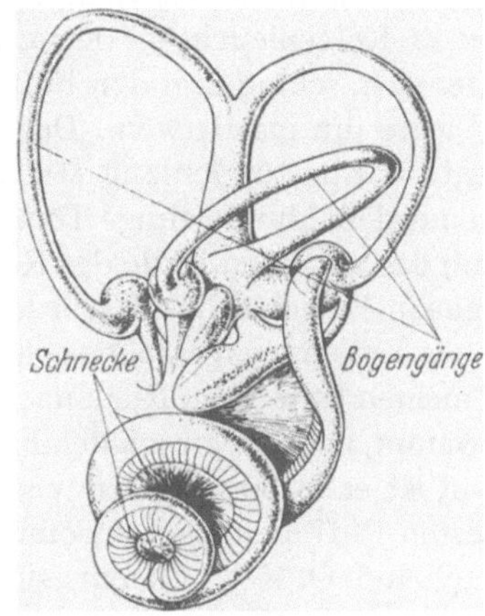

Abb. 19. Links das Ohrlabyrinth eines Fisches (Ellritze), rechts eines Menschen. Der Utriculus mit den Bogengängen dient als Gleichgewichtsorgan, die Schnecke als Gehörorgan

Pfiffe, Klingeltöne und dergleichen bei Fischen wiederholt gesehen zu haben. Auffallend oft wurde der Zwergwels in diesem Zusammenhange genannt. Die Gegenseite bemühte sich vergeblich, solche Beobachtungen zu bestätigen. Ein besonders eifriger Verfechter der Lehre von der Taubheit der Fische, O. Körner, setzte auch Zwergwelse in sein Aquarium und pfiff ihnen vor auf vielerlei Weise, mit dem Munde, durch die Finger, mit Pfeifen, hohe und tiefe Töne, ja er ließ eine gefeierte Sängerin kommen deren Tonleitern und Triller aber die Welse ebenso ungerührt ließen wie seine profanen Pfiffe. Sie gaben nicht das geringste Zeichen einer Tonwahrnehmung zu erkennen.

O. Körner war Professor und Direktor der Ohrenklinik an der Universität Rostock. Ich kann mich nicht mehr entsinnen, ob mich dieser Umstand dazu verlockt hat, mein Glück an der Streitfrage über das Hören der Fische zu versuchen. Jedenfalls verschaffte ich mir einen Zwergwels und stellte folgende Überlegung an: Wenn ich ein Zwergwels wäre, würde ich mich für Regenwürmer und dergleichen leckere Bissen interessieren, aber schwerlich für die Triller einer gefeierten Sängerin. Man kann von einem Fisch nicht erwarten, daß er auf Töne anspricht, die in seinem Leben überhaupt keine Bedeutung haben. Aber vielleicht ließe sich sein musikalisches Interesse wecken, wenn man die in anderen Fragen bereits so gut bewährte Dressurmethode anwandte?

Wenn der Wels lernen mußte, auf den Ton zu achten, dann sollte er am besten gar nicht sehen, was um ihn her vorging. Ein Zwergwels hat winzige Augen, die ihm nicht viel bedeuten und die sich leicht und ohne Beeinträchtigung seiner Lebensführung entfernen lassen. Das geschah. Nun war er also blind. Um ihm sein Glasbecken behaglich zu machen, entnahm ich dem Inventar unseres Institutes einen hohlen irdenen Kerzenleuchter, der aussah, als hätte er einige hundert Jahre hinter sich, schlug ihm den Fuß ab, so daß er an beiden Enden offen war und legte ihn ins Becken. Der Wels bezog sofort diese Wohnröhre und pflegte darin stundenlang still zu liegen. Mehrmals am Tage pfiff ich ihm mit dem Munde einige Töne vor und bot gleich darauf seinem breiten Maul, das am einen Ende des Rohres sichtbar war, ein Bröckchen Fleisch an einem Futterstab. Es wurde gierig aufgeschnappt. Am sechsten Tag meiner Erziehungsversuche erlebte ich die Freude, daß der Wels sofort auf meinen Pfiff einen Ruck nach vorne machte und dann suchend herausschwamm, noch bevor ich den Futterstab ins Wasser getaucht hatte. Von da an ist er in 30 weiteren Versuchen ausnahmslos, und selbst auf den leisesten Pfiff herausgeschwommen.

Ich lud O. KÖRNER ein, sich die Versuche anzusehen. Anders als C. v. HESS (S. 40) kam er bereitwillig ins Institut. Da saß nun der freundliche, graubärtige Geheimrat vor dem Aquarium in Erwartung des Experimentes, das nach seiner Überzeugung bestimmt nicht gelingen würde. Ich begab mich in die entfernteste Ecke des Raumes und pfiff leise mit dem Munde. Prompt schwamm der Wels aus seinem Rohr heraus. Gleichzeitig sank der Geheimrat in sich zusammen, und dann kam es zögernd über seine Lippen: „Kein Zweifel, er kommt, wenn man ihm pfeift."

Ich habe die Geschichte von diesem Zwergwels — „Xaverl" hatten wir ihn getauft — etwas ausführlicher erzählt, weil sie zum Ausgangspunkt für Versuche über das Hörvermögen der Fische wurde, die mich und viele meiner Schüler später in München durch Jahrzehnte beschäftigt haben. Worauf sie hinausliefen, das sei nur mit einigen Worten angedeutet.

An die Erfahrungen mit Xaverl anknüpfend, konnte mein Schüler H. STETTER an Zwergwelsen und Ellritzen durch sorgfältige Dressurversuche die Leistungsfähigkeit ihres Hörvermögens klären. In der Wahrnehmung sehr leiser Töne waren sie dem Menschen ebenbürtig. Ihre Hörschärfe entsprach also angenähert unserer eigenen. Noch überraschender war bei dem so abweichenden Bau ihres Innenohres, daß sie verschieden hohe Töne recht gut unterscheiden konnten. Das ließ sich mit der Methode der Differenzdressur nachweisen. Ein Fisch wird daran gewöhnt, daß er bei einem Pfeifenton von bestimmter Höhe Futter bekommt. Sobald er das begriffen hat und zuverlässig reagiert, wird ein anderer, z. B. tieferer Ton angeblasen, worauf er begreiflicherweise zunächst auch nach Futter sucht. Aber nun bekommt er statt der schmackhaften Belohnung einen leichten Schlag mit einem Glasstäbchen. Wenn er oft genug die Erfahrung gemacht hat, daß er beim „Futterton" belohnt, beim „Warnton" aber bestraft wird, dann beantwortet er den ersteren mit unzweideutiger Futtersuche, bei letzterem hält er sich still oder ergreift die Flucht. Daraus geht hervor, daß er die beiden verschieden hohen Töne unterscheiden kann. Durch Verringerung des Intervalles findet man die Grenze seiner Tonunterscheidung. Sie liegt im mittleren Tonbereich (nach späteren Versuchen mit verbesserter Methode) bei $^1/_2$ bis $^1/_4$ Ton.

Nach diesen Ergebnissen war an einem echten Hörvermögen der Fische kaum zu zweifeln. Aber streng bewiesen war es noch nicht. Denn es konnte sich auch um Leistungen eines hochempfindlichen Hauttastsinnes handeln. Schallwellen sind ja Erschütterungen der Luft, bzw. des Wassers, und wir können uns am eigenen Leibe davon überzeugen, daß man sie auch fühlt, wenn sie genügend heftig sind. Nur wenn sich zeigen ließ, daß die Schallreaktionen der Fische durch ihr Ohrlabyrinth vermittelt werden, konnte man von einem, dem unseren vergleichbaren Hören sprechen.

Das Ohrlabyrinth der Fische ist operativen Eingriffen schwer zugänglich. Aber mit einigen technischen Kniffen und einem geeigneten Instrumentarium ist es gelungen, Bestandteile des Innenohres nach Belieben zu entfernen, ohne daß die Funktionsfähigkeit der restlichen Teile zu Schaden kam und ohne daß der Fisch seine Munterkeit und Freßlust einbüßte. Meine chirurgischen Erfahrungen aus der Kriegszeit kamen mir hierbei sehr zustatten.

Es stellte sich heraus, daß ein bestimmter Teil des Labyrinthes dem Gleichgewichtssinn, ein anderer Abschnitt — und zwar jener, aus dem bei den landbewohnenden Wirbeltieren die Schnecke hervorgeht — dem Hören dient. Die Schnecke und ihre Basilarmembran ist also für eine Tonwahrnehmung und Tonunterscheidung nicht notwendig, wohl aber mag sie das Hörvermögen verbessern.

Bei der Prüfung der Hörschärfe verschiedenartiger Fische zeigte sich, daß es neben scharfhörigen ganz ausgesprochen schwerhörige Arten gibt. Zu den scharfhörigen zählt unter anderen die große Familie der Karpfenfische (Cypriniden), zu denen die Mehrzahl unserer Süßwasserfische gehört, und die Familie der Welse (Siluriden). Sie sind durch eine sehr merkwürdige anatomische Besonderheit ausgezeichnet: Von ihrer prall mit Gas gefüllten Schwimmblase führt eine Kette gelenkig verbundener Knöchelchen über ein kleines Fenster im Hinterschädel zum Innenohr. Durch Schallwellen kommt die elastische Schwimmblasenmembran zum

Mitschwingen. Diese Vibrationen werden durch jene Einrichtung auf das Gehörorgan übertragen, ganz so, wie bei uns die Vibrationen des Trommelfelles, sobald es durch Schallwellen zum Schwingen gebracht wird, durch die Kette der Mittelohrknöchelchen dem Innenohr zugeleitet werden. In beiden Fällen wird die Hörschärfe durch diesen Hilfsapparat ganz wesentlich verbessert (Abb. 20). Das Merkwürdige ist, wie dasselbe Ziel in beiden Fällen mit ganz verschiedenen Mitteln erreicht wird. Denn unsere Mittelohrknöchelchen, Hammer, Amboß und Steigbügel, haben mit den so ähnlich funktionierenden ,,WEBERschen Knöchelchen" der

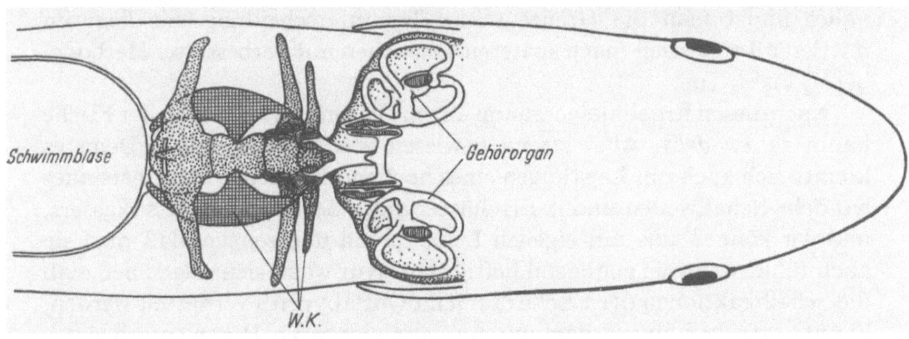

Abb. 20a

Abb. 20a u. b. Apparate zur Steigerung der Hörschärfe bei einem Fisch und bei einem Menschen — eine merkwürdige Parallele. a: Vorderkörper einer Ellritze. Die durch Schallwellen erregten Vibrationen der Schwimmblase werden durch die Kette der Weberschen Knöchelchen (W. K.) und ein anschließendes Kanalsystem auf das Gehörorgan ubertragen

Fische anatomisch nicht das geringste zu tun. Die Fachgelehrten nennen das eine Konvergenz. Es ist ein Beispiel von vielen für den Erfindungsreichtum der Natur. Ich kann gleich auf weitere hinweisen:

Alle Fische mit WEBERschen Knöchelchen sind scharfhörig. Aber nicht alle Fische ohne WEBERsche Knöchelchen sind schwerhörig. Wir konnten noch ganz andere Fischfamilien mit scharfen Ohren entdecken, z. B. die eigenartigen Mormyriden, die in trüben, schlammigen Gewässern Afrikas leben und dort wenig Nutzen von ihren Augen haben. Sie besitzen keine WEBERschen Knöchelchen, aber bei ihnen bildet sich schon im Embryonalleben rechts und links eine Ausstülpung der Schwimmblase, deren Vorderenden sich abschnüren und als kleine pralle Gasblasen an ein Schädelfenster neben dem Labyrinth unmittelbar anlegen, so daß die Schwingungen ihrer elastischen Hülle direkt auf das Ohr übertragen werden. Bei anderen Familien sind wieder andere Wege eingeschlagen. Man hat den Eindruck, als hätte hier bei den niedersten Wirbeltieren die Natur nach mehreren Seiten tastende Versuche gemacht, das neu ,,erfundene" Labyrinth mit den Schallwellen der Außenwelt auf vernünftige Weise in Verbindung zu bringen.

Der Leser mag fragen, was den Fischen im Wasser ihr Hörvermögen nützen soll. Es ist wenig bekannt, daß zahlreiche Fische keineswegs stumm sind, sondern Töne und Geräusche erzeugen, durch die die Artgenossen zueinander finden. Auch entstehen bei der Nahrungsaufnahme, oder durch Beutetiere, durch den Wellenschlag am Ufer und dergleichen mehr, vielerlei für die Fische bedeutsame Geräusche, von denen ein Badegast wenig ahnt, wenn er auf die stille Wasserfläche blickt.

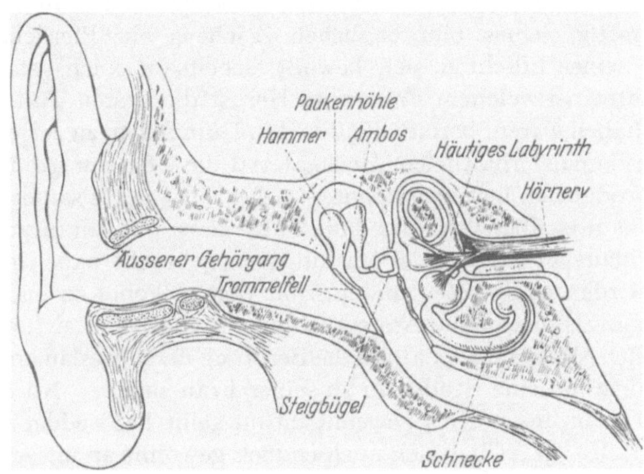

Abb. 20 b. Ohr des Menschen. Die Vibrationen des Trommelfelles werden durch die Mittelohrknöchelchen (Hammer, Amboß und Steigbügel) auf das Gehörorgan übertragen

Mit diesen Dingen bin ich aber nun unserer Rostocker Zeit davongelaufen. Wir kehren noch einmal zu ihr zurück, um einen Blick auf eine trübe Seite jener Jahre zu werfen: die Inflation. Das deutsche Geld wurde von Tag zu Tag weniger wert. Die Preise stiegen sprunghaft. Unser Gehalt wurde uns ratenweise jeden zweiten Tag ausgezahlt, und wenn man ihn nicht sofort in Waren umsetzte, konnte man nur mehr einen Bruchteil dessen dafür erstehen, was man am Tag zuvor hätte kaufen können. Darum holte unsere Älteste, die vierjährige Hannerl, nach jeder Zahlung bei mir im Institut die für zwei Tage bestimmten Millionen für den mütterlichen Haushalt. Stolz erzählte sie unterwegs fremden Leuten — wie wir zufällig erfuhren —, daß sie vom Vater viel Geld heimbringe. Aber im ehrlichen Rostock wurde sie trotzdem nicht beraubt. Es hätte auch kaum dafürgestanden. Die Gehaltserhöhungen blieben natürlich im Rückstand, und es gab Zeiten, wo unsere Bezüge pro Tag eben ausreichten, um ein kleines Stückchen Margarine zu kaufen. Die Hausfrau hatte ihre Not, die hungrigen Mäuler zu stopfen. Ich erinnere mich, daß ich einmal mit ihr einen Trödler aufsuchte, um für alte Schuhe etwas Geld zu bekommen. Er betrachtete das abgetragene

Zeug mißfällig und schien nicht kauflustig. Aber als er heraus bekam, daß ein Universitätsprofessor gezwungen war, mit altem Schuhwerk hausieren zu gehen, war er so erschüttert, daß er uns einen guten Preis zahlte. Ich hoffe, er hat seinen Lohn dafür gefunden.

Unsere Kalkulation auf 7 Jahre Rostock erwies sich als falsch. Nach zwei Jahren erhielt ich einen Ruf nach Breslau. Ich kann in Gedanken von Rostock nicht Abschied nehmen, ohne mich des Institutsdieners HOWE zu erinnern. Er war ein Mecklenburger von schwerem Schlag, groß, kräftig, seines ursprünglichen Zeichens ein Pferdehändler, im Institut seiner Pflichten sich bewußt, arbeitsam, auch gefällig, genau unterrichtet bei welchem Bauern im Herbst die besten Tüften (Kartoffeln) zu haben waren, bereitwillig zur Hand, um einem zu zeigen, wie man mit dem damals erhältlichen Heizmaterial die Öfen zur größtmöglichen Wärmeproduktion bewegen konnte — aber ein Quartalsäufer. Alle paar Monate kam es über ihn, und dann hatte seine gute Frau am nächsten Morgen blaue Flecken. Daß ich ihn dazu gebracht habe, in den Guttempler-Orden einzutreten und hiermit dem Alkohol zu entsagen, war schwieriger als alle meine Amtspflichten. Er hat die Leistung dankbar anerkannt. Als er erfuhr, daß ich die Berufung nach Breslau angenommen hatte, hörte ihn eine Studentin zu seiner Frau sagen: „Nu hew ick mi mit de Tid an unsen Korl gewennt un nu geiht hei wedder weg.“ Auf hochdeutsch: „Jetzt hab' ich mich endlich gewöhnt an unsern Karl und jetzt geht er wieder.“

Nach meinem Weggang verfiel er erneut der alten Leidenschaft und wurde entlassen.

BRESLAU (1923—1925)

Meine Mutter war unter vier Brüdern die einzige Schwester gewesen, sie selbst hatte vier Buben das Leben geschenkt — die ausgleichende Gerechtigkeit bescherte uns ein Töchterlein nach dem anderen. Das dritte kam am 14. Juni 1923 in Wien, im Rudolfinerhaus zur Welt, von Schwester GERTRUD mit dem entrüsteten Ausruf begrüßt: „Wieder a Madel!"

Von dort ging es nach Brunnwinkl. Inzwischen war die Berufung nach Breslau erfolgt und so ergab es sich, daß ich im Herbst allein die Übersiedlung besorgte und Frau und Kinder gar nicht mehr nach Rostock zurückkehrten. Wir trafen uns in Wien. Als wir auf dem Bahnhof die Koffer aufgaben und als Bestimmungsort Breslau nannten, ertönte hinter mir die Stimme eines Wiener Bürgers: „Nach Breslau? Wie kann man denn nach Breslau fahren!" Das war ein düsterer Ausspruch, ganz anders als SPEMANNs Geleitworte für Rostock. Es kam uns ein leichtes Gruseln. Aber zu Unrecht.

Breslau erwies sich als *schöne* Großstadt, mit malerischen alten Stadtteilen, belebt durch die ansehnliche Oder, die mitten hindurch fließt und noch ein übriges tut mit mancherlei Nebenarmen und Inseln. Im Wesen der Bevölkerung wurde uns ihre österreichische Vergangenheit fühlbar. Wir waren bald dort heimisch.

Fürs erste hatten wir ein unwahrscheinliches Glück bei der Suche nach einem Quartier. Wir erhielten eine schön gelegene Wohnung am Rande der Stadt, in der Tiergartenstraße. So war unser „Dreimäderlhaus" auf das beste etabliert und Raum genug für ein fröhliches Gedeihen der Kleinen. Diese erweiterten beträchtlich den Stoff für vergleichende biologische Betrachtungen.

Ich war überrascht durch ihre auseinanderlaufenden Interessen und ihr verschiedenes Verhalten trotz des gemeinsamen Erbgutes. HANNERL war die personifizierte Ordnungsliebe mit früh erwachender Hausfraulichkeit, das kindliche Abbild der heutigen Mutter unserer drei Enkel. Wie oft geriet sie in heiligen Zorn über die jüngere Spielkameradin MARIA, wenn diese, voll Temperament und alle Regeln mißachtend, im gemeinsamen Besitz eine geniale Unordnung triumphieren ließ. Im Alter von 3 Jahren sagte MARIA einmal ganz verzückt, als Krähen krächzend vorüberflogen: „Hörst die Schwalberln?", und als ein Schmetterling mit den Flügeln wippend auf einer Blüte saß, kam aus ihrem Munde: „Schau wie der Frosch quakt!“ Seit damals war mir klar, daß sie nicht in meine Fußstapfen treten würde. Ihre Begabung wies nach anderer Richtung. Bei LENI, heute meine treueste Gehilfin bei der Arbeit, äußerte sich frühzeitig ihre Beobachtungsgabe und naturwissenschaftliche Aufmerksamkeit.

Das Zoologische Institut war größer als jenes in Rostock. Es lag abseits der Universität, war keineswegs, wie diese, ein schönes Barockgebäude, sondern ein nüchterner Zweckbau, nach dem intimen Rostocker Laboratorium eher ungemütlich mit seinem großen Doktorandensaal und den hohen Räumen. Aber es war gut ausgestattet, besaß eine große Bibliothek und das nötige Gartengelände. Ein stattliches Museum war mit ihm verbunden. Für meinen Vorgänger, FRANZ DOFLEIN, mag dieses der Beweggrund gewesen sein für den sonst schwer verständlichen Entschluß, im Jahre 1918 die Freiburger Universität (wohin er 1912 aus München als Ordinarius berufen worden war) mit Breslau zu vertauschen. Die zum Institut gehörigen Sammlungen haben vielleicht verflossene Münchner Zeiten in seinem Geiste wachgerufen. Die Gestaltung einer Schausammlung war eine Tätigkeit, die ihm am Herzen lag. Aber der DOFLEIN, der 1918 nach Breslau kam, war nicht mehr der alte, schaffensfrohe Feuergeist. Dem Fernerstehenden zunächst nicht bemerkbar, fielen schon die Schatten einer schweren Krankheit auf sein Leben. Sie war 1923 der Anlaß seines Scheidens aus dem Amt und am 24. 8. 1924 die Ursache seines frühen Todes.

Mit dem neu übernommenen Institut vergrößerte sich auch der Stab meiner Mitarbeiter. Professor F. PAX betreute als Kustos vortrefflich das Museum. ERNST MATTHES und HERMANN GIERSBERG erleichterten als erfahrene Assistenten den Laboratoriumsbetrieb. Die Zahl der Doktoranden, die in Rostock bescheiden gewesen war, nahm zu. Das bedeutete die Möglichkeit, die wissenschaftliche Arbeit auf breiterer Basis fortzusetzen.

Mit unseren Problemen geht es ja ähnlich wie mit dem antiken Fabeltier, der neunköpfigen Hydra, die für jeden abgeschlagenen Kopf zwei neue produzierte. Ist eine Frage geklärt, so wachsen daraus meistens zwei oder mehr neue heraus. Sie übersteigen bald die Schaffenskraft des einzelnen. Da sind es dann vor allem die Doktoranden, die dieses oder jenes Teilproblem in Angriff nehmen und so zu unseren Mitarbeitern werden. Gemeinsame Arbeit, gefördert von gemeinsamen Interessen, bildet ein einigendes Band wie kaum etwas anderes in der Welt. Gesellt sich dazu noch freundschaftliches Verstehen, so kommt es zu jenem familiären Geist im Institut, der alle Beteiligten mit unsichtbaren Fäden zusammenhält, auch dann, wenn sie der rauhe Wind des Lebens längst nach allen Seiten auseinander geblasen hat. Die Verbundenheit lebt im stillen fort, sie blüht einem da und dort entgegen, aus unerwarteten Briefen, nach Vorträgen in fremden Städten, bei Reisen im Ausland — und gehört zum Schönsten, was aus unserer Arbeit erwächst.

Einige Getreue haben mich von Rostock nach Breslau, und zum Teil noch weiter begleitet: RUTH BEUTLER, die ihre Doktorarbeit noch in München begonnen hatte, und zwei Rostocker Doktoranden, G. A. RÖSCH, der die Arbeitsteilung im Bienenvolk studierte und W. WUNDER mit einer Untersuchung über die Netzhaut der Fische.

Abb. 21. Die Belegschaft des Breslauer Zoologischen Institutes, im Institutsgarten am 24. Juli 1924. Vorderste Reihe, von links nach rechts: LOEBEL, E. MATTHES, K.' v. FRISCH, H. GIERSBERG, RUTH BEUTLER. 2. Reihe: KÄTHE HEYDE (später Frau GIERSBERG), Frl. BERGER (später Frau RÖSCH, dann Frau HEINROTH), O. HARNISCH, W. WUNDER. 3. Reihe: MENTZEN, Frl. KUNTZEL, F. PAX, SENF (Präparator), EVA GUMPERT, G. A. RÖSCH, STOBER. Im Hintergrund: DEICHSEL (Heizer), ROLLE, MANDOWSKY, GASSMANN, MÜLLER (Hausmeister)

Mich selbst fesselte ein Thema, zu dem ich schon in Rostock einige Vorversuche gemacht hatte: Die Duplizitätstheorie des Sehens. In der Netzhaut der Wirbeltiere finden sich ganz allgemein Sinneszellen von zweierlei Gestalt, die schlanken Stäbchen und die plumperen Zapfen. Die Duplizitätstheorie nimmt an, daß mit dieser morphologischen Doppelnatur der Sinneszellen eine funktionelle Verschiedenheit einhergeht: Die Zapfen vermitteln ein Farbensehen, die Stäbchen sind farbenblind. Außerdem versagen die Zapfen ihren Dienst bei sehr schwachem Licht, im Dämmerungssehen, während sich die Stäbchen bei abnehmender Helligkeit in hohem Grade durch zunehmende Empfindlichkeit anpassen können. „In der Nacht sind alle Katzen grau.“ Bei einem Spaziergang unter dem Sternenzelt sehen wir Gegenstände, die uns bei hellem Licht in leuchtenden Farben erscheinen, farblos grau in verschieden abgestuften Helligkeiten — weil bei so schwachem Licht die Zapfen in ihrer Tätigkeit von den farbenblinden Stäbchen abgelöst worden sind.

Diese Hypothese war aber umstritten. Niemand hatte beim Übergang zum Dämmerungssehen die Ablösung der Zapfen durch die Stäbchen gesehen. Sie beschränkt sich offenbar auf den funktionellen Bereich, indem ohne sichtbare Veränderung die Stäbchen den Dienst der Zapfen übernehmen, und konnte nur indirekt erschlossen werden; wenigstens beim Menschen und allen höheren Wirbeltieren. Bei Fischen aber fand man, wenn sie in hellem Licht gehalten waren, die Zapfen allein im Vordergrund der Netzhaut stehen, während die Stäbchen dahinter im Pigment vergraben waren; hatten sie sich jedoch einige Zeit in absoluter Dunkelheit befunden, so waren die Zapfen nach hinten gerückt und die Stäbchen zwischen ihnen hindurch nach vorne in die Bildebene der Netzhaut getreten — eine Art Quadrille von vollendeter Exaktheit, in mikroskopischen Dimensionen. Hier schien die Wachablösung der Sinneszellen ad oculos demonstriert. Doch hatte die Beweisführung einen schwachen Punkt: In absoluter Finsternis kann man auch mit den Stäbchen nichts sehen. Wie es aber mit den Sinneszellen und mit dem Sehvermögen der Fische im Dämmerlicht steht, darüber wußte man nichts.

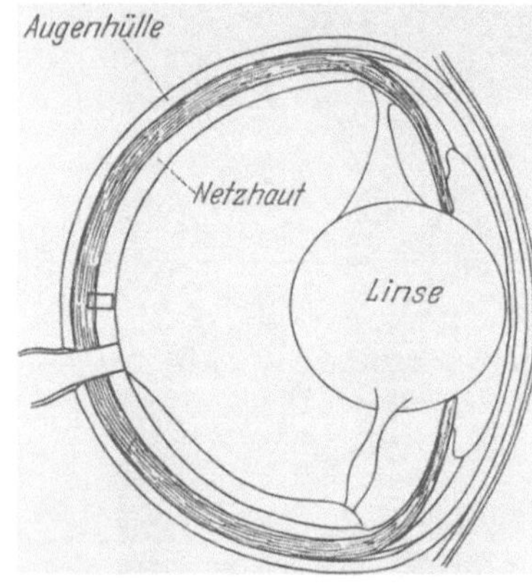

Abb. 22 a. Auge eines Fisches

Darum brachte ich die Versuchsaquarien in einen Raum, in dem sich alle Abstufungen von Dämmerlicht herstellen ließen. Die Fische wurden zunächst bei heller Beleuchtung darauf dressiert, ihr Futter aus einem farbigen Näpfchen zu holen. Das hatten sie bald gelernt und konnten dann auch noch bei ziemlich schwacher Beleuchtung das Farbnäpfchen zwischen farblos grauen verschiedenster Helligkeit sicher herausfinden. Aber von einer bestimmten Dämmerstufe an — sie entsprach angenähert dem Dämmerlicht, bei dem auch für unser Auge die Farben schwinden — verwechselten sie die Dressurfarbe mit grauen Näpfchen und schnappten unterschiedslos nach beiden. So war es klar, daß auch sie im Dämmerungssehen farbenblind wurden. Und die histologische Kontrolle ergab, daß genau bei jener Dämmerungsstufe, bei der sich der Übergang vom Farbensehen zur Farbenblindheit vollzog, die Zapfen in der Netzhaut ihr Feld räumten und die Stäbchen an ihre Stelle traten (Abb. 22). Das war von seiten der vergleichenden Physiologie ein neuer und kräftiger Beweisgrund für die Richtigkeit der Duplizitätstheorie.

Arbeiten vergleichend physiologischer Richtung kamen in jenen Jahren aus vielen Instituten in zunehmender Zahl. Sie erschienen zerstreut in zoologischen und physiologischen Zeitschriften, da ein zuständiges Publikationsorgan fehlte. Auf meinen Wunsch entschloß sich Dr. FERDINAND SPRINGER, in seinem Verlag eine „Zeitschrift für

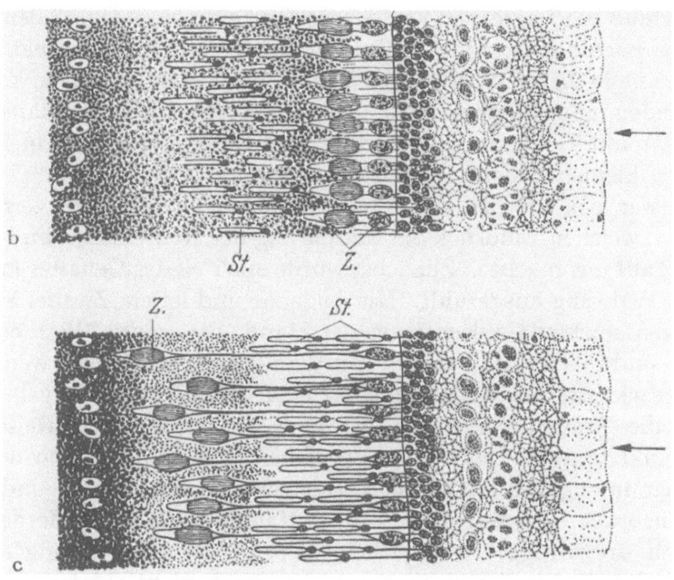

Abb. 22b u. c. Auge eines Fisches, Ausschnitt aus seiner Netzhaut (entsprechend dem kleinen Rechteck in Abb. 22a, stark vergrößert); b: bei hellem Licht, c: bei Dammerlicht oder Dunkelheit. Z die farbenempfindlichen Zapfen; St die farbenblinden, aber hochgradig lichtempfindlichen Stabchen

vergleichende Physiologie" herauszugeben, die um Ostern 1924 zu erscheinen begann und Ostern 1973 auf 82 Bände angewachsen ist. Seit 1972 erscheint sie unter dem Titel Journal of Comparative Physiology. In steigendem Maße veröffentlichen auch deutsche Autoren ihre Arbeiten in englischer Sprache, die sich allmählich zur Weltsprache der Wissenschaft entwickelt. Die Zeiten sind vorbei, als amerikanische und englische Biologen selbstverständlich Deutsch lernten, um die Fortschritte dieses Wissenschaftsbereiches zu verfolgen.

An schöner Geselligkeit und anregendem Verkehr fehlte es auch in Breslau nicht, wenn auch gegenüber Rostock die Entfernungen in der Großstadt fühlbar waren. Der ärgste Hemmschuh für jegliche Unternehmungslust war in den Monaten nach unserer Ankunft die zunehmende

Inflation, die sich ihrem Höhepunkt näherte. Österreich hatte die schlimmste Krise schon hinter sich. Meine Schwägerin in Wien half uns bisweilen mit einigen österreichischen Banknoten aus, die uns phantastische Markbeträge einbrachten. Ich weiß noch genau, wie sich eines Tages in der Wechselstube der Einkaufskorb meiner Frau, den sie in der Hoffnung auf Butter und Eier mitgenommen hatte, für ein paar lumpige Wiener Geldscheine bis hoch über den Rand mit Milliardenbeträgen in gebündelten Noten füllte. Hochgestimmt zogen wir los, um noch vor Ladenschluß die Papiere in genießbare Dinge umzusetzen. Aber es war Samstag nachmittag, und die Geschäftsleute wollten kein Geld annehmen, das sie in dieser Woche nicht mehr in neue Ware umsetzen konnten. Wir standen ratlos da mit unserem Einkaufskorb, von dessen Banknoteninhalt wir mit Bestimmtheit wußten, daß seine Kaufkraft am Montag auf einen kleinen Bruchteil herabgesunken sein würde.

Nur wer sich in eine solche Lage hineinversetzen kann, vermag zu ermessen, welchen Eindruck die Einführung der Rentenmark im November 1923 auf uns machte. Zunächst wurde *ein Teil* des Gehaltes in dieser stabilen Währung ausgezahlt. Mit Andacht und leisem Zweifel hielt ich den ersten solchen Geldschein in der Hand, der seinen Wert behalten sollte — und tatsächlich behielt. Ein Wunder war geschehen, wenigstens für Leute wie wir, denen der Geldmarkt ein Buch mit sieben Siegeln bleibt.

Für die Sommerferien war uns auch von Breslau die Reise nach Brunnwinkl nicht zu weit. Im September 1924 fuhr ich von dort zur 88. Versammlung der Gesellschaft Deutscher Naturforscher und Ärzte nach Innsbruck. Ich war zu einem der Hauptvorträge aufgefordert und gab nach dreijähriger Arbeit einen Bericht über die „Sprache" der Bienen. Den Erfolg dieses Vortrages hatte ich nicht zuletzt dem Umstande zu danken, daß ich akustisch verstanden wurde. Die Naturforscherversammlung war zu jener Zeit im Begriff, zu einem Mammutkongreß mit mehreren tausend Teilnehmern auszuwachsen. Die Hauptvorträge fanden in einer großen Ausstellungshalle statt, in der es die heute selbstverständlich gewordenen Lautsprecheranlagen noch nicht gab. Als nach den ersten Worten aus den hinteren Reihen „lauter!" gerufen wurde, kam ich glücklicherweise auf den richtigen Ausweg, langsam und mit deutlichster Artikulation zu sprechen und wurde so mit dem Problem fertig, an dem andere Redner scheiterten.

Den Schlußeffekt bildete ein Film von den tanzenden Bienen — ein damals noch ungewohntes Demonstrationsmittel bei wissenschaftlichen Vorträgen. Das Schauspiel des Bienentanzes ist ein faszinierender Vorgang, aber man kann durch Worte allein keine richtige Vorstellung davon vermitteln. Der Wunsch, das fesselnde Bild den Hörern vor Augen zu bringen, führte — mit Hilfe eines geschickten Kino-Operateurs — zur Herstellung des Filmes.

Die kinematographische Wiedergabe lebendigen Geschehens hat sich für viele Kapitel des Biologie-Unterrichtes als nützlich erwiesen. Ich hatte bald eine stattliche Sammlung teils selbst hergestellter, teils erworbener Filmstreifen beisammen. Das Bedürfnis nach solcher Bereicherung des Anschauungsunterrichtes gewann bald an Verbreitung. In der Zeit des Dritten Reiches wurde als zentrale Stelle für die Anfertigung und Stapelung von Unterrichtsfilmen die „Reichsstelle für den Unterrichtsfilm" geschaffen. Die Hochschullehrer hatten ihre selbstgemachten Filme zum allgemeinen Besten dort abzuliefern — gewiß eine gute Einführung, bei der nur die Selbstverständlichkeit, mit der man sein rechtmäßiges Eigentum verlor, etwas befremdend wirkte.

Heute besteht die Gefahr, daß mit Filmvorführungen im Hochschulunterricht über das Ziel hinausgeschossen wird. Der Hörsaal soll nicht zum Kino werden. Um einen Vorgang anschaulich zu machen, genügt oft ein Kurzfilm von wenigen Minuten Laufzeit. Er wirkt am besten, wenn er im Vortrag sofort an richtiger Stelle, und nicht hinterher gezeigt wird. Ein Filmvorführungsapparat sollte darum heute im Hörsaal — zum mindesten für biologische Vorlesungen — so selbstverständlich sein, wie seit Jahrzehnten das Diaskop.

Bei der Naturforscherversammlung waren die Teilnehmermassen so groß, daß man seine liebe Not hatte die Menschen zu finden, die man treffen wollte, oder unter den zahlreichen Parallelvorträgen den gewünschten richtig zu erwischen. Von wesentlich intimerem Charakter waren die Versammlungen der Deutschen Zoologischen Gesellschaft. Zwar war ich nicht immer dabei, weil ich einer Vielzahl von Menschen meistens lieber ausgewichen bin statt sie aufzusuchen, aber trotzdem hat mich manche Tagung in eine deutsche Universitätsstadt geführt, die ich anders kaum kennengelernt hätte. So war ich ein einziges Mal in Königsberg — als 1924 die Zoologen diesen östlichen deutschen Vorposten für ihre Pfingsttagung wählten. Nach dem Kongreßbericht wurden 32 Vorträge gehalten, 171 Mitglieder und Gäste nahmen teil — eine noch übersehbare Zahl von Kollegen, die fruchtbarem Gedankenaustausch günstig war. Wer einen Assistenten brauchte oder einen Nachfolger suchte, sah sich bei solcher Gelegenheit unter den Jüngeren um und diese, sich dessen bewußt, ließen gerne in Vorträgen und Demonstrationen ihr Licht leuchten. Solche Zusammenkünfte erinnern immer etwas an einen Jahrmarkt der gelehrten Welt, und manches Schicksal hat sich auf ihnen entschieden.

An drei mit Vorträgen angefüllte Tage pflegten sich kleinere und größere Ausflüge in die Umgebung anzuschließen. Bei der Königsberger Tagung stand ein Ausflug nach Rossitten auf dem Programm, dessen Verlauf es verdient hätte, in den Annalen der Seefahrt verzeichnet zu werden. Rossitten ist ein Dorf auf der Kurischen Nehrung und war, solange es zu Deutschland gehörte, Sitz der berühmten Vogelwarte unter der Leitung J. THIENEMANNs — mit gutem Grunde, denn hier bot der Vogelzug ein grandioses Schauspiel und Studienobjekt. THIENEMANN hatte die Gesellschaft zum Besuch eingeladen. Wir versammelten uns am Morgen des 14. Juni in Labiau und bestiegen einen bestellten Dampfer, der uns unter wolkenlosem Himmel quer über das Haff nach Rossitten bringen sollte (Abb. 23). Von der flachen, mehr als 30 km entfernten Nehrung war zunächst nichts zu sehen. Wir waren schließlich mehrere Stunden gefahren und hätten schon am Ziel sein sollen. Einige von uns standen auf der Kommandobrücke und beobachteten die Möven, als sich der Kapitän mit den überraschenden Worten an uns wandte: ,,Die Herren haben Ferngläser. Ist das da rechts von uns Wald?" Wir sagten: ,,Ja freilich, um das zu sehen, braucht man kein Fernglas!" Worauf seine Antwort war: ,,Na, dann finde ich mich nicht mehr zurecht." Es stellte sich heraus, daß wir nach einem eleganten Bogen nun auf Kranz zuliefen. Wir wendeten um 180 Grad und trafen mit mehrstündiger Verspätung in Rossitten ein, wo das geplante reichhaltige Programm wesentlich gekürzt werden mußte. Klar und einleuchtend war die Erklärung des Kapitäns für sein Mißgeschick: Das gecharterte Schiff war ein Flußdampfer. Da konnte man von der Richtung nicht abkommen. Tatsächlich befand sich kein Kompaß an Bord.

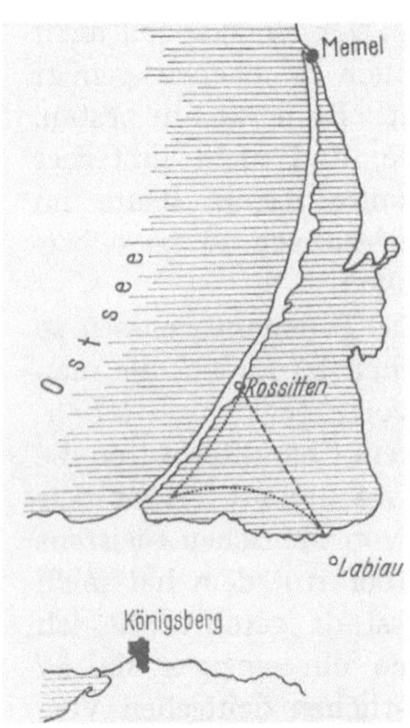

Abb. 23. Exkursion der Zoologen nach Rossitten bei der Pfingsttagung 1924. --------- geplanter Kurs, ... gefahrener Kurs

Wir blieben nur drei Semester in Breslau. RICHARD HERTWIG hatte sein 74. Lebensjahr erreicht. In Bayern gab es damals keine Altersgrenze für Universitätsprofessoren. Es blieb dem Ermessen des einzelnen überlassen zu entscheiden, wann die körperlichen und geistigen Kräfte für sein Amt nicht mehr ausreichten. Manche haben diesen Augenblick übersehen. Aber HERTWIG blieb auch sich selbst gegenüber kritisch. Er fand es nun an der Zeit, zurückzutreten.

H. SPEMANN sollte sein Nachfolger werden. Doch zog er es vor, an der kleineren Freiburger Universität zu bleiben. Nun kam der Ruf an mich — am 9. Dezember 1924, just zum 80. Geburtstag meiner Mutter. Er lautete zum 1. April 1925. So schloß sich der Kreis und ich kehrte zurück nach München, als Inhaber des Lehrstuhles, zu dem ich einst gepilgert war, um Zoologie zu studieren.

WIEDER IN MÜNCHEN

Zu gern tritt neben eine große Freude ihre schwarze Schwester, das Leid. Als wir in München einzogen, starb meine Mutter am 6. April 1925. Sie lag nur wenige Tage zu Bett und ist sich ihrer Krankheit wohl kaum bewußt geworden. So hat ein freundliches Geschick ihren Wunsch nach einem sanften Ausklang erfüllt.

Als Bub bekannte ich ihr einmal, wie glücklich ich wäre, eine so liebe und ganz besondere Mutter zu haben. Sie erwiderte, das glaube jedes Kind von seiner Mama. Aber auch heute noch, aus dem Abstand eines Menschenalters, erscheint sie mir als einzigartige Frau.

Eine elementare Freude an allem Schönen und Guten begleitete sie von Kindheit an durch ihr ganzes reiches Leben. Und da sie es verstand, in allen Dingen und an allen Menschen die guten und schönen Seiten zu sehen und zu entwickeln, so war sie jeden Tages froh. Sie war sich dessen auch bewußt. So findet sich in einem ihrer Briefe an GOTTFRIED KELLER (vom 25. November 1880) der Satz:

„*Daß Sie mich an meinen Totenkopf mahnen, hat's gar nicht nötig, ich freue mich ohnehin jeden Tag extra, den mir Gott gibt, zum Unterschied von vielen Menschen, die das bei sich selbstverständlich finden und so eine sehr billige und intensive Freude entbehren.*"[1]

Diese Bejahung des Lebens war verbunden mit einem feinen Sinn dafür, was das Leben wertvoll macht. Allem Klatsch und aller Mißgunst zutiefst abhold, immer zu haben für ernste wie heitere Gespräche, die sich um Wesentliches drehen, zog sie einen Kreis von Menschen an sich,

---

[1] Zum Verständnis dieser Anspielung folgende zwei Stellen aus vorangegangenen Briefen: MARIE FRISCH an G. KELLER am 2. November 1880:

„... *Beiliegend ein Bild, das von einer Mummerei von diesem Frühling herrührt und Ihnen zeigen soll, daß, trotzdem es in unserer Kinderstube recht üppig wuchert, der alte Jugendblödsinn nicht ganz erstickt ist...*"

Darauf KELLER an MARIE FRISCH am 21. November 1880:

„... *Ich danke Ihnen auch schönstens für die zierliche Photographie Ihrer Vermummung mit dem allerliebsten Läusemützchen, das Profil ist noch ganz so fein, wie vor acht oder weiß Gott wie viel Jahren, beinahe noch jünger; es tut aber nichts, der Totenkopf wird schon noch kommen, ehe wir's uns versehen...*"

die solcher Einstellung entsprachen. „Sich und den anderen das Leben so schön wie möglich zu gestalten“, nannte sie einmal als Sinn des Daseins. Und in welchem Ausmaß hat sie das gekonnt! Es half ihr dabei eine erstaunliche Gabe, sich in andere Menschen hineinzudenken, um

Abb. 24. MARIE v. FRISCH.
Kohlezeichnung von FERDINAND SCHMUTZER

dann in rechter Weise helfend und herzerfreuend einzugreifen. Dazu gehörten freilich oft genug neben dem Willen auch die nötigen Mittel. „Ich verachte das Geld — wenn ich genug davon habe“, kam es einmal halb zornig über ihre Lippen.

Uns Kindern gegenüber war sie sparsam mit Lob wie mit Tadel. Sie hat nicht viel an uns herumerzogen. Die wirksamste Erziehung war ihr Vorbild. Aber sie wußte doch durch manches ruhige Wort im rechten Augenblick gewisse Grundsätze menschlicher Lebensführung so nachhaltig in unserem Empfinden zu verankern, daß beispielsweise mein Abscheu vor der Lüge, im Kindheitsalter durch wenige Bemerkungen geweckt, auch späterhin gegen alle Versuchungen von seiten andersdenkender Kameraden gefeit blieb.

Auch die Achtzigjährige war noch das Zentrum der vielen Verwandten und eines ausgedehnten Freundeskreises, mit ihrem gesunden Urteil immer noch der Ratgeber in schwierigen Fragen, in ihrer Güte die von allen Verehrte und Geliebte, in ihrem Wesen für uns der Maßstab aller Dinge.

Ihr Fehlen wurde mir schnell genug fühlbar. Fünf Tage nach ihrem Tod erhielt ich einen Ruf nach meiner Vaterstadt Wien. Hiermit stand ich für unsere Zukunft vor einer schweren Entscheidung.

Die Atmosphäre der Wiener Universität war mir von Kind auf vertraut. Tausend persönliche Beziehungen verbanden mich mit ihr, wie mit einer lieben Verwandten. Der Widerhall, den ein Hochschullehrer in der Wiener Studentenschaft finden konnte, stand mir noch aus der eigenen Studentenzeit lebhaft vor Augen. Nirgends sonst habe ich solche Stürme der Begeisterung und so überwältigende Ausbrüche der Verehrung und Anhänglichkeit erlebt, wie etwa in der Vorlesung des Anatomen ZUCKERKANDL, als er nach ernster Krankheit das erstemal wieder Kolleg hielt, oder beim Pharmakologen HANS HORST MEYER, als er einen Ruf nach Deutschland abgelehnt hatte. Und in Wien lockte die Heimat, mit vielem, was uns lieb war und mit all jenen Imponderabilien, für die man vergeblich nach Worten sucht.

Was in Wien nicht lockte, war das Zoologische Institut. Im Hauptgebäude der Universität untergebracht, ohne Versuchsgarten, ohne ausreichende Möglichkeiten für die Haltung und Beobachtung lebender Tiere, mit seinen repräsentativen, viel zu hohen und großen Räumen so gar nicht für experimentelle Arbeiten geeignet, hätte es für mich eine Verschlechterung der Arbeitsbedingungen bedeutet. Dieser Punkt war schließlich ausschlaggebend und ich lehnte ab.

Es war allerdings auch das Münchner Zoologische Institut damals für die Bedürfnisse zu eng geworden und entsprach in seiner Einrichtung schon längst nicht mehr den Wünschen der Zeit. Aber in seinen alten, grünen Klosterhöfen hatten wir die Möglichkeit für Freilandversuche. Auch erreichte ich den Anbau eines Glashauses mit schönen Aquarienanlagen. Und für die weitere Zukunft waren in München die Aussichten besser. Für das Verständnis der späteren Ereignisse mögen hier über die Geschichte des Zoologischen Institutes und über die Verhältnisse in jenen Jahren einige Worte Platz finden. Ich zitiere aus der Eröffnungsansprache, die ich als damaliger Vorsitzender der Deutschen Zoologischen Gesellschaft bei ihrer 32. Jahresversammlung zu Pfingsten 1928 in München gehalten habe.

„... Wer von Ihnen heute zum ersten Male dies altehrwürdige Wilhelminum[1] betreten hat, mag sich zweifelnd gefragt haben, ob wirklich hinter diesen abbröckelnden Mauern die Stätte unserer Wissenschaft zu suchen ist. Mit geteilten Gefühlen werden wir unsere Gäste durch die Räume dieses Gebäudes führen, in dem 10 Institute und Sammlungen sich mit den Ellbogen gegeneinander stemmen, jedes drängend nach der äußeren Entfaltung, die seiner inneren Entwicklung entspricht, keines imstande, die nötige Lebensluft zu schöpfen. Für das Zoologische Institut schwebt ein Neubau als Fata Morgana am Horizont und hält die Hoffnung aufrecht.

Wenn ich Ihnen jetzt, dem Brauch der letzten Jahre folgend, die *Geschichte der Münchner Zoologie* skizziere, so will ich kurz sein, um die Zeit für den eigentlichen Zweck unseres Beisammenseins nicht zu beschneiden.

Ich muß mit dem Geständnis beginnen, daß ein Zoologisches Institut der Universität München aktenmäßig nicht sicher nachweisbar ist. Wären wir Juristen, wir wären in schweren Zweifeln über unsere Existenz.

Die Sache ist die, daß es früher nur eine Zoologische *Sammlung* gab, entsprechend der rein systematisch-anatomischen Einstellung der alten Zoologie. Aus der Sammlung ist das Institut herausgewachsen, so allmählich und harmonisch, daß es jetzt neben ihr steht, ohne daß ein Schöpfungsakt zu verzeichnen wäre.

Auch in anderer Beziehung befindet sich das Zoologische Institut — und mit ihm noch mehrere von unseren Universitätsinstituten — in eigenartiger Lage: Es gehört nur zum kleinen Teil unmittelbar der Universität an, zum größeren Teil ist es der Bayerischen Akademie der Wissenschaften angegliedert. Wir sind zum Glück keine Bureaukraten, sonst würden wir ständig über diesen Trennungsstrich stolpern, der mitten durch das Institut zieht und unsere Assistenten, unseren Etat, unser gesamtes Inventar in zwei Teile schneidet. Der Zustand ist nur historisch zu verstehen. Als König Ludwig I. vor hundert Jahren die Universität von Landshut nach München verlegte und hiermit die Münchner Universität gründete, bestand hier im Wilhelminum bereits ein kleines zoologisches Museum, neben anderen naturwissenschaftlichen Sammlungen, die alle der Akademie der Wissenschaften angehörten. Sie sollten von nun ab dem Universitätsunterricht dienen, wurden gemeinsam mit den Sammlungen der Universität dem Fachordinarius unterstellt — und von da her ist unser Apparat verwaltungstechnisch ein Pfropfbastard geblieben.

---

[1] Diese andere Bezeichnung für die „Alte Akademie" erinnert an Herzog Wilhelm V., der den Bau 1585—1587 als Jesuitenkloster errichten ließ.

Die hundert Jahre Münchner Zoologie seit der Gründung der Universität sind durch drei lange Ordinariate ausgezeichnet: 1827 wurde v. Schubert berufen. Der Name dieses Naturphilosophen wird wenigen von Ihnen etwas sagen. Seine Arbeiten haben in unserer heutigen Wissenschaft keine Spuren hinterlassen.

Sein Nachfolger v. Siebold war zunächst Professor für vergleichende Anatomie und Physiologie in der medizinischen Fakultät. Es war die beneidenswerte Zeit, in der ein Geist noch mehrere Disziplinen beherrschen konnte. Vielleicht war es doch schon damals schwer. Wenigstens berichtet die Überlieferung, Liebig hätte sich, als Generalkonservator der wissenschaftlichen Sammlungen, im Ministerium heimlich über Siebolds Physiologievorlesung beschwert; er verstünde nichts von Physiologie! Daraufhin wurde v. Siebold, ungefragt und zu seiner Überraschung, Professor der Zoologie (1854). Wir können damit zufrieden sein! Denn zweifellos entsprach dieses Amt, das er als nahezu Fünfzigjähriger übernahm, seiner ganzen Entwicklung und seiner inneren Neigung. Er hat unsere Sammlungen wesentlich bereichert und hervorragend organisiert. Ihm verdanken wir, neben vielen und schönen anderen Arbeiten, den wissenschaftlichen Nachweis der Parthenogenese[1] durch seine Untersuchungen an Schmetterlingen, Bienen und Wespen. Damals war es gefährlich, in diesem Gartenhof spazierenzugehen, denn in allen Sträuchern hingen Wespennester, aufmerksam gehegt und gepflegt; Siebold hat die Objekte seiner Forschung zugleich als seine lieben Freunde betrachtet — wie es bei jedem rechten Zoologen sein soll.

Unter Siebold haben sich in München L. v. Graff, der spätere Grazer Professor, nach ihm Spangenberg und später Pauly habilitiert. Aber man kann nicht sagen, daß er in den 32 Jahren seines Münchner Wirkens Schule gemacht hat, und ein Zoologisches Institut im heutigen Sinne gab es nicht.

Als v. Siebold im Jahre 1885 starb, wurde Richard Hertwig nach München berufen, den wir heute zu unserer Freude aufrecht in unserer Mitte sehen. Wenige Tage nach seinem Amtsantritt kam Theodor Boveri, Hertwigs erster Münchner Schüler, und sein größter. Er wollte bei Ihnen, lieber Herr Geheimrat, ganztägig arbeiten, aber das war nicht vorgesehen. Rasch entschlossen haben Sie einen Ihrer Tische freigemacht und ihn gemeinsam in ein benachbartes Zimmer getragen. Mir scheint, das war die Gründung des Zoologischen Instituts. Ein Vierteljahrhundert später umfaßte dieses Institut 50 Arbeitsplätze für ganztägige Praktikanten und selbständige Forscher, und aus aller Herren Länder strömten die Schüler herbei. Was uns gezogen hat, haben wir Ihnen bei Ihrer Abschiedsvorlesung gesagt, und ich brauche es nicht zu

[1] Jungfernzeugung = Entwicklung aus unbefruchteten Eiern.

wiederholen in einem Kreise, in welchem die warmen Gefühle für Sie so selbstverständlich lebendig sind..."

RICHARD HERTWIG kam auch nach seiner Emeritierung regelmäßig ins Institut. Er wandte sich wieder seiner alten Liebe zu, den Radiolarien, und bearbeitete Planktonproben, die er einst bei Teneriffa gefischt hatte. Es war schön, ihn noch 11 Jahre lang zur Seite zu haben, diesen idealen Ex-Chef, der sich nie mehr in das Institutsgeschehen einmischte und doch immer mit seinem ganzen Erfahrungsschatz zu haben war, wenn man es wünschte.

Wir alle saßen eng aufeinander im alten Institut, aber es war keine bedrückende Enge, sie war gemildert durch die vertraute Beschaulichkeit der Räume, erleichtert durch den gemeinsamen Arbeitsgeist und durch Jugend und Frohsinn. Oft machten Doktoranden und Assistenten gemeinsam mit ihrem Chef eine Schitour in die umgebenden Berge. Ein Faschingsfest im Institut gegen Ende des Wintersemesters wurde zur festen Tradition. Mitunter war ich, zusammen mit Studenten, zu einem Wochenende im Schnee von ARNOLD SOMMERFELD — dem theoretischen Physiker — nach der von ihm gepachteten Hütte auf dem Sudelfeld (bei Bayrischzell) eingeladen. An frischer Luft war kein Mangel, weder Sommer noch Winter.

Doch um zur *Arbeit* jener Jahre zurückzukehren: die „Alte Akademie" war gar nicht schlecht für die Experimente, die mir damals besonders am Herzen lagen. Es war die Zeit der Tondressuren an Fischen, von der ich schon vorgreifend berichtet habe (S. 70 ff.). Außer mir hatten mehrere meiner Schüler, allen voran H. STETTER, ihre musikalischen Zöglinge, Ellritzen oder andere Fische, die — oft nach vorangegangenen Operationen — auf ihre Hörleistungen geprüft werden sollten. Das bedeutete bei jedem einzelnen Fisch wochenlange, nicht selten monatelange Versuchsreihen, verbunden mit häufigen Fütterungen bei Pfeifentönen. Dabei lag eine Gefahr für den Erfolg in der allgemeinen Fröhlichkeit, die oft genug in Versuchung führte, ein Liedchen vor sich hin zu pfeifen. Was hätten sich die Fische dabei denken sollen, für die ein Pfiff das Signal der Fütterung war! Allenthalben, selbst auf der Toilette, prangten darum große Plakate: „Bitte nicht pfeifen!" und „Bitte, nicht singen!" Natürlich durfte aber auch kein Fischzögling hören, was dem nächsten vorgepfiffen wurde, sonst hätte es ja eine heillose Konfusion gegeben. Da kamen uns die dicken alten Klostermauern sehr zustatten, die in ganz anderer Weise schalldicht waren als die Wände der modernen Häuser. Da trotzdem unser Institut für den Bedarf zu wenig Platz bot, breiteten wir uns aus; es waren ja noch 9 andere Institute und Sammlungen im gleichen, weit ausgreifenden Gebäude. Wir wurden überall gastlich aufgenommen, bis in die entferntesten Schwesterinstitute standen unsere Aquarien zerstreut und mancher

Besucher der Fossiliensammlung mag damals verwundert aufgehorcht haben, wenn hinter den stummen Zeugen vergangener Jahrmillionen musikalische Darbietungen aufklangen.

Die Fische wurden nicht nur auf ihr Gehör geprüft. LÖWENSTEIN studierte an der Ellritze die Leistungen ihres Gleichgewichtssinnes, S. DIJKGRAAF ihren „sechsten Sinn", das Seitenorgansystem, das ihnen durch seine enorme Empfindlichkeit für geringste Wasserbewegungen ein Tasten in die Ferne ermöglicht, E. SCHARRER befaßte sich mit der Lichtwahrnehmung durch ihr Stirnauge (s. S. 35), TRUDEL untersuchte, was sie als Feinschmecker leisten können. Für all das und noch mehr mußten die Ellritzen herhalten. Sie waren schon das Studienobjekt meiner Doktorarbeit und haben mich neben der Honigbiene als bevorzugte Versuchstiere durchs Leben begleitet.

Dem Laien mag es einseitig erscheinen, wenn sich jemand 5 Dezennien mit Ellritzen und Bienen abgibt, statt zwischendurch einmal über Elefanten, oder wenigstens über die Elefantenlaus oder den Maulwurfsfloh zu arbeiten. Dazu sei bemerkt, daß jedes Tier ziemlich alle Rätsel des Lebens in sich birgt, und daß mir an der Ellritze für die Winterzeit, und an der Biene für den Sommer bis heute der Stoff nicht ausgegangen ist. Die Beschränkung auf wenige, vernünftig ausgewählte Versuchstiere hat den Vorteil, daß man sie schließlich sehr genau kennt. So wie der gute Hausarzt vom alten Schlage an seinen, ihm durch und durch bekannten Patienten die geringste Unpäßlichkeit bemerkt und richtig deutet, so ist eine genaue Vertrautheit mit unseren Versuchstieren eine der wichtigsten Voraussetzungen, um ihr Verhalten im Experiment richtig auszulegen.

Der Sommer, vor allem die Ferienzeit in Brunnwinkl, war wieder den Bienen gewidmet. Ich hatte in den vorangegangenen Jahren ihr Farbensehen und ihren Geruchsinn studiert, hatte mich vergeblich bemüht, ein Hörvermögen bei ihnen zu entdecken — nun schien mir unsere bodenlose Unkenntnis über ihren Geschmacksinn fast verpflichtend, diese Lücke zu schließen. Hiermit begann die langweiligste Arbeit meines Lebens.

Als ich mit meiner Erstlingsarbeit fast fertig war, aber noch eine Reihe ergänzender Versuche machen mußte, bemerkte mein Lehrmeister SIGMUND EXNER: „Jede wissenschaftliche Arbeit wird schließlich langweilig, wenn man sie ordentlich zu Ende führt." Das bezog sich auf die Notwendigkeit, oftmals und immer wieder zu kontrollieren, ob man sich nicht geirrt hat. Die Geschmacksinn-Arbeit war von vornherein langweilig. Auf Schmeckstoffe kann man die Bienen nicht dressieren. Man kann nur beobachten, ob sie eine Schmeckstofflösung, die man ihnen in ihrem Futterschälchen vorsetzt, annehmen oder nicht. Zehn Sommer lang war meine Hauptbeschäftigung, zuzusehen, ob die Bienen zu den verschiedenen, ihnen angebotenen Gerichten „ja" oder „nein" sagten. Spannend blieb die Erwartung dieser Antwort nur durch die jeweilige Fragestellung, und das Reizvolle an der Sache war, trotz so beschränkter Möglichkeiten die Bienen zu zwingen, die gewünschten Auskünfte zu geben.

Bienen sind sozusagen von Berufs wegen Schleckmäuler. Ihre Konditorei ist die Blumenwelt. Der Blütennektar stellt ihre hauptsächliche Nahrung dar. In hellen Scharen sind die Fourageure aus den Bienenstöcken an schönen Tagen unterwegs, um diese Kostbarkeit einzuholen. Der Kaufpreis, den sie dafür entrichten, ist der Vollzug der Blütenbestäubung.

Da der Zucker im Haushalt der Bienen eine überragende Rolle spielt, sollte man denken, daß ihr Geschmackssinn auf „süß" besonders empfindlich anspricht. Das Gegenteil trifft zu. Gerade die Biene erweist sich gegenüber dem Zuckergeschmack als ausgesprochen stumpf. Man muß für sie, im Vergleich mit dem Menschen, die zehnfache Menge Zucker in ein bestimmtes Quantum Wasser geben, damit die Lösung eben wahrnehmbar süß wird. Das hat die Natur sehr weise eingerichtet. Denn würden sich die Nektarsammlerinnen auch mit dünnen Zuckerlösungen zufriedengeben, so wäre der daraus bereitete Honig nicht haltbar, so wenig wie die Marmelade einer Hausfrau, die beim Einkochen mit dem Zucker gegeizt hat.

Die Bienen sind ein altes Geschlecht auf unserer Erde. Sie haben schon vor vielen Millionen Jahren an Blüten Zuckersaft gesammelt, als es noch längst keine Menschen gab. Hiermit mag es zusammenhängen, daß sie in vielem so ausgereift, so vollendet erscheinen, und daß sich die biologischen Beziehungen bis in die elementaren Funktionen ihrer Sinnesleistungen widerspiegeln.

Dafür noch ein anderes Beispiel. Es gibt neben dem Rohrzucker (= Rübenzucker), den wir in der Küche verwenden oder in den Kaffee geben, auch Traubenzucker, den der Sportsmann zu sich nimmt, wenn ihm die Kräfte ausgehen, ferner Fruchtzucker, Malzzucker und noch sehr viele andere Zuckerarten, die dem Laien unbekannt sind. Sie alle sind in ihrem chemischen Aufbau einander auf das nächste verwandt und mit wenigen Ausnahmen schmecken sie alle für uns süß. Für Bienen aber sind die meisten von ihnen geschmacklos. Nur ein halbes Dutzend Zuckerarten hat sich auch für sie als süß erwiesen, und zwar gerade diejenigen, die in ihrer natürlichen Nahrung vorkommen.

Der Umstand, daß von fast 3 Dutzend geprüften Zuckerarten nur wenige für die Bienen süß schmecken, erweckte die Hoffnung, hier über einen — für den menschlichen Geschmackssinn nicht bekannten — Zusammenhang zwischen Süßgeschmack und chemischer Konstitution etwas herauszubekommen. Diese Bemühungen waren es vor allem, die mich jahrelang in Atem hielten. Dazu waren allerdings chemische Betrachtungen und Überlegungen nötig, für die mir die Grundlagen fehlten. Da saß ich manche gute Stunde mit RICHARD WILLSTÄTTER in seiner Bibliothek beisammen. Es hat mir großen Eindruck gemacht, daß er, der das Gebiet gewiß beherrschte wie wenig andere, vor jeder Zusammenkunft das spezielle Anliegen wissen wollte, damit er „sich vorbereiten" könne. Einen gewissenhafteren Berater hätte ich nicht finden können. Es ist schließlich manches dabei herausgekommen. Aber das geträumte Ziel blieb unerreicht.

Natürlich bekamen die Bienen nicht nur Zucker vorgesetzt, auch allerhand Ungutes mußten sie kosten. Ich weiß nicht, ob sie das tragisch genommen haben. Aber das Mienenspiel meiner Kinder sehe ich noch heute vor mir, wenn sie Zuckerlösung mit Chininzusatz und ähnliche grausliche Dinge kosten mußten. Vergleichsversuche am Menschen waren notwendig, und wie üblich stellte die Familie die meisten Märtyrer. Als Ausgleich gab es ja gelegentlich auch reine Zuckerlösung zu schmecken.

Die Ergebnisse jener Untersuchungen sind in einer 156 Seiten starken Arbeit verbucht. Es wird sie niemand zum Vergnügen lesen.

Lieber schreibe ich mit der Absicht, anderen Freude zu machen. Das war ein Beweggrund für die Abfassung populärer Schriften. Einen Anstoß dazu gab 1927 RICHARD GOLDSCHMIDT, als er mich aufforderte, zu der von ihm geplanten Reihe „Verständliche Wissenschaft" den ersten Band zu verfassen. Der Text zu dem kleinen Buch „Aus dem Leben der Bienen" kam in wenigen stillen Osterwochen zu Papier, im Frieden von Brunnwinkl.

Man sollte sich aber nicht nur in populären Darstellungen, sondern ebenso bei wissenschaftlichen Arbeiten bemühen, verständlich und in gutem Stil zu schreiben. Ob man das fertig bringt, ist gewiß zum Teil Sache der Veranlagung. Man kann aber die Voraussetzungen dafür fördern. Wenigstens bilde ich mir ein, daß die Ausdrucksweise an Qualität gewinnt, wenn man in produktiven Wochen für die Abendlektüre einen Schriftsteller mit vorbildlichem Stil wählt. Auch habe ich die Manuskripte meiner Arbeiten und Bücher niemals diktiert, sondern bedächtig mit der Hand geschrieben und das Konzept dann selbst in Maschinenschrift übertragen. Dabei kommt man noch auf manche Unschönheit, die einem in die Feder gerutscht ist. Allerdings dürften — im Gegensatz zu Kochrezepten — Schreibrezepte nicht ohne weiteres übertragbar sein.

Die große Vorlesung fand in einem viereckigen Hörsaalbau statt, der — ich weiß nicht wann — in den grünen, harmonischen Klosterhof mit brutaler Geschmacklosigkeit hineingestellt worden war. Die tief ausgetretenen Holzstufen in den Gängen zwischen den Bankreihen bezeugten aber die Notwendigkeit seines Daseins. Er hatte über 300 Sitzplätze und war trotzdem in manchen Semestern stark überfüllt. Für die Studenten war das nicht angenehm. Als Dozenten ist mir ein überfüllter Hörsaal, ob groß oder klein, immer lieber gewesen als ein lückenhaft besetzter.

Aber ich will nicht von meinen Vorlesungen reden — nur von einer, die ich nicht gehalten habe. Es war am Ende des Sommersemesters, bald nachdem ich nach München gekommen war. In der Stadt gastierte der bekannte Zirkus SARRASANI. Sein damaliger Direktor, Herr STOSCH, suchte mich auf und sondierte, ob er nicht im Rahmen der Universität einen Vortrag halten könnte. Er betrachtete seine Aufgabe bei den Tierdressuren nicht nur vom geschäftlichen Standpunkt des Zirkusdirektors, sondern hatte als Tierfreund und Psychologe seine Freude daran. Nun wollte er gerne von seinen Erfahrungen und Ansichten vor einem größeren Kreise berichten.

Ich schlug ihm vor, statt meiner die letzte Zoologievorlesung des Semesters zu halten. So saß ich unter den Studenten, und Herr STOSCH-SARRASANI trat an den Katheder. Er schilderte seine Erlebnisse in reizender Weise und suchte vor allem die Vorstellung zu entkräften, daß die Zirkusdressuren eine Quälerei für die Tiere wären. Als Beleg dafür, daß ihnen solche Beschäftigung sogar Freude mache, erzählte er unter anderem von einem Elefanten, dem er den Kopfstand beibringen wollte. Als er eines Tages unbemerkt in den Elefantenstall trat, fand er seinen Zögling damit beschäftigt, die neue Aufgabe heimlich zu üben.

Als Herr STOSCH mit seinem Vortrag zu Ende war, stand vor dem Tor der Alten Akademie eine Autobus-Reihe, und die gesamten Hörer wurden als Gäste zur Abendvorstellung des Zirkus SARRASANI befördert. Mit diesem Schlager waren die Demonstrationen meiner eigenen Vorlesungen entschieden übertrumpft:

Nun habe ich noch kein Wort davon gesagt, wie wir persönlich in München untergekommen sind. Wir bezogen eine hübsche Wohnung in Schwabing, Giselastraße 5. Im Gegensatz zu Rostock und Breslau ist München ein Knotenpunkt des europäischen Verkehrs. Das merkten wir rasch. Der erste Logiergast stand schon vor der Türe, als wir noch gar nicht eingezogen waren. Die Fortsetzung entsprach diesem Anfang. Wir hatten sehr viel netten Besuch in jenen Jahren, wenn auch oft nur auf einen Katzensprung vom Bahnhof aus zwischen zwei Zügen. Zuweilen wurde es fast zu viel, wenn man an seiner Arbeit sitzen wollte. Aber das regelte sich bald von selbst, als wir in einen Villenvorort zogen und nicht mehr so leicht erreichbar waren. Das kam so:

In den beiden ersten Jahren unseres Münchner Aufenthaltes hatten unsere Kinder oft an Grippe und Erkältungen zu leiden. Wir kamen zu der Überzeugung, daß das Wohnen in der Großstadt für sie ungesund sei und sahen uns nach einem anderen Quartier um. Meine Frau geriet in die Hände eines geschäftstüchtigen Häusermaklers, der allerhand anzubieten hatte. Aber wir schoben ihn beiseite, da mir ein zweitesmal der Wiener Lehrstuhl angeboten wurde. Am gleichen Tag, als meine Ablehnung der Wiener Berufung in der Zeitung stand, kam er mit seinem Wagen angefahren, meinte, jetzt wäre es an der Zeit und lud meine Frau zu weiteren Besichtigungen ein. Sie fand das Gewünschte in der Villen-Kolonie Alt-Harlaching am Südrand des Münchner Stadtbezirks. Wir kauften 1927 das Haus Über der Klause 10, inmitten eines mit Liebe gepflegten Gartens, in dem wir zu unserer Begeisterung 59 Obstbäume zählten. Der freundliche alte Besitzer wollte sich in der Nähe ein kleineres Häuschen bauen. Er stammte aus einer Pastorenfamilie und dem war es zuzuschreiben, daß er in seinem Wappen — das in hübscher schmiedeeiserner Ausführung das Balkongeländer zierte — zwei Fische führte[1]. Daß uns nach dem Bienenschwarm im Rostocker Garten nun hier die Fische am Hause grüßten, schien wie ein Wink des Himmels, zuzugreifen — und wir haben es nie bereut.

In Harlaching sah es damals noch anders aus als heute. Alt-Harlaching war eine kleine, ins Grüne eingebettete Villen-Gruppe. Die Alt-Harlachinger sahen auf das, jenseits der Grünwalder Straßenbahn aufkeimende Neu-Harlaching herab wie alte Adelsgeschlechter auf unlautere Emporkömmlinge. Zwischen der Stadt und unserer Häusergruppe lagen noch weite Wiesen, mit weidenden Schafherden, und wogende Kornfelder. Wenige Schritte neben unserem Haus stand man am tief eingenagten Bett der Isar mit ihrer „Floßlände". Diese war damals noch nicht außer Dienst gestellt. Da ging es hoch her, wenn die von den Bergen kommenden Flöße zerlegt und die Stämme mit Pferdefuhrwerken abtransportiert wurden. Dicht am Hang zu unseren Füßen lag, wie heute noch, die stimmungsvolle Marienklause, zu der an Mai-Abenden die Gläubigen in langem Lichterzug gepilgert kamen, am zahlreichsten in der Zeit des Dritten Reichs, als es nicht gern gesehen war. Und eine Stille lag über diesem Stadtteil, in der die Vögel, kaum je gestört durch eine Autohupe, noch durchaus ländlich musizierten. Dort sind wir geblieben, bis die Bomben aus dem Haus einen rauchenden Trümmerhaufen gemacht hatten, und da leben wir heute wieder in einem neu erstandenen, kleineren Heim.

Obwohl sich die Lebenslage allmählich gebessert hatte, waren doch die Studenten und jungen Wissenschaftler gegenüber der Zeit vor dem ersten Weltkrieg arme Leute geworden. Nur selten konnte es sich einer von ihnen leisten, die Nase weiter hinauszustecken, über die Grenzen der Heimat. Da war die Einrichtung des von JOHN D. ROCKEFELLER 1923 gegründeten

[1] Das griechische Wort für Fisch = Ichthys war wegen seiner Buchstabenfolge ein frühchristliches Symbol Christi: *I*esous *Ch*ristos *Th*eou *^{h}y*ios *S*oter = Jesus Christus, Gottes Sohn, der Retter.

International Education Board ein wahrer Segen. Die Stiftung vergab Stipendien zu längerem Auslandsaufenthalt, so daß ein Jünger der Wissenschaft seinen Gesichtskreis erweitern und auch die entlegenste Hochschule aufsuchen konnte, wenn sie für seine Ziele einen besonderen Vorteil bot.

Wie bei allen Stiftungen der ROCKEFELLER Foundation wurde jeder Antrag vor seiner Bewilligung sehr genau geprüft. Gleichsam nach kaufmännischen Gesichtspunkten sollte Geld nur dahin gegeben werden, wo es Zinsen trug. Vertrauensmänner der Stiftung reisten herum, um neue Anwärter auf eine Geldbewilligung persönlich kennenzulernen und sich ein Urteil zu bilden, ob von der Gewährung der Mittel wissenschaftliche Früchte zu erwarten wären.

Aus solchem Anlaß kam im Sommerhalbjahr 1926 der Physiker Professor A. TROWBRIDGE an unser Institut. Nachdem er erkundet hatte, was er wissen wollte, und nach einem Plausch in meinem Zimmer geleitete ich ihn zum Ausgang. Es war gerade Anfängerpraktikum. Da wir keinen Kurssaal hatten, mußte als solcher der Korridor dienen. Hier saßen die Studenten in langer Reihe an den Fenstern des Ganges, den alle Besucher des Institutes und der Zoologischen Sammlung passieren mußten. Ich wies darauf hin und sagte im Scherz zu TROWBRIDGE: „Sie sehen, wie es bei uns steht. Können Sie uns nicht ein neues Institut bauen?" Er blieb ernst und überraschte mich durch die Antwort: „Das wäre nicht unmöglich. Schreiben Sie mir doch genau, wie die Verhältnisse liegen." Das war der Anfang von Verhandlungen, die — freilich erst nach 5 Jahren — zum Neubau des Münchner Zoologischen Institutes führten.

Verzögerungen kamen von verschiedenen Seiten. In meinem ersten Antrag legte ich in der Meinung, daß die ROCKEFELLER Foundation an den medizinischen Fächern am meisten interessiert sei, großes Gewicht auf die Bedeutung des Biologie-Unterrichtes für die ärztliche Ausbildung. Die Antwort war eine glatte Absage, weil jene Abteilung der weitverzweigten ROCKEFELLER-Stiftung, mit der ich in Verbindung stand, an medizinischen Dingen überhaupt nicht interessiert war. Ich mußte von vorne beginnen und unsere Nöte bei der biologischen Forschung darlegen. Die größte Schwierigkeit war, daß die Stiftung nach ihren Grundsätzen nur einen *Zuschuß* zur Errichtung eines neuen zoologischen Forschungsinstitutes leisten wollte, das Bayerische Ministerium aber damals außerstande war, auch seinerseits einen Geldbetrag für den Bau zuzusichern. Bei einer neuerlichen Verhandlung 1928 kam uns Professor TOWRBRIDGE entgegen und stellte die Möglichkeit in Aussicht, daß die Stiftung die Bereitstellung des Baugrundes und die bindende Zusage eines im einzelnen festgelegten jährlichen Sach- und Personalhaushaltes für das neue Institut als ausreichenden Beitrag des Staates anerkennen könnte.

Das Ausscheiden von Professor TROWBRIDGE und eine Umorganisation der Stiftung bedingte den Verlust eines weiteren Jahres. Im

Frühling 1929 kam Professor LAUDER W. JONES als Nachfolger von TROWBRIDGE nach Europa. Mein Kollege K. FAJANS schloß sich dem Projekt mit dem Wunsch nach einem physikalisch-chemischen Institut an, was neue Planungen notwendig machte. Die letzte Schwierigkeit war die, daß die ROCKEFELLER-Stiftung aus grundsätzlichen Erwägungen für den Bau der Unterrichtsräume keine Mittel bewilligen konnte. Der biologische Hörsaalbau, der zugleich für Zoologie und Botanik dienen sollte, blieb Sache des Staates. Die Mittel für die Ausführung des Forschungsinstitutes in Höhe von 993000 M. wurden von der ROCKEFELLER Foundation im April 1930 bewilligt. Als Baugelände war das Areal des alten Botanischen Gartens zwischen Luisen- und Sophienstraße ausersehen. Wenn der Hörsaalbau nicht rasch zur Ausführung kam und die Vorlesungen weiterhin in der Alten Akademie stattfinden mußten, so bedeutete dies eine große Behinderung des Institutsbetriebes.

Nach schwierigen Verhandlungen gelang die Finanzierung des Hörsaalbaues auf folgender, fast abenteuerlicher Grundlage: Das Finanzministerium erklärte sich damit einverstanden, daß der Bau vorläufig mit geliehenem Geld ausgeführt werde. Die Versicherungskammer überließ dem Staat für diesen Zweck leihweise den erforderlichen Betrag von 600000 Mark (März 1932). Die Stadt München beschloß, zur Ausführung des Hörsaalbaues „Wohlfahrtsarbeiter" zur Verfügung zu stellen (Mai 1932). Die Summe, die hierdurch von der Baufirma an Arbeitslöhnen erspart wurde, diente zur Verzinsung der Anleihe bis zum 1. April 1934. Von diesem Zeitpunkt an war das Finanzministerium bereit, ihre Verzinsung und Tilgung zu übernehmen. Der gemeinsame Wille fand einen gangbaren Weg, wo keiner zu sein schien, und trotz der staatlichen Notlage stand für uns im Herbst 1932 das modernste zoologische Institut und ein halbes Jahr später auch der Hörsaalbau zum Einzug bereit.

AMERIKAREISE 1930

Als im Jahre 1929 das Projekt des neuen zoologischen Institutes in ein hoffnungsvolles Stadium trat, wurde es Zeit, die Pläne noch einmal in allen Einzelheiten durchzudenken. Es war naheliegend, sich in der Welt ein wenig umzusehen, wie entsprechende Probleme von anderen gelöst worden waren. Dazu gab eine Reise durch die Vereinigten Staaten im März und April 1930 Gelegenheit.

Angeregt und vermittelt wurde diese Fahrt durch MARCELLA BOVERI. Ihren verstorbenen Mann THEODOR BOVERI, den letzten großen Klassiker in der Entwicklung der modernen Zoologie, hatten wir Jungen aufs höchste verehrt. Doch war ich nur gelegentlich auf Kongressen und an der Neapler zoologischen Station mit ihm in persönliche Berührung gekommen. Als er 1913 die Leitung des neuen Kaiser-Wilhelm-Institutes für Biologie übernehmen sollte, fragte er an, ob ich als Mitarbeiter zu ihm nach Berlin kommen würde. Seine Erkrankung machte einen Strich durch diese Pläne. 1915 starb er.

MARCELLA BOVERI war Amerikanerin. Als Miß O'GRADY hatte die junge Biologin das Würzburger Zoologische Institut aufgesucht, um sich bei BOVERI weiter auszubilden. Aus dem Band gemeinsamer Arbeit wurde der Bund fürs Leben. Als Witwe kehrte Frau BOVERI nach Amerika zurück und übernahm eine Biologie-Professur am Albertus Magnus College in New Haven. Sie kam noch oft nach Deutschland, um ihre Tochter MARGRET zu besuchen. Die alten Fäden zwischen unseren Häusern wurden wieder aufgenommen und wir kamen in freundschaftlichen Verkehr. Sie plauderte gern von den Arbeiten ihres Mannes, von den Zoologen diesseits und jenseits des Ozeans und sie wünschte, ich sollte einmal hinüberkommen. Mit der ihr eigenen Energie verwirklichte sie für mich eine Vortragsreise, die durch den International Education Board organisiert wurde. Mein Bedenken, daß ich die Sprache nicht genügend beherrsche, ließ sie nicht gelten und suchte es durch manches englische „Verhör" zu zerstreuen. Ohne daß ich mir hätte darüber den Kopf zerbrechen müssen, hielt ich eines Tages den fertigen Reiseplan und mein Vortragsprogramm in der Hand.

Die Trennung von der Familie war nicht ganz leicht. Unserem „Dreimäderlhaus" ward am 13. Dezember 1929 durch die Ankunft eines Buben ein Ende bereitet. OTTO war zur Zeit meiner Abreise noch nicht

3 Monate alt und gesundheitlich damals ein Sorgenkind. Aber er hätte nicht besser ärztlich betreut sein können als in der Kinderklinik bei unserem Freunde M. v. PFAUNDLER.

Mein Billett lautete auf den Dampfer „München" des Norddeutschen Lloyd. Doch im Februar wurde das Schiff im Hafen von New York das Opfer einer Brandkatastrophe. Die Passagiere hatten nun die Wahl, sich auf die „Bremen" umbuchen zu lassen, die das Blaue Band des Ozeans innehatte und die Überfahrt von Bremerhaven nach New York in 5 Tagen machte, oder eine Woche früher mit der „York" zu fahren, einem älteren und kleineren Dampfer, der fahrplanmäßig 10—11 Tage unterwegs war und kurz vor der „Bremen" ankommen sollte. Während sich die meisten heimatlos gewordenen Fahrgäste für das schnelle Schiff entschlossen, wählte ich als alter Wasserfreund das langsame. Die „Bremen" lernte ich auf der Rückfahrt kennen — ein schwimmendes Hotel, imposant als technische Leistung; aber mit dem Leben des Meeres und seinen Schönheiten hat man auf dem kleinen Schiff mehr Fühlung. Wir kamen in einen ordentlichen Sturm, der unsere Reisezeit auf 12 Tage verlängerte. Die „haushohen Wogen" hatten ihre Phrasenhaftigkeit verloren und wurden Wirklichkeit. Wenn der Wind heulte und das Schiff bis über das oberste Deck im Gischt lag, wenn immer neue Wellengestalten und immer wieder andere Beleuchtungseffekte aufkamen, wie war das schön für einen, der nicht von der Seekrankheit geplagt wurde. Viele Passagiere freilich kamen um den Genuß und ließen sich nicht blicken.

Tiere waren wenig zu sehen, außer den immer schönen Möwen und herzigen Papageientauchern. Einmal holte mich der Kapitän auf die Brücke, um dem Zoologen Wale zu zeigen, aber sie blieben leider in weiter Ferne.

Auf der Überfahrt machte ich meine Vorträge fertig. Ein Deutschamerikaner fragte mich nach einer englisch geführten Unterhaltung, ob ich englisch vortragen wolle. Als ich bejahte, meinte er: „Da werden Sie aber nicht viel Erfolg haben." Ich nahm diese trübe Prophezeiung nicht zu tragisch. Konversation machen war nie meine starke Seite. Wahrscheinlich hätte jener alte Herr auch nach einer Unterhaltung in deutscher Sprache an meiner Redekunst gezweifelt.

Wir kamen am Abend des 10. März vor New York an und fuhren am nächsten Morgen in den Hafen ein. Aus dem Bodennebel, der die Stadt verhüllte, ragten die höchsten Teile der Wolkenkratzer heraus. Ein nicht minder phantastisches Bild boten sie ein andermal, als sie frei dastanden, aber vom Winde gejagte Nebelfetzen um ihre oberen Stockwerke spielten wie um Berggipfel in den Alpen. Überwältigend war ihr Anblick vom Dach des American Museum of Natural History am Abend bei Dunkelheit, wenn tausend erleuchtete Fenster ihr inneres Leben verrieten. Photographien geben kein Bild von dem Eindruck, den diese architektonischen Schöpfungen in Wirklichkeit machen.

In New Haven, dem ersten Ziel, war ich von Frau BOVERI, Professor R. G. HARRISON und anderen Kollegen sehr herzlich aufgenommen. In dieser freundschaftlichen Atmosphäre fanden die ersten Vorträge statt, „Über den Gehörsinn der Fische", „Über den Farbensinn der Fische und die Duplizitätstheorie" und „Über die Sprache der Bienen". Der Anfang war etwas unheimlich. Denn Vorträge vom Manuskript abzulesen war ich ebensowenig gewohnt, wie sie in einer fremden Sprache frei zu halten. Aber es ging über Erwarten gut. Nach wenigen weiteren Vorträgen kam ich vom Manuskript los und konnte auch improvisieren.

Der Reiseweg verlief in groben Zügen so: von New Haven an die Harvard University in Cambridge, wo mich besonders mit G. H. PARKER gemeinsame Interessen verbanden. Es folgte New York und ein Vortrag an der Columbia University und die Cornell University in dem landschaftlich so schön gelegenen Ithaca. Von da lud mich Professor P. J. TRUDEL, der zuvor Gast an unserm Münchner Institut gewesen war, nach Buffalo und zu einem gemeinsamen Besuch der Niagarafälle. Dann ging es über Ann Arbor nach Chicago. In einem der großen Schlachthäuser zeigte sich die Zoologie von einer neuartigen Seite. Man konnte am laufenden Band den Werdegang vom lebenden Schwein zur versandfertigen Konservenbüchse sehen und gewann zugleich einen Eindruck von der Genialität amerikanischen Geschäftsgeistes, der hier an der Grenze zwischen den westlichen Agrarstaaten mit ihrer Überproduktion an Vieh und den östlichen Verbrauchszentren die Umschlagstätte vom lebenden Tier zur Handelsware geschaffen und dadurch Millionengewinne erzielt hatte. Von Chicago fuhr ich nach dem inmitten schöner Seen eingebetteten Madison (University of Wisconsin), dann nach der University of Iowa, wo es ein Wiedersehen mit dem ehemaligen Münchner Kollegen und Hertwigschüler Professor E. WITSCHI gab und schließlich an meinen westlichsten Punkt, Minneapolis. Dort wohnte ich bei Professor D. E. MINNICH, der auch ein Jahr lang Gast am Münchner Institut gewesen war und schlief in einem echten oberbayerischen Bauernbett, das er sich damals als Reiseandenken mitgenommen hatte. Sehenswerter aber waren die Schätze, die er und seine kunstsinnige Frau bei einem langjährigen Aufenthalt in China gesammelt hatten. Das wohnliche Haus entpuppte sich als reiches Museum, wenn sich Schränke und Laden öffneten.

Eine schöne Bahnfahrt entlang dem Mississippi brachte mich nach Chicago zurück. In Bloomington kam ich an den südlichsten Punkt meiner Reise und in eine bezaubernde Blütenpracht, rote Judasbäume zwischen weißem Dog-Wood und darunter ausgebreitet ein Teppich von blühendem Phlox. Meinem Gastgeber in Bloomington, Professor A. C. KINSEY, verdanke ich einen interessanten Ausflug in die karstartige Höhlenwelt der dortigen Landschaft mit ihren unterirdischen Flüssen und einem merkwürdigen Tierleben. Über Columbus (Ohio), Cleveland, Philadelphia und Princeton ging es wieder ostwärts. Vor dem Vortrag in Princeton begrüßte mich überraschend Professor TROWBRIDGE, der von New York gekommen war um mir zu sagen, daß die Rockefeller Foundation soeben die Gelder für unseren Institutsneubau bewilligt habe. Selten war ich bei einem Vortrag in besserer Stimmung, als an jenem Abend. Den Abschluß bildete ein Vortrag über das Hörvermögen der Fische in Washington auf der Jahrestagung der National Academy of Sciences. Zwischen all das wurden noch weitere Vorträge an kleineren Universitäten eingeschoben, es gab also reichlich zu tun und viel zu sehen.

Alles wurde erleichtert und zum reinen Vergnügen durch die unbeschreibliche Gastfreundschaft der amerikanischen Fachgenossen, jener wahren Gastfreundschaft, die auch an unausgesprochene Bedürfnisse denkt und es versteht, Wünsche von den Augen abzulesen.

Große Teile der Reisestrecke wurde ich von Kollegen im Auto befördert. Da sieht man mehr vom Lande als bei Bahnfahrten. Oft wurde einem zu Bewußtsein gebracht, wie weit uns dieses Land technisch voraus war. So z. B., wenn bei einer einsam gelegenen Farm vor dem Haustor neben dem Wagen das startbereite Privatflugzeug stand; oder ein andermal, als ich ausnahmsweise nicht als Hausgast, sondern in einem Hotel untergebracht war und am Morgen ins Frühstückszimmer wollte; ich versuchte auf einer Treppe nach der anderen mein Glück — aber alle endeten im ersten Stock vor einem Notausgang ins Freie, unter dem wohl im Brandfalle die Feuerwehr ihr Sprungtuch auszubreiten hatte. Für den Frühstücksgast war eine Treppe nicht vorgesehen, da niemand außer mir auf den Gedanken kam, sich anders als mit dem Lift nach unten zu begeben. Sogar zu den Resten der Indianerstämme war die Technik unerbittlich vorgedrungen. Ich hatte von Ithaca aus Gelegenheit, eine Reservation der Onondaga-Indianer zu besuchen. Als ehemals begeisterter Leser von Winnetou und anderen Karl-May-Geschichten hoffte ich hier einen Hauch von alter Indianerpoesie zu finden. Aber diese Nachkömmlinge eines mächtigen Stammes lebten nicht in Zelten, sondern in halb verfallenen Holzhäusern, trugen europäische Kleidung und — oh Schmach! — vor jedem Wohnhaus stand — kein scharrendes Roß, sondern ein unsagbar heruntergekommenes Auto; meist war es nur ein Fahrgestell mit Motor und einem improvisierten Sitz unter freiem Himmel, aber es fuhr!

Ich weiß nicht, ob es auch nur einer Form der Gastfreundschaft entsprach oder einem echten Bedürfnis, wenn mich mancher Gastgeber von einer historischen Stätte zur anderen führte und nicht müde wurde zu zeigen, wo im Bürgerkrieg eines Nachts ein entscheidendes Lichtzeichen gegeben, wo der erste amerikanische Bürger erschossen wurde, wo das älteste Haus der Stadt stand. Man sah und lernte auf diese Weise eine Menge, wenn auch unsereinem nicht alles so bemerkenswert erschien wie den Bewohnern des Landes, an dessen Jugendlichkeit man auf Schritt und Tritt erinnert wurde. Es war der Universitätsstadt Madison nicht anzusehen, daß hier vor 100 Jahren Urwald und kein einziges Haus gewesen war, und daß noch vor 70 Jahren blutige Kämpfe mit den Indianern stattgefunden hatten. Aber in der nächsten Umgebung liegen noch die Indian Mounds, grasbewachsene Hügel in Gestalt von Schildkröten oder Vögeln, Kultstätten der alten rechtmäßigen Bewohner dieses Erdteiles.

Es muß brutal zugegangen sein, als die Weißen vom Lande Besitz ergriffen. Heute ist von rauher Tonart für den Besucher nichts mehr zu bemerken. Ich hörte in jenen Wochen kein ungutes Wort, auch nicht bei Amerikanern unter sich. Wenn es geschah, daß vor einem Vortrag dies oder jenes fehlte oder ein Gehilfe im letzten Augenblick kam, so wurde niemand ungeduldig und niemandem fiel es ein zu schimpfen. Schließlich klappte es doch. „Es wäre ja unklug vom Filmvorführer, wenn er zu spät käme", sagte HARRISON bei solcher Gelegenheit, „er würde sofort seine Stelle verlieren". Das ist eine andere Mentalität als bei uns, und recht erzieherisch.

Saß man abends im Familienkreis, so war in der Regel durch ein knisterndes Feuer im offenen Kamin für Wärme und behagliche Stimmung gesorgt, nur selten durch Alkohol, denn es war die Zeit der Prohibition. Das hinderte nicht, daß ich auf dieser Reise den ersten Schwips meines Lebens bekam. Wer genug Geld und keinen Respekt vor dem Gesetz hatte, konnte ja, dank lebhaften Schmuggels, Alkohol bieten so viel er wollte. So gab es an einem dürstend heißen Tag in New York vor einem vornehmen Mittagessen einen wunderbaren Cocktail, der über meinen noch leeren Magen rasch zur Geltung kam. Bei Tisch machte der servierende Diener große Augen, als ich mir von dem prächtigen Seefisch nahm und das Besteck nicht auf, sondern neben die Schüssel zurücklegte. Zum Glück bestand die Tafelrunde aus vertrauten alten Bekannten.

Der Besuch so vieler Universitäten gab, wie erwartet, manche Anregung für die eigenen Bau- und Einrichtungspläne. Die Institute waren sehr unterschiedlich, manche hervorragend schön und zweckmäßig gestaltet, andere altmodisch und in ihrer Ausstattung armselig. Aber in einem Punkt waren uns alle weit voran: es gab an jedem zoologischen Institut viele Professuren, zuweilen zwölf bis fünfzehn, während an den deutschen Universitäten meist ein einziger Ordinarius für Zoologie, zuweilen unterstützt von einigen Dozenten und selten von einem etatmäßigen Extraordinarius, das Gesamtgebiet des umfangreichen Faches vertreten muß. Das hat schwerwiegende Folgen. Bei uns geschieht es häufig, daß auch tüchtige Kräfte das Ziel jeder Dozentenlaufbahn, die beamtete Professur, ihr Leben lang nicht erreichen, weil diese Stellen zu spärlich sind. Viele begabte Kräfte gehen aus Sorge vor solcher Zukunft in einen praktischen Beruf oder ins Lehramt und sind so für die Universität verloren. In Amerika können junge Zoologen, die etwas leisten, mit Bestimmtheit darauf rechnen, daß sie in angemessener Zeit eine Professur erreichen, weil genug Plätze ihrer warten. An diesem Gegensatz hat sich in den folgenden drei Jahrzehnten nichts geändert, trotz der dringend geäußerten Wünsche nach Stellenvermehrung. Heute ist die Zahl der Lehrkräfte auch bei uns wesentlich vergrößert, aber bei der angeschwollenen Studentenzahl ist in der Regel noch bei weitem nicht ein angemessenes Verhältnis zwischen Lernenden und Lehrern erreicht.

Natürlich ermöglichen die vielen Professuren an den amerikanischen Universitäten nicht nur die Versorgung des Nachwuchses, sondern eine Verbreiterung und Vertiefung der wissenschaftlichen Forschung. Einst war Deutschland führend auf den Gebieten der Zellenlehre, der vergleichenden Anatomie, der Entwicklungsgeschichte, Vererbung, vergleichenden Physiologie usf. Das Ausland hat uns überflügelt. Es fehlte eben an maßgebenden Stellen die Erkenntnis, daß die Pflege der Wissenschaft in ganz anderem Maße als bisher eines der wichtigsten Anliegen des Staates sein sollte, und daß hier Stillstand gleichbedeutend ist mit rapidem Rückschritt.

Wenn an einer amerikanischen Hochschule 12 Zoologen nebeneinander forschen und lehren, so sind das keine Parallelprofessuren. Die Aufteilung entspricht der Entwicklung und Aufspaltung der alten Zoologie in selbständig gewordene Teilgebiete. Da wirken Professoren für allgemeine Zoologie neben solchen für Morphologie, für Entwicklungsgeschichte, für allgemeine Physiologie, vergleichende Physiologie, Vererbungsforschung, Zellenlehre, Hormonlehre usw. Das birgt auch eine Gefahr in sich. Ob sie gemeistert wird oder nicht, liegt am Geist der betreffenden Hochschule. Es gibt Universitäten, wo die Vertreter dieser Teilgebiete in ständigem regem Verkehr miteinander stehen und, in der eigenen Forschung spezialisiert, den anderen in ihre Ergebnisse freimütig Einblick geben und ihrerseits von ihnen lernen. Und man trifft auch Institute, wo man sich voneinander abkapselt und mit Scheuledern durch das weite Feld der Wissenschaft wandert. Diese Typen findet man auch bei uns. Sie treten aber besonders kraß in Erscheinung, wo ein großzügiger Stellenplan der Institute ebensogut zu fruchtbarer Zusammenarbeit wie zu ungutem Spezialistentum führen kann.

Begünstigt wird die Spezialisierung an den amerikanischen Hochschulen noch dadurch, daß der Hochschulunterricht zu sehr in der Art und Weise der vorangegangenen höheren Schule fortgesetzt wird. So ist es jedenfalls in unserem Fach; über andere habe ich kein Urteil. Unsere Studenten gewinnen im „Großen zoologischen Praktikum" mehr Selbständigkeit im wissenschaftlichen Denken, bevor sie an ein eigenes Forschungsproblem gesetzt werden. Allerdings hat die Ausbildung mit der wachsenden Zahl der Studierenden und einer durchaus unzureichenden Vermehrung der Lehrkräfte auch bei uns an Qualität verloren.

Beneidenswert ausgestattet sind meist die Bibliotheken. Sie sind aber auch der Stolz jeder Universität. Zu ihren reichen Bücherschätzen gesellt sich Ruhe und Bequemlichkeit für die Benützer und — als ein sehr wesentlicher Punkt — eine rasche Bedienung. Ich sah große Universitätsbüchereien, wo man jedes vorrätige Buch 3 Minuten nach der Bestellung in der Hand hatte.

Das sind einige markante Eindrücke von dieser flüchtigen Reise, die mir viel Schönes und keine einzige unangenehme Stunde eingetragen hat.

IM NEUEN INSTITUT

Daß unser neues Institut so geraten ist, wie es uns vorschwebte, verdanken wir der Persönlichkeit seines Erbauers. Unter der Leitung des Ministerialrates Dr. TH. KOLLMANN war vorher bereits die neue Frauenklinik und das pathologische Institut der Universität erstanden. Mit seiner Erfahrung im Laboratoriumsbau, mit Architektenkunst und Schaffensfreude verband sich das Bestreben, in der Raumgestaltung und in der inneren Einrichtung bis zum letzten Lichtschalter herab unseren Wünschen gerecht zu werden. Keine Stunde war ihm zu kostbar, auch Kleinigkeiten in ihren Konsequenzen durchzudenken und für alles die bestmögliche Lösung zu finden. Die gemeinsame Arbeit mit ihm wurde zur reinen Freude.

Nicht leichten Herzens verließen wir zu Beginn des Winterhalbjahres 1932/3 die vertrauten Räume in der Alten Akademie mit ihrer traditionsbeladenen Atmosphäre. Aber es geschah in der gespannten Erwartung, nun dem schönsten zoologischen Institut Europas Leben einzuhauchen und in der Hoffnung, den alten Geist mit hinüberzunehmen — symbolisch verkörpert durch unseren 82jährigen RICHARD HERTWIG, der die Übersiedlung mit jugendlicher Lust mitmachte.

Es war ein weiser Schachzug der ROCKEFELLER Foundation, die Baugelder erst zu bewilligen, nachdem das Bayerische Unterrichts- und Finanzministerium den Sach- und Personalhaushalt für das neue Institut in der erforderlichen Höhe garantiert hatte. So waren mit dem Umzug auch ausreichende Betriebsmittel, eine Vermehrung des technischen Personals und eine Erhöhung der Assistentenstellen von 3 auf 6 erreicht. Der 1. Assistent bekleidete (schon im alten Institut) eine gehobene, pensionsberechtigte Stelle als „Konservator". Die Bezeichnung ist ein Überbleibsel aus der Zeit der alten Museumszoologie, als noch das Konservieren der Tiere zu den wichtigsten Tätigkeiten in diesem Fach gehörte. Der Sinn dieses Postens hatte sich gewandelt. Da wir nicht nach amerikanischem Muster ein Dutzend Professuren am Institut zu vergeben hatten, um die verschiedenen Zweige der Zoologie zur Geltung zu bringen, konnte man wenigstens die Konservatorstelle als Lockmittel benützen, um — gegebenenfalls von auswärts — einen Fachvertreter heranzuziehen, der in seinem Wissen und Können den Ordinarius sinnvoll ergänzte. So kam, noch in der Zeit des alten Instituts, der Cytologe und

Genetiker J. SEILER zu uns und nach seiner Berufung nach Zürich der Entwicklungsphysiologe J. HOLTFRETER ans neue Institut; er wirkt heute, wie so viele Deutsche seit den Jahren des Nationalsozialismus, zu Ruhm und Nutzen der Vereinigten Staaten.

Auch die anderen Assistentenstellen wurden so besetzt, daß verschiedene Arbeitsrichtungen vertreten waren. Es ist bei uns die einzige Möglichkeit, an einem großen Institut für das Fehlen entsprechender Professuren einen gewissen Ausgleich zu schaffen. Besonders jene

Abb. 25. Die „Alte Akademie" in der Neuhauserstraße. In dem hier sichtbaren Trakt befand sich ein Teil der zoologischen Sammlungen. Das Institut lag weiter rückwärts im Grünen. — Das Gebäude wurde im zweiten Weltkrieg vernichtet. — Phot. Dr. ECKE um 1931

Assistenten, die es zur Habilitation bringen, werden dann unter dem gemeinsamen Dach zu Zentren eigener Schülerkreise und zu Abteilungsleitern für verschiedene Arbeitsgebiete.

Der Absicht, in den weitläufig gewordenen Räumen den wechselseitigen Kontakt der Insassen zu fördern, entsprang die Einrichtung eines hübschen Teezimmers. Hier fand sich am Nachmittag, je nach Zeit und Bedürfnis des einzelnen, eine täglich wechselnde Gesellschaft zusammen, hier konnte man sich auch ein einfaches Mittags- oder Abendmahl selbst kochen. An dieser Tafelrunde lernte man sich kennen, da wurde mancher Scherz und Unsinn verzapft, aber da fiel auch manche wissenschaftliche Anregung auf fruchtbaren Boden.

Der Baumeister eines zoologischen Institutes hat nicht nur an die Laboratorien und sonstigen Bedürfnisse der *Menschen* zu denken, die darin arbeiten wollen, sondern auch an das Wohl der vielerlei *Tiere*, mit denen sich jene zu befassen haben. Gerade in diesem Punkt hatte sich das alte Institut, das aus der Museumszoologie herausgewachsen war, als unzureichend erwiesen. Nun gab es Kulturräume in allen Stockwerken, ein Aquarium, ein Warmhaus und Insektarium, Ställe und Freilandgehege und im ausgedehnten Garten große und kleine Teiche mit fließendem oder stehendem Wasser. Wer über einige Treppen bis 5 Meter unter den Erdboden hinunterstieg, fand eine geräumige Zisterne, die mit ihrer, Sommer und Winter gleichmäßigen Temperatur und ihren sonstigen Lebensbedingungen für Höhlenbewohner, so für die interessanten Grottenolme des Karstgebietes das rechte Milieu bot. Es versteht sich,

Abb. 26. Das neue Zoologische Institut der Universität München, erbaut 1931/32 aus Mitteln der ROCKEFELLER-Foundation

daß auch an die sozialen Insekten gedacht war. Ein Bienenhaus war vorgesehen, Ameisenkolonien konnten auf besonderen, von Wassergräben umgebenen Ameiseninseln untergebracht werden, so daß diese zappeligen Gesellen um ihr Heim herum ein ausreichendes Areal unter freiem Himmel vorfanden und doch nicht entkommen konnten. Kurz, es war eine Freude, aller Kreatur, die uns beschäftigte, nun ein geeignetes Quartier bieten zu können.

Vor der Aufstellung des Bienenhauses wurde mir wohlmeinend geraten, ich sollte den Institutsgarten durch Wünschelrutengänger untersuchen lassen, denn über einer Ader würden die Bienen nicht gedeihen. Die Wünschelrutenfrage wurde damals lebhaft diskutiert, an einem der Universitätsinstitute auch wissenschaftlich bearbeitet. Obwohl skeptisch, beschloß ich — mangels eigener Erfahrung und ohne Literaturkenntnis —, nur Tatsachen sprechen zu lassen. Kollegen, die sich ernsthaft und auf wissenschaftlicher Basis mit der Frage beschäftigten, gaben mir die Adressen von 5 Wünschelrutengängern, die sie als durchaus zuverlässig bezeichneten. Ich ließ sie der Reihe nach kommen, ohne daß einer vom anderen wußte; jeder konnte allein und ungestört den Garten begehen und seine Ergebnisse in einen Gartenplan eintragen. Jeder fand Adern, die kreuz und quer durch das Gebiet zogen. Als die Arbeiten beendet waren, pauste ich die 5 Befunde in 5 verschiedenen Farben auf einen gemeinsamen Plan. *Keine* Ader fiel mit einer andersfarbigen zusammen, jeder hatte andere gefunden. Darauf stellte ich das Bienenhaus dahin, wo es mir gefiel. Mit der Wünschelrutenfrage habe ich mich nach diesem Erlebnis nicht mehr befaßt.

Für den Unterricht im neuen Hörsaalbau war alles Erforderliche vorhanden, um das gesprochene Wort anschaulich zu beleben. Bewegliche Experimentiertische, ein gutes Episkop, Mikroprojektion, Kinoprojektion für Schmal- und Normalfilm sowie ein Raum zur Aufstellung von Demonstrationen.

Das botanische Institut in Nymphenburg war für die Besucher der allgemeinen Vorlesungen zu entlegen. Unser großer Hörsaal hatte darum auch der Botanik zu dienen. Er war zwischen unser Forschungsinstitut und die botanischen Vorbereitungsräume eingefügt. In den ersten Jahren seines Daseins war er wirklich ein Bindeglied zwischen Zoologie und Botanik, als FRITZ v. WETTSTEIN die Scientia amabilis in München vertrat. Schon in seiner Studentenzeit — ich war ihm an Jahren um einiges voraus — hatten uns gemeinsame Interessen und persönliche Zuneigung zusammengeführt. Leider blieb er nicht lange in München. Ihm bot in der politisch bewegten Zeit das Kaiser-Wilhelm-Institut für Biologie in Berlin mehr Aussicht auf fruchtbare, ungestörte Arbeit.

Wissenschaftliche Gäste kamen in reicher Zahl. Ich will nur einen Dauergast nennen, der mit dem Institut verwachsen sollte, als wäre er aus ihm hervorgegangen. Geheimrat A. DENKER, der langjährige Leiter der Ohrenklinik an der Universität Halle a. S., war als Emeritus nach München übergesiedelt. Seine ärztliche Kunst stand im Dienste menschlicher Ohren, aber seine wissenschaftlichen Neigungen galten daneben dem Gehörorgan der Tiere. Wir verdanken ihm z. B. eine eingehende Untersuchung über das Ohr der Papageien. Er interessierte sich für unsere Studien über das Gehör der Fische und widmete den Rest seines Lebens diesem Arbeitsgebiet.

Ihm hatte ich es wohl zuzuschreiben, daß mich die Gesellschaft deutsche Hals-, Nasen- und Ohrenärzte — wie er betonte, als einzigen Nichtmediziner — zum Ehrenmitglied ernannte. Mit diesem Ereignis verbindet sich die Erinnerung an eine Situation, von der ich heute noch bedaure, daß sie nicht photographisch festgehalten worden ist. Es war in Brunnwinkl, als DENKER seinen Besuch ankündigte. Ich ahnte vielleicht den Anlaß seines Kommens, aber ich war nicht darauf gefaßt, daß er der Zeremonie solche Bedeutung beimessen würde. Er erschien in festlichem schwarzem Rock, ich saß ihm in der Lederhose gegenüber und meine Frau schenkte im Dirndlkleid Kaffee ein. Er wünschte offenbar ein größeres Publikum und erkundigte sich nach anwesenden Verwandten, aber ich begriff nicht gleich, wo er hinauswollte, und schon erhob er sich in seiner ganzen Länge und hielt uns beiden eine lange und formvollendete Rede. Ich mußte mich auch erheben und stand im Bauernjanker und mit nackten Knien wohl nicht ganz würdig vor dem feierlichen Gast, um schließlich die Ehrenurkunde in Empfang zu nehmen. Der weitere Nachmittag verlief dann durchaus gemütlich.

Obwohl ich für Maschinen nie viel Verständnis hatte, entschloß ich mich im Jahre 1936, ein Auto zu kaufen. Richtiger gesagt: meine Frau entschloß mich dazu. Die große Entfernung zwischen Institut und Wohnung machte eine raschere Verbindung wünschenswert. So lernten wir beide Autofahren. Sie hatte einige Fahrstunden mehr nötig und fand wenig Gefallen an dieser Kunst. Nach bestandener Prüfung gab sie mir ihren Führerschein; ich sollte ihn wegschließen, sie hätte das Dokument so schwer erworben, daß sie es nicht wieder verlieren wolle. Sie hat sich nie mehr ans Steuer gesetzt. Meine eigene Fahrprüfung war zoologisch angehaucht. Sie begann nicht sehr hoffnungsvoll, denn das Fahrzeug wollte sich nicht in Bewegung setzen — weil ich nicht an den Zündschlüssel dachte. Weiterhin ging es gut um einige Ecken. Aber statt meine höheren Fahrkünste zu erproben oder technische Zwischenfragen zu stellen, vor denen ich etwas Sorge hatte, erkundigte sich der Kommissar, ob es wahr sei, daß die Flöhe aussterben. Über diese Frage unterhielten wir uns so angeregt, daß für anderes keine Zeit blieb.

Das ist nun 20 Jahre her. Was wir seit damals dem Wagen verdanken, an ersparter Zeit, als unersetzlichem Hilfsmittel bei vielen Außenversuchen, an schönen Reisen, ist gar nicht auszudenken. Wie einfach konnte man jetzt auch in weniger als 3 Stunden von München aus in Brunnwinkl sein, meiner liebsten Arbeitsstätte.

Viele Menschen schütteln ungläubig den Kopf, wenn sie hören, daß man an der Universität 3 Monate Sommerferien und 2 Monate Osterferien hat. So manche mißgünstige Bemerkung, die darüber fällt, verkennt aber völlig die Situation. Es wird wenige Professoren geben, die in den langen „Ferien“ die Hände in den Schoß legen. Sie sind für uns die hauptsächliche Zeit der wissenschaftlichen Arbeit, die während des Semesters durch die Verpflichtung zu Vorlesungen und Kursen, durch die Betreuung der Schülerarbeiten und in einem großen Institut auch durch vielerlei Verwaltungskram schwer behindert ist. Wohl kann man laufende Versuche weiterführen, aber im Grunde ist wissenschaftliche Arbeit schöpferische Arbeit, die mit künstlerischem Schaffen auf einer Stufe steht und sich so wenig wie dieses nach der Uhr in Bureaustunden zwängen läßt. Sie braucht Zeiten der Freiheit, der ungestörten Konzentration, der ununterbrochenen Hingabe an tastende Versuche oder suchende Gedanken, und dazu brauchen wir die „Ferien".

Auch die Studenten brauchen sie, die besseren unter ihnen jedenfalls. Was sie in der Semesterzeit vernommen haben, von einer Vorlesung zur anderen gejagt, das will überdacht und innerlich verarbeitet sein, das muß als Grundlage dienen, um anhand von Büchern die Ausbildung selbständig zu ergänzen und weiter aufzubauen. In manchen Ländern, so auch in den Vereinigten Staaten, sind die Hochschulferien nicht so reich bemessen. Das paßt zu dem mehr schulmäßigen Unterrichtsbetrieb. Es hat für durchschnittliche und schlechte Studenten seine Vorzüge. Für die Elite, für die Träger des Fortschrittes und der wissenschaftlichen Zukunft, ist unsere Methode nach meiner Überzeugung besser. Denn durch sie, und nicht durch Schuldrill werden die Studierenden zu selbständigem Denken bei der wissenschaftlichen Arbeit erzogen. Ohne diesen Vorzug der Ausbildung wäre heute die heimatliche Wissenschaft gegenüber ihren Leistungen in manchen reicheren Staaten noch mehr zurückgetreten, als es ohnehin der Fall ist.

Abb. 27. Vater und Sohn bei der Zoologie. Vor der Gartenture unseres Harlachinger Hauses, um 1932

Bei unseren Studien über den Gehörsinn der Fische war die Frage aufgetaucht, ob Ellritzen imstande sind zu erkennen, aus welcher Richtung ein Schall kommt. *Wir* können das recht genau. Aber bei Fischen sind die anatomischen Voraussetzungen nicht gegeben, um die Lokalisation einer Schallquelle auf gleiche Weise zu erklären wie beim Menschen. Experimente in Aquarien können wegen der Schallreflektion an den Wänden des Beckens keine Klärung bringen. Wir setzten den Boden des Insektariums unter Wasser, aber auch in diesem recht stattlichen See störten noch die reflektierenden Wände.

Nun waren meine Bienenversuche eben abgeschlossen; Ellritzenschwärme gab es an den Ufern des Wolfgangsees in Menge; so schien es verlockend, die Frage im freien See zu prüfen. Als Endergebnis der Versuche kam heraus, daß Ellritzen mit ihren Ohren die Schall*richtung* nicht erkennen. Das war theoretisch zu erwarten gewesen und daher nicht weiter aufregend. Aber es gab Überraschungen von anderer Art, die auf ein neues Gebiet führten.

Wir experimentierten an einer flachen Uferstelle mit einem Ellritzenschwarm, der allmählich ganz zahm geworden war und das Futter aus der Hand fraß. Die Fischchen zeigten sich täglich im gleichen Uferbereich und ich hätte gern gewußt, ob es immer dieselben Tiere sind. Um eines zu kennzeichnen, fing ich es heraus, durchtrennte durch einen Nadelstich einen bestimmten Nerv, was eine tagelang anhaltende Dunkelfärbung des Schwanzes bewirkt, und ließ es wieder frei. Es schien nicht aufgeregt und gesellte sich zu seinen Kameraden. Aber dann geschah etwas ganz Merkwürdiges. Mit dem munteren Herumschwimmen der Fische war es vorbei, sie drückten sich zu Boden, steckten die Köpfe zusammen, als wollten sie sich etwas zuraunen und plötzlich entfloh der ganze Schwarm in die Tiefe. Er zeigte sich nur von ferne und ließ sich durch das beste Futter nicht mehr anlocken. Es war eine Geduldprobe von mehreren Tagen, ihn wieder zutraulich zu machen. Was war da passiert? Im folgenden Sommer versuchte ich das herauszubringen.

Die nächstliegende Deutung war, daß die verletzte Ellritze die anderen gewarnt hatte. Wenn sie so gut hören konnten, warum sollten sie nicht auch einander etwas sagen? Ich zähmte einen neuen Schwarm, machte einem der Fischchen den Garaus durch Enthauptung und legte es in der Nähe der anderen auf den Seegrund. Es konnte bestimmt nichts mehr erzählen. Doch wieder war der Schwarm nach wenigen Sekunden verschreckt. Vielleicht durch den Anblick der Leiche? Aber ein zerstückelter Fisch, der seine frühere Gestalt nicht mehr erkennen ließ, hatte dieselbe Wirkung; ja es genügte dazu das klare, abfiltrierte Wasser, in dem er gelegen hatte; die Erscheinung mußte durch einen Schreckstoff bedingt sein, der bei der Verletzung des Fischkörpers frei wurde.

Durch diese Versuche, die mehr Zeit in Anspruch nahmen, als man nach dieser kurzen Schilderung erwarten mag, war ein Ellritzenschwarm nach dem anderen verschreckt worden und wir mußten mit dem Ruderboot stundenlang das Ufer absuchen, um noch einen brauchbaren zu finden. Da verlegten wir den See ins Laboratorium.

Ellritzenschwärme ließen sich auch in großen Aquarien zutraulich machen. Zur Flucht stand ihnen ein aus Steinen aufgebautes Versteck zur Verfügung. Da konnte man bequemer und besser beobachten als im Wolfgangsee. War ein Schwarm verschreckt, so wurde er durch einen anderen ersetzt und die Arbeit konnte weitergehen.

Es stellte sich dabei heraus, daß bei Verletzung der *Haut* einer Ellritze ein ,,Schreckstoff" ins Wasser gelangt, der von den Schwarmgenossen noch in unglaublicher Verdünnung wahrgenommen wird und eine alarmierende Wirkung ausübt. Er veranlaßt sie zur Flucht und auf langehin zu gesteigerter Wachsamkeit. Wenn der Erbfeind, ein Hecht, eine Ellritze erschnappt und verschlingt, dann wird durch seine scharfen Zähne unweigerlich ihre Haut geritzt. Die Spuren des Riechstoffes — um einen solchen handelt es sich — die dabei frei werden und aus dem Hechtmaul ins umgebende Wasser gelangen, genügen, denn Ellritzen haben eine feine Nase. Durch den geruchlichen Alarm sind die Kameraden des erwischten Fischchens gewarnt und davor gesichert, daß eines nach dem anderen dem Räuber zur Beute wird.

Diese eigenartige Methode der Lebensversicherung ist aber in der Fischwelt nicht allgemeiner Brauch. Die frechen, räuberischen Barsche fressen einen zerstückelten Artgenossen mit Behagen auf, ohne sich im geringsten aus der Ruhe bringen zu lassen. Sie haben einen solchen Schutz vielleicht nicht nötig. Wie mochten sich andere, wehrlose und gesellig lebende Friedfische verhalten?

Unweit vom Wolfgangsee liegt, von Wald umrahmt, ein kleiner Bergsee, in dem das Aitl (Squalius cephalus) sehr zahlreich vorkommt. Ich warf diesen Fischen, ihrer Vorliebe entsprechend, Maiskörner vor; sie waren bald zutraulich. Für den geplanten Versuch hatte ich in einem Meßglas filtrierten Hautextrakt eines Aitls mitgebracht, goß ihn am Standort des Schwarmes durch eine zurechtgelegte Blechrinne in den See und wartete mit der Stoppuhr in der Hand gespannt auf den Erfolg, der sich prompt einstellte. Als ich befriedigt fortging, sah ich hinter einem Baumstamm einen Bauer hervorlugen, der mich offenbar schon länger beobachtet hatte. Seinen Blick werde ich nie vergessen. Was sollte er sich auch dabei denken, wenn da einer durch eine alte Regenrinne 100 cm^3 Wasser in den Grottensee fließen ließ und mit der Uhr in der Hand Notizen machte. Ich ließ ihn bei dem Glauben, daß ich reif sei fürs Irrenhaus.

Diese Art und Weise, sich inmitten einer Welt von Feinden durch einen Schreckstoff das Dasein ein wenig sicherer zu gestalten, ist also keine spezielle Erfindung der Ellritze. Andererseits hat sich aber auch die Vermutung nicht bestätigt, daß alle in Schwärmen lebenden Friedfische diese Schutzeinrichtung besitzen. Als Ergebnis langer Versuche, an denen auch meine Schüler beteiligt waren, steht fest, daß ein Schreckstoff ganz allgemein bei Karpfenfischen (Cypriniden) vorkommt, zu denen fast $^3/_4$ unserer Süßwasserfische gehören, daß er auch bei ganz anderen Fischfamilien zu finden ist, aber nicht bei allen gesellig lebenden Friedfischen. Die erfindungsreiche Natur verfährt nicht nach einem Schema und hat ihren Geschöpfen bald die eine, bald die andere

Sicherung zugedacht, um ihrer Art entgegen allem Ungemach Bestand zu geben.

Ellritzen haben einen scharfen Geruchsinn, der keineswegs einseitig auf den Schreckstoff eingestellt ist. Ihre Nase steht würdig neben der Hundenase. Sie können nicht nur verschiedene Fischarten voneinander geruchlich unterscheiden und wiedererkennen, sondern auch die verschiedenen Individuen der eigenen Art. Auch ihr Geschmackssinn ist an Schärfe dem unseren weit überlegen. Wenn man weiter bedenkt, daß sie außer allen für uns sichtbaren Farben noch das Ultraviolett als besonderen Farbton sehen, wenn man ihre scharfen Ohren kennt und die wunderbare Empfindlichkeit ihrer Seitenorgane bei der Wahrnehmung schwacher Wasserströmungen, so wird man verstehen, daß diese Fische mit derart respektablen Leistungen dankbare Versuchstiere für die vergleichende Sinnesphysiologie sind. Sie waren bei uns entsprechend beliebt und wurden nach allen Richtungen untersucht. Daneben liefen Experimente an vielerlei Insekten. Es war eine Lust, die Möglichkeiten des neuen Institutes spielen zu lassen und seine Einrichtungen zu nutzen.

Mit diesen Arbeiten stehen wir bereits in der Zeit des Nationalsozialismus. Schon bei der Übersiedlung in die neuen Räume drückte uns der Gedanke an die politische Entwicklung und die Frage, ob wir des schönen Institutes richtig froh sein würden. Indessen konnten wir in den ersten Jahren ungestört arbeiten. Allmählich erst begannen und steigerten sich die Schwierigkeiten.

Ich erinnere mich aus jener Zeit eines Besuches von RICHARD GOLDSCHMIDT, der unseren Neubau besichtigte. Schon blühte das Spitzeltum und es war für die Lage bezeichnend, daß er erst im tiefsten Keller, allein mit mir und den Grottenolmen, frei zu sprechen begann: eine solche Bewegung könne sich nur durch ständige Steigerung ihrer Doktrinen und Gewaltmaßnahmen am Leben erhalten; er hätte keine Lust, das abzuwarten und sei entschlossen, auszuwandern. Er ging nach Amerika, solange er es noch freiwillig tun konnte.

Wären damals die Universitäten einig gewesen, so hätten sie sich vielleicht erfolgreich zur Wehr setzen können. Aber viele Professoren zollten den Neuerungen Beifall, teils aus Vorsicht, teils aus Überzeugung. Und bald war klar, daß jeder ernste Widerstand zur Selbstvernichtung führte.

Die Beschränkung der Freiheit wurde rasch fühlbar, im Privatleben wie im Amt. Der Sommer 1933 verwehrte uns mit der 1000-Mark-Sperre, durch die Österreich wirtschaftlich geschädigt werden sollte, zum erstenmal im Leben die Reise nach dem Wolfgangsee. Wir verbrachten einige Wochen auf Schloß Lautrach, dem schönen oberbayerischen

Sommersitz des Mannes, der den Kreiselkompaß erfunden hatte: Dr. HERMANN ANSCHÜTZ-KAEMPFE. Er war damals nicht mehr unter uns. Aber die Schloßfrau hielt das Haus im Sinne ihres Gatten den alten Freunden gastlich offen und hatte uns liebenswürdig eingeladen.

Im Institut wurde mir die freie Wahl der Mitarbeiter versagt, und hiermit eine Grundvoraussetzung für die Harmonie der Arbeit genommen. Assistenten wurden uns nach politischen Gesichtspunkten ins Haus gesetzt. Sie sollten Spitzeldienste tun und für die Einhaltung der neuen Gebräuche sorgen. Es blieb nicht bei erzwungenen Assistenten. Auch Dozenten und Professoren erhielten ihre Ämter auf Grund von politischen Leistungen. Nach unserer Meinung über ihre wissenschaftlichen Qualitäten wurde nicht gefragt.

Praktische Ziele sollten als Leitgedanken wissenschaftlicher Arbeit stärker als bisher berücksichtigt werden. Die Wissenschaft um ihrer selbst willen, das lautere Streben nach Erkenntnis der Wahrheit, stand schlecht im Kurs. Der wachsende Abschluß gegenüber dem Ausland wirkte sich hemmend aus. Es fehlte die Einsicht, daß die Wissenschaft eine internationale Angelegenheit ist, die hinter Schranken nicht gedeihen kann.

Im Großen und im Kleinen häuften sich die Schikanen. Sie waren zuweilen kleinlich. Ich wurde eines Tages auf das Ministerium zitiert und sollte Rede und Antwort stehen wegen „Tierquälereien" in unserem Institut. Es war ja einer der merkwürdigsten Widersprüche jener Zeit, daß der Nationalsozialismus, der den Menschen Qualen brachte wie kaum je eine andere Diktatur, den Tierschutzgedanken auf sein Banner schrieb. Was war in unserem Institut geschehen? Studenten hatten Anzeige erstattet, weil es beim Präparierkurs an Regenwürmern vorgekommen war, daß sich beim Aufschneiden der eine oder andere der mit Alkohol betäubten Würmer noch ein wenig bewegt hatte. Ich fragte, warum man nicht dagegen einschritte, daß die Angelfischer ihre Regenwürmer überhaupt nicht betäubten, sondern sehr lebendig auf die Haken spießten. Die Antwort war: das geschehe im Dienste der Volksernährung. Es bedurfte langer Auseinandersetzungen über das primitive Nervensystem der Würmer und ihre mutmaßlich doch sehr kümmerlichen Empfindungen, um die praktische Einführung der Studierenden in die Elemente der Zoologie ungehindert fortzusetzen.

Wie GOLDSCHMIDT prophezeit hatte, verschärften sich die Maßnahmen von Jahr zu Jahr. Doch bald verloren Schikanen und Nadelstiche an Bedeutung gegenüber weit schlimmerem Geschehen.

ZWEITER WELTKRIEG

Wer die Augen offenhielt und sich durch Phrasen nicht täuschen ließ, sah den Krieg kommen. Daß sich die Generation, die den ersten Weltkrieg erlebt hatte, einen zweiten aufbürden ließ, war mir ein psychologisches Rätsel. Sie mußte nun alle Not und alles Elend als grausiges Thema mit unerschöpflichen Variationen erneut über sich ergehen lassen. Die Situation war tragisch. Kam der Nationalsozialismus endgültig zum Sieg, so war es ein Triumph des Unrechts. Kam er zu Fall, so mußten die Besonnenen mit den Schuldigen büßen.

Organisatorisch war alles glänzend vorbereitet. Das zeigten die militärischen Blitzerfolge ebenso wie das Funktionieren des Verwaltungsapparates im Hinterland. Sofort wurden die Nahrungsvorräte rationiert und Lebensmittelkarten erschienen auf dem Plan. Im Augenblick, als dies in den Zeitungen verkündet wurde, hatte ich — ein kleines psychologisches Erlebnis, das mir im Gedächtnis blieb — ein deutliches Gefühl der Leere im Magen, das physiologisch nicht begründet war.

Vom großen Gang der Geschichte, in dem Deutschland schließlich zertreten wurde, soll hier nicht die Rede sein, nur vom kleinen Bereich persönlichen Erlebens. Es gab keine Familie, die vom allgemeinen Wirbel nicht ergriffen wurde.

Die Tätigkeit unseres Institutes war in zweifacher Weise bedroht. Wissenschaftliche Arbeiten, die nicht dem unmittelbaren Nutzen dienten, hatten bei längerer Dauer des Krieges wenig Aussicht auf Förderung. Dazu kam, daß ich persönlich bei den damaligen Machthabern nicht beliebt war; im Jahre 1941 schien der Abschied vom Institut und meine Versetzung in den Ruhestand unvermeidlich.

Daß wir dann trotzdem bis zum Ende des Krieges verhältnismäßig frei und sogar mit schwerwiegenden Begünstigungen weiter arbeiten konnten, verdankten wir den energischen Bemühungen einiger wohlwollender und einflußreicher Menschen und — den Bienen.

1940—1942 wurden die Bienenstöcke in unserem Lande, und weit über Deutschlands Grenzen hinaus von einer verheerenden Seuche befallen. Im schlimmsten Jahr, 1941, sind mehrere hunderttausend Völker dadurch zugrunde gegangen. Das bedeutete nicht nur eine fatale Minderung der Honigernte, sondern auch eine Schädigung der Landwirtschaft und des Obstbaues. Denn bekanntlich gehören die Bienen als wichtigste Bestäuber vieler Nutzpflanzen zu den unentbehrlichen Hilfskräften der Bauernschaft.

Bei der angespannten Ernährungslage kam diese Krankheit sehr unerwünscht. Ihr Erreger ist ein mikroskopisch kleiner, zu den Einzellern gehöriger Darmschmarotzer mit Namen *Nosema apis*. Diese winzigen Parasiten sind häufig im Bienendarm festzustellen, ohne daß Krankheitszeichen auftreten. Aber zu manchen Zeiten werden sie auf geheimnisvolle Weise rebellisch, vermehren sich hemmungslos und verursachen schweren Schaden. Je weniger man von einer Krankheit weiß, desto mehr Mittel werden gegen sie empfohlen, und so kamen ungezählte Medikamente auf den Markt, die einen heilenden Einfluß haben sollten, aber in Wirklichkeit nur den Imkern das Geld aus der Tasche zogen.

Es wurde ein „Nosema-Ausschuß" zur Bekämpfung der Seuche ins Leben gerufen. Den Vorsitz führte ein Mann, der im Ernährungssektor an maßgebender Stelle tätig war. Er kannte meine Arbeiten und wußte mich in meiner Stellung bedroht. Er setzte sich mit Nachdruck für mich und für unser Institut ein. Ihm ist es zuzuschreiben, daß ich einen Auftrag des Reichsernährungsministeriums zur Erforschung der Nosemaseuche der Bienen erhielt. Wir bekamen die nötigen Geldmittel und Hilfskräfte und behielten im Rahmen des Möglichen unsere Bewegungsfreiheit — auch im wörtlichen Sinne, durch Zuteilung der nötigen Benzinscheine für den Wagen. Einige meiner Mitarbeiter konnten sogar zur Förderung der Untersuchungen von der Front zurückgeholt werden. Ich war froh, eine Tätigkeit zu haben, die dem Ernst unserer Lage entsprach und wenn sie Erfolg hatte, nicht nur dem eigenen Lande, sondern der Imkerschaft in aller Welt nützen konnte.

Im Jahre 1941 nahmen wir die Arbeit auf breiter Basis auf. Wir überprüften an gekäfigten Bienen und an ganzen Völkern jene Heilmittel, die in erster Linie gegen die Seuche empfohlen wurden mit dem Ergebnis, daß sie alle wirkungslos waren. Wir zogen viele weitere Mittel heran, bei denen ein chemotherapeutischer Einfluß denkbar war. Mit Hilfe der organisierten Imkerschaft richteten wir einen Beobachtungsdienst über ganz Deutschland ein, um herauszubekommen, unter welchen klimatischen und sonstigen äußeren Bedingungen die Krankheit gedieh und wodurch sie gehemmt wurde. Da offensichtlich die Pollenversorgung der Völker, also ihre Eiweißnahrung auf die Krankheit von Einfluß war, übernahm meine Mitarbeiterin Prof. Ruth Beutler die Sorge um die Verfolgung dieser Zusammenhänge. So viele Voraussetzungen lagen im dunklen, daß wir erst nach einer Reihe von Jahren eine Klärung erhoffen konnten. Die Aussichten auf baldige Lorbeeren waren gering. Es ist uns auch de facto nicht gelungen, diese Untersuchungen bis zum Ende des Krieges zu einem befriedigenden Abschluß zu bringen.

Bald wurde aber unser Auftrag in einer Richtung erweitert, die in anderer Weise von praktischer Bedeutung war und meiner inneren Neigung mehr entsprach. Aus russischen Imkerzeitungen wurde bekannt, daß man dort großzügige Versuche machte, Bienen ganz nach Wunsch und nach dem Bedarf der Landwirte zum Beflug bestimmter Blütensorten anzuregen. Man fütterte die Völker mit Proben von Zuckerwasser, denen der betreffende Blütenduft beigegeben war. Das Verfahren fußte auf meinen alten Versuchen über den Geruchssinn und über die „Sprache" der Bienen. Mein imkerlicher Berater GUIDO BAMBERGER zog schon vor 30 Jahren praktischen Nutzen aus diesen Kenntnissen. Er erzählte mir eines Tages, daß er zusammen mit anderen Imkern viele Völker in eine Gegend mit besseren Trachtverhältnissen gebracht habe, wie das bei der „Wanderimkerei" üblich ist. Sofort hatte er abgeschnittene Blüten der Trachtpflanze mit Honig und Zuckerwasser besprengt und vor die Fluglöcher seiner Völker gelegt. Die Bienen fanden auch das Futter, alarmierten durch Tänze die Stockgenossen und schickten sie an die Blütensorte, deren Duft sie im Haarkleid trugen. Sie waren die ersten am Ziel und BAMBERGER hatte eine bessere Honigernte als seine Imkerkameraden. Er hatte die *Duftlenkung* der Bienen erfunden. Wiederholte Anregungen meinerseits, das Verfahren systematisch anzuwenden, fanden aber bei der Imkerschaft kein Gehör. Mit Rücksicht auf den drohenden Hunger im Lande und auf den günstigen Verlauf der russischen Versuche sollten diese nun überprüft und erweitert werden.

Die Bedingungen für diese Arbeiten waren günstig. Durch die gegebenen Organisationen konnten wir praktische Feldversuche ausführen, wo wir wollten, und hatten erprobte Imker als Mitarbeiter zur Verfügung. Erst der Ausgang des Krieges setzte nach drei Versuchsjahren den Schlußpunkt unter dieses Unternehmen.

Einen eindeutigen Erfolg brachte das Verfahren für den Rotklee-Samenbau. Der Rotklee spielt in der Landwirtschaft als Viehfutter eine wichtige Rolle. Der Samen für seinen Anbau wurde hauptsächlich im Rheinland und in Ostpreußen gewonnen. Die Ernten waren unregelmäßig und oft sehr schlecht. Das war verständlich. Denn Rotkleeblüten setzen ohne Insektenbesuch keinen Samen an; ihre natürlichen Bestäuber sind Hummeln; bei feldmäßigem Anbau sind deren viel zu wenig für die zahllosen Kleeblüten. Hier könnten die Bienen einspringen, aber sie sind meistens am Rotklee nicht interessiert, weil sie mit ihrem zu kurzen Rüssel den tief geborgenen Nektar nur teilweise erreichen und an anderen Blumen besser auf ihre Rechnung kommen. Durch Verabreichung von Futter, das nach Rotklee duftet, kann man ihnen vorschwindeln, daß sich der Beflug lohnt. Die duftenden Tänzerinnen schicken ihre Kameraden auf die Rotkleefelder und dieser Alarm genügt, um den Blütenbesuch so zu steigern, daß die Bestäubung gesichert ist.

Durch ein für die Praxis erprobtes Verfahren konnte so der Samenertrag gegenüber den Kontrollfeldern im Durchschnitt um rund 40% erhöht werden und die Bauern hatten regelmäßige Erträge. — Bei anderen landwirtschaftlich wichtigen Pflanzen verliefen die Versuche hoffnungsvoll, kamen aber nicht zum Abschluß.

Bei vielen Bienenpflanzen läßt sich durch eine geschickte Duftlenkung auch der Honigertrag für den Imker wesentlich verbessern. In Großversuchen an Weißklee, an Raps und Rübsen, an Heidekraut und Kohldisteln wurden durchschnittliche Ertragssteigerungen um etwa 25—65% erzielt. Dabei spielt auch eine Rolle, daß die Duftfütterung den Sammeleifer anregt.

Man muß diese Methode noch viel eingehender studieren und ihr Eingang in die praktische Imkerei verschaffen. Das wäre Sache der Lehr- und Versuchsanstalten für Bienenzucht. Aber diese Institute sind schon durch ihre täglichen Arbeiten überlastet und leiden genau wie die Universitätsinstitute an Personalmangel, weil man nicht einsieht, daß Sparsamkeit hier auf weite Sicht ein kostspieliger Fehler ist.

Unsere Tätigkeit war überschattet von den Ereignissen des Krieges. Dazu kam die Ungewißheit über mein Verbleiben im Amt. Wiederholte und nachdrückliche Aufforderungen, die Abstammungsurkunden von den Vorfahren meiner Großmutter mütterlicherseits nachzuweisen, war ein trübes Vorzeichen. Wir konnten jene Dokumente nicht beibringen. Im Januar 1941 erhielt ich über das Rektorat folgende Zuschrift des Bayerischen Staatsministeriums:

„*Der o. Professor an der Universität München Dr. Karl v. Frisch ist nach den Feststellungen des Reichserziehungsministeriums Mischling Zweiten Grades. Der Herr Reichsminister für Wissenschaft, Erziehung und Volksbildung beabsichtigt daher ihn gemäß § 72 DBG. in den Ruhestand zu versetzen.*

Ich ersuche, Professor Dr. Karl v. Frisch von dieser Absicht zu unterrichten.“

Hans Spemann, dem ich dieses Schreiben mitteilte, antwortete sofort:

Freiburg, 12. 1. 41.

Lieber, verehrter Freund!

Was ich empfinde u. denke beim Lesen u. Wiederlesen Ihres Briefes, das möchte ich für mich behalten. Ich möchte Sie nur bitten, lassen Sie es gar nicht in sich hinein, das Gift. Also Menschen wie Ihre Mutter sollten nicht mehr unter uns wohnen dürfen! Man möchte verzweifeln.

Aber nicht am praktischen Erfolg in Ihrem besonderen Fall...

Mit herzlichen Grüßen, auch an die liebe Frau, von uns beiden

Ihr H. Spemann.

Er schrieb an den Minister RUST, ohne daß darauf je eine Reaktion erfolgte.

Auch andere Kollegen und mehrere freundschaftlich gesinnte Menschen, von deren Existenz ich bis dahin nicht gewußt hatte, versuchten alles Mögliche, um meine Pensionierung abzuwenden. Der Umstand, daß mich der Minister nicht in den Ruhestand versetzt, sondern nur diese Absicht angekündigt hatte, gab eine Galgenfrist. Da keine gesetzliche Notwendigkeit bestand, mich des Amtes zu entheben — manche Kollegen in gleicher Lage blieben unangetastet —, schien ein besonderer Anlaß vorzuliegen. Nachforschungen ergaben, daß mir zum Vorwurf gemacht wurde, ich hätte die nichtarische Abkunft meiner Großmutter mütterlicherseits absichtlich verheimlicht. Das war nachweislich falsch. Bei der Vorlage ihres Taufscheines hatte ich schon am 5. Mai 1937 auf ihre ungeklärte Abstammung hingewiesen. Das wurde dann auch am 2. Oktober 1941 vom Reichserziehungsminister anerkannt. Doch ließ seine neuerliche Entschließung[1] keine Hoffnung, daß ich mich weiter des Institutes und meiner Arbeit würde freuen können. Denn der letzte Absatz hatte folgende bezeichnende Formulierung:

„... *Ein zwingender Grund, Professor Karl v. Frisch unter Geltung des Berufsbeamtengesetzes im Dienst zu belassen, lag und liegt nicht vor. Er war am 1. August 1914 noch kein planmäßiger Beamter. Die Tatsache, daß er zu diesem Zeitpunkt bereits die Voraussetzungen zur planmäßigen Ernennung erfüllte, gibt mir keine Veranlassung, von der in meinem Ermessen gestellten Gleichstellung mit einem planmäßigen Beamten Gebrauch zu machen. Ich ersuche, Professor Karl von Frisch dieses zu eröffnen und einen entsprechenden Vorschlag auf Versetzung in den Ruhestand vorzulegen.*"

Es kam anscheinend erwünscht, einen Grund für meine Entfernung zu haben.

Aber sie erfolgte de facto nicht. Was hinter den Kulissen vorging, ist mir im einzelnen nicht bekannt geworden. Nachrichten, die auf Umwegen oder direkt an mich gelangten, klangen monatelang pessimistisch. Aber einige Männer, die durch ihre Stellung in der Wirtschaft oder in der Partei Gewicht hatten, erreichten über das Reichsernährungsministerium und die Parteikanzlei endlich doch eine Abänderung des Beschlusses. Unterm 27. Juli 1942 teilte das Reichserziehungsministerium mit:

„*Im Benehmen mit dem Herrn Leiter der Partei-Kanzlei habe ich die Weiterverfolgung der Versetzung von Professor von Frisch in den Ruhestand bis nach Kriegsende zurückgestellt.*"

Von da an war mir um mein Amt nicht mehr bange.

---

[1] An das Bayerische Staatsministerium für Unterricht und Kultus, vom 2. Oktober 1941, unterzeichnet von Minister RUST.

Ich suchte mir die Freude an der Arbeit dadurch zu erhalten, daß ich mich ganz in sie vergrub und das Geschehen ringsum, auf das wir keinen Einfluß hatten, so wenig wie möglich zur Kenntnis nahm. Meine Frau hat in den ersten Jahren des Nationalsozialismus ein Tagebuch geschrieben, aber dann dieses lebensgefährliche Zeitdokument auf meine Bitte verbrannt. Es ist schade darum.

Von Freunden eingeführt, waren wir seit 1940 häufig zu Gast bei Baron TH. SEYFFERTITZ in Leogang bei Saalfelden (Salzburg). Abseits vom Menschengetriebe liegt dort in schönster Berglandschaft eine von

Abb. 28. Heimfahrt von der Trauung über den Wolfgangsee. Dr. THEODOR und JOHANNA SCHREINER. Als Fahrmänner: mein Bruder OTTO und unser Sohn OTTO. — 23. Oktober 1943

ihm und seiner Familie geführte Pension. In einer Zeit, in der man im Institut oder im geselligen Kreis vermeintlicher Freunde kein offenes Wort sprechen konnte, ohne sich in Gefahr zu bringen, und sich die Not des Lebens von Woche zu Woche steigerte, war dieses Haus mit seiner sauberen Atmosphäre das stille Refugium, wo man erleichtert atmen und neue Kraft schöpfen konnte. Die damals erwachsene Freundschaft hat auch in besseren Jahren an Wärme nicht verloren.

Zwei festliche Familientage brachten doch auch Glanz und Freude in die trübe Zeit. Unsere jüngste Tochter LENI schloß als erste den Bund der Ehe. Am 29. März 1943 fand in München die Hochzeit mit EKKEHARD PFLÜGER statt. Keinen Lieberen hätten wir uns wünschen können als diesen Sohn unserer alten Freunde aus den Rostocker Jahren. Doch das junge Glück war zu Ende, als EKKEHARD noch in den letzten Tagen des Krieges das Opfer sinnlosen Mordens wurde. — Am 23. Oktober 1943 heiratete auch unsere Älteste, JOHANNA. Der zweite Schwiegersohn war mein Schüler und Mitarbeiter Dr. THEODOR SCHREINER. An einem strahlenden Herbsttag, als Himmel und Wasser und die bewaldeten Hänge ihr Bestes an Farbenpracht hergaben, führten die landesüblichen „Traundeln" die kleine Hochzeitsgesellschaft von Brunnwinkl über den See zur Trauung nach St. Gilgen. Mit THEO SCHREINER trat ein zweiter Zoologe in den engsten Familienkreis, in dem sich übrigens schon damals unser OTTO als der kommende Dritte deutlich abzeichnete.

Abb. 29. Abstieg vom Schafberg. Lehrausflug des Münchener Zoologischen Instituts, Juli 1940. Blick auf St. Gilgen am Wolfgangsee. Bildmitte: Brunnwinkl. Rechts: Grottensee

Durch den Anschluß Österreichs an Deutschland war die Landesgrenze weggefallen. Das brachte für unser Hin und Her zwischen München und Brunnwinkl gewisse Erleichterungen. So konnten wir ohne jede Schwierigkeit auch manchen Lehrausflug mit 1—2 Dutzend Studenten an den Wolfgangsee und auf den Schafberg durchführen, bis weit in die Kriegszeit hinein. Das waren Lichtpunkte in trüben Jahren. Mein „Museum" bekam dadurch, als geschlossene Sammlung der lokalen Fauna und Flora eine neue Note der Nützlichkeit.

Aber der freie Verkehr zwischen dem Institut und unserem Sommersitz sollte bald noch tiefere Bedeutung gewinnen. Mit der Eroberung Italiens durch die Alliierten war München viel stärker als zuvor den Bombenangriffen ausgesetzt. Schon die gehäuften Alarme und die ständige Gefahr störten die ruhige Arbeit, lange bevor es zur ersten schweren Beschädigung unseres Gebäudes kam. Ich veranlaßte darum einige meiner Leute, ihre Tätigkeit nach Brunnwinkl zu verlegen; zwei von unseren Häusern wurden zu Laboratorien umgestaltet und wertvolle Teile des Institutsinventars dorthin evakuiert. Am 5. August 1944 übersiedelte sodann etwa die Hälfte meiner Mitarbeiter an die stille Bucht am Wolfgangsee. So hatten wir die Möglichkeit, auch in den stürmischen Zeiten des letzten Kriegsjahres unserer Sache treu zu bleiben. Weitere Außenlaboratorien entstanden in Weissenbach am Attersee, nicht weit von Brunnwinkl, und in Straubing. Wer von München nicht weg wollte oder konnte, blieb zurück und hütete das Haus. Ich selbst pendelte hin und her und suchte die Fäden in der Hand zu behalten.

Meine Frau hatte dauernden Aufenthalt in Brunnwinkl genommen. In unserm Harlachinger Haus in München wohnten damals außer mir und unserer Tochter MARIA, die im Sekretariat des Chemischen Institutes Dienst machte, unsere älteste Tochter JOHANNA mit ihrem Manne Dr. SCHREINER, der zu jener Zeit in München arbeitete, und ein junges Ehepaar, dessen eigene Wohnung dem Luftkrieg zum Opfer gefallen war.

In den Mittagsstunden des 12. Juli 1944 erlebte München einen schweren Bombenangriff. Als wir aus dem Luftschutzkeller des Institutes herauskamen, brachte ich RUTH BEUTLER in meinem Wagen heim und wollte zurück ins Institut. Auf ihren Vorschlag fuhr ich über Harlaching, um nachzusehen, ob zu Hause alles in Ordnung wäre. Schon die Zufahrt zu unserer Straße war durch zersplitterte Bäume versperrt und in ihr selbst loderten zu beiden Seiten die Flammen aus den Häusern. Auch aus dem unseren - - ? Wo es in Sicht kommen sollte, gähnte eine Lücke. Wo es gestanden hatte, lag ein Schutthaufen. Zwei Sprengbomben hatten es getroffen. Aus einer ehemaligen Kellertür im Souterrain, von der eine Stiege zum Garten emporführte, schlugen Flammen. Da unten war meine Bibliothek verstaut, so weit sie nicht nach Brunnwinkl gebracht war. Hilfe war nicht zu gewinnen, jeder war mit seinem eigenen Brand beschäftigt und Wasser nicht vorhanden. Erst nach Tagen war das Feuer erloschen. In der Krone eines Obstbaumes hing ein Milcheimer, der durch die Explosion dorthin geschleudert war, aus anderen Baumkronen grüßten einige Sofakissen. Mein Schreibtisch ist offenbar durch die im darunterliegenden Keller geplatzte Bombe zerrissen worden, denn die Briefe meiner Frau, die darin verwahrt gewesen waren, lagen weithin durch die Straße zerstreut. Das war peinlich, denn ihr Inhalt war wirklich nicht für die Augen unseres benachbart wohnenden Blockwartes und strengen Parteimannes bestimmt. Ich sammelte auf, was ich erreichen konnte und manches mit feinem Schutt und Staub durchsetzte Schriftstück erinnert noch heute an jene Stunden. — Es ist eine glückliche Fügung gewesen, daß zur kritischen Zeit niemand im Hause war.

Für die kommende Nacht fand ich mit MARIA bei Freunden Unterschlupf und empfing von ihnen als erstes ein neues Zahnbürstchen und einen Waschlappen. Ich habe mich selten über ein Geschenk so sehr gefreut wie über dieses — vielleicht war es nur die Geste der Hilfsbereitschaft, die im Augenblick so wohl tat. Der Verlust der wirklich wertvollen Dinge machte einem bei den Schicksalsschlägen, die rundum niedergingen, nur wenig Eindruck.

Am folgenden Tag, dem 13. Juli 1944, wurde in einem weiteren Mittagsangriff unser Institut zum erstenmal schwer angeschlagen. Nun war an eine organisierte wissenschaftliche Arbeit dort kaum mehr zu denken. Ich hatte in München auch keine Wohnung mehr und kam von da ab nur noch zu kurzen Besuchen hin. In Brunnwinkl konnte ich indessen mit dem Großteil meiner Mitarbeiter die Untersuchungen weiterführen, gehemmt nur durch die zunehmende Lebensmittelnot, die uns gezwungen hat, einen Teil des Tages rein bäuerlicher Arbeit zu widmen.

In normalen Zeiten hatte jedes der Brunnwinkler Häuser seinen Gemüsegarten. Er war keine Notwendigkeit, aber eine Liebhaberei und Freude für die Hausfrau, denn frisch gebrockt schmeckt das Gemüse besser, es bietet Reserven für unvorhergesehene Gäste, und Erdäpfel, die soeben aus dem Boden geholt sind, geben ein delikates Gericht. Aber nun ging es nicht um Feinschmeckerei, sondern um die elementare Frage, ob die ganze Arbeitsgemeinschaft hungern sollte oder ob sie satt werden konnte. Das letztere war möglich, indem wir den Brunnwinkler Wiesengrund in Kartoffelacker und Gemüsekulturen umwandelten, die natürlich auch gepflegt und bewässert sein wollten. Da mußte jeder anpacken und lernen, mit der Erde richtig umzugehen.

Die in München verbliebenen Angehörigen des Institutes haben sich in aufopfernder Weise bemüht, in der kommenden, immer wüster werdenden Zeit unser Gebäude vor der völligen Vernichtung zu bewahren.

STILLE ARBEIT IN BRUNNWINKL 1945/46

Eines Tages im Mai 1945 sahen wir von einer Höhe bei Brunnwinkl aus die ersten amerikanischen Panzerwagen von Salzburg her durch St. Gilgen und am gegenüberliegenden Seeufer gegen Ischl fahren. Wir waren zufrieden, daß die *Amerikaner* kamen. Von der anderen Seite her hatte sich die russische Front rasch nähergeschoben und es schien fraglich, wer uns früher erreichen würde.

Wir erwarteten in diesen Tagen das erste Enkelkind. Unsere älteste Tochter Johanna wohnte in Brunnwinkl. Die Entbindung sollte aber in der 1 km entfernten Ortschaft St. Gilgen stattfinden. Auf der Straße dahin sperrte ein amerikanisches Geschütz den Weg. Die Soldaten hatten ein Einsehen mit unserem Vorhaben und ließen uns passieren. Unter dem Lärm einziehender Truppen hat Peter Schreiner im Armenhaus von St. Gilgen, das als Spital diente, das Licht der Welt erblickt.

Die erste Zeit der Besetzung war abwechslungsreich und spannend. Es gab strenge Vorschriften, es kam wiederholt zu Hausdurchsuchungen mit vorgehaltenen Gewehren und vor allem waren wir in Sorge, daß unsere Häuser als Quartier für die Besatzungsmacht beschlagnahmt würden. Darum war uns auch durchaus nicht wohl zumute, als im Juni 1945 ein Jeep mit vier amerikanischen Offizieren vor unserem Mühlhaus hielt. Aber der Mann, der als erster ausstieg, fragte nicht nach einer Wohnung, sondern nach mir und den Bienen. Meine Frau wies ihn an den Beobachtungsstock. Da kam er hin, und da blieb er vorerst. Es war Professor A. D. Hasler, Biologe an der University of Wisconsin. Er weilte mit einer Kommission zum Studium der Bombenschäden in Salzburg. Seine Begleiter entpuppten sich als ebenso harmlos. Ich weiß nur noch, daß einer von ihnen trotz seiner amerikanischen Uniform Plunder Franzl genannt wurde, aus Tirol stammte und Bildhauer war, und daß ihnen allen an unserem Mittagstisch das frische Gemüse ein lange entbehrter Genuß war; anderseits erregten die von ihnen mitgebrachten Fleischkonserven und Schokoladen, deren sie schon überdrüssig waren, unser helles Entzücken. Hasler war in jenem Sommer noch oft bei uns. Heute sind wir alte Freunde geworden, jeder hat inzwischen den anderen in seinem Heimatlaboratorium besucht. Damals, als wir uns noch kaum kannten, hatte ich es nur seinen energischen Bemühungen zu danken, daß ich ab und zu nach München fahren konnte, um nach dem Institut zu sehen. Österreich war ja neu erstanden und für Zivilisten gegen Deutschland hermetisch abgesperrt. Auch mit Passierschein war die Reise noch schwierig genug. Man konnte froh sein, wenn man einen offenen, verstaubten Kohlenwagen eines Leergüterzuges als Vehikel erwischte.

Von unserem ROCKEFELLER-Institut waren die Kellerräume ziemlich unversehrt geblieben. Das bedeutete viel, denn dort war unsere Bibliothek und dort waren die Apparate und optischen Geräte eingelagert, soweit wir sie nicht nach Brunnwinkl oder nach anderen auswärtigen Stellen gebracht hatten. Dieser ganze wertvolle Bestand ist uns im wesentlichen erhalten geblieben. Aber was über der Erde war, bot einen traurigen Anblick. Der Dachstuhl war durch Feuer zerstört und alle Laboratorien, mit Ausnahme von 3—4 Räumen im Erdgeschoß, die notdürftig benützbar blieben, waren ausgebrannt.

Meine Brunnwinkler Mitarbeiter setzten den Sommer über ihre Tätigkeit daselbst fort. Im Herbst mußten sie nach München zurückkehren. Ich blieb zunächst in Brunnwinkl. Wir hatten in München kein Dach über dem Kopf, weder im Institut noch privat. Die wissenschaftliche Arbeit dort wieder aufzunehmen, daran war bis auf weiteres nicht zu denken. Ich wollte aber nicht untätig warten. Denn im Laufe des vergangenen Jahres hatte ich bei den Bienen Dinge gesehen, die aufregender waren als alle früheren Beobachtungen.

Wir wußten schon seit etwa 20 Jahren, daß erfolgreiche Sammlerinnen ihren Kameraden im Stock von der lohnenden Futterquelle durch Tänze auf den Waben Nachricht geben, und daß der spezifische Blütenduft, der den Tänzerinnen anhaftet, die Stockgenossen darüber informiert, nach welcher Blütensorte sie zu suchen haben. Ich hatte damals auch überlegt, ob etwa eine Nachricht über die Entfernung und Richtung des Zieles übermittelt würde, aber diesen Gedanken für zu abenteuerlich gehalten, um ihn ernst zu nehmen. Ich vermutete, daß die alarmierten Bienen zuerst in der Nähe des Stockes und dann in immer weiterem Umkreis suchen, bis sie jene duftenden Blüten entdecken (S. 62).

Die Duftlenkungsversuche gaben Anlaß zu erneuter Beschäftigung mit der „Sprache“ der Bienen. Dabei legte ich am 12. 8. 1944 erstmals einen Futterplatz (Zuckerwasserschälchen mit Lavendelduft) in größerem Abstand vom Bienenstock an, statt unmittelbar daneben. Die Entfernung zwischen Stock und Futterplatz betrug 150 Meter. Um zu sehen, wo die alarmierten Neulinge suchen, wurden zwei Beobachtungsschälchen mit Lavendelduft aufgestellt, das eine nahe vom Stock, das andere nahe am Futterplatz. Nach meinen Vorstellungen sollten die Bienen, die auf die Tänze hin ausschwärmten, erst in der Nähe und dann in immer weiteren Kreisen suchen. Zu meiner Überraschung geschah das nicht. Die nahe gelegene Duftplatte fand kaum Beachtung, aber die weit entfernte wurde bald und zahlreich von Bienen umschwärmt. Hatte ihre „Sprache" etwa doch ein Wort für die Entfernung?

Um dahinterzukommen, richtete ich es so ein, daß zwei Gruppen von Sammelbienen aus demselben Beobachtungsstock gleichzeitig an zwei Futterplätzen in verschiedener Entfernung (12 m und 280 m) verkehrten. Neben einer individuellen Nummer hatten alle Nahsammlerinnen als auffälliges Kennzeichen einen blauen Klex auf den Hinterleib bekommen, alle Fernsammlerinnen einen roten. Nach diesen Vorbereitungen öffnete ich den Beobachtungsstock, in der stillen Hoff-

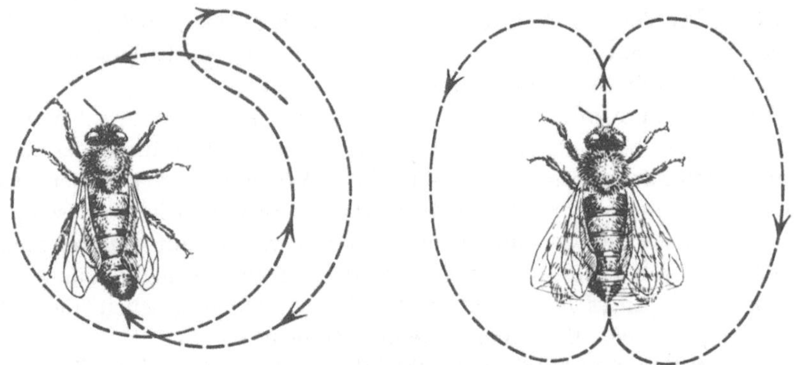

Abb. 30. Die Laufkurve der Biene beim Rundtanz (links) und Schwanzeltanz (rechts)

nung, einen dem menschlichen Auge erkennbaren Unterschied in der Tanzweise der beiden Gruppen zu finden. Ein solcher Unterschied war da, er sprang sogar in die Augen: zu meinem maßlosen Erstaunen machten alle blauen Bienen vom nahen Futterplatz Rundtänze, alle roten von der fernen Sammelstelle Schwänzeltänze. Beim Rundtanz läuft die Tänzerin in Kreisen, beim Schwänzeltanz rennt sie ein Stückchen auf der Wabe geradeaus, wobei sie lebhaft mit dem Hinterleibe schwänzelt, dann im Halbkreis zum Ausgangspunkt zurück, in neuem Schwänzellauf geradeaus, nach der anderen Seite im Halbkreis zurück usf. (Abb. 30).

Diesen Schwänzeltanz kannte ich wohl, ich hatte ihn vor 20 Jahren als den Tanz der Pollensammlerinnen beschrieben. Nun kam heraus, daß ich mich geirrt hatte. Der Rundtanz bedeutete eine nahe Futterquelle, der Schwänzeltanz eine solche, die 50—100 Meter oder noch weiter entfernt lag. Der Irrtum war dadurch entstanden, daß ich früher das Zuckerwasserschälchen stets in Stocknähe aufstellte und Schwänzeltänze nur an Pollensammlerinnen sah, die von ihren natürlichen Trachtquellen aus größerer Entfernung kamen.

Zu dieser Überraschung gesellte sich eine zweite: wenn ein Futterplatz einige hundert Meter westlich vom Stock angelegt war, und zwei Beobachtungsschälchen mit dem gleichen kennzeichnenden Duft, in etwa gleicher Entfernung vom Stock, in westlicher und in östlicher Richtung aufgestellt waren, dann kamen zahlreiche Neulinge nach Westen, aber im Osten suchte fast keine einzige Biene. Wurde am folgenden Tag das Futterschälchen nach Osten verlegt, so richtete sich nun der Strom der alarmierten Stockgenossen nach Osten und hatte sein Interesse an der westlichen Flugrichtung verloren. Sollten sie auch ein Signal für die Himmelsrichtung haben?

Das schien zu phantastisch, um wahr zu sein, und bei ruhiger Überlegung wurde auch meine Entdeckerfreude bald gedämpft. Eine andere Erklärung hatte viel mehr Wahrscheinlichkeit für sich. Die Bienen erzeugen ja in ihrem Duftorgan einen Lockduft, den sie durch Ausstülpen einer Dufttasche nach Belieben aussenden können. Sie tun dies, wenn sie an eine gute Futterstelle anschwärmen und weisen dadurch umhersuchende Neulinge an die rechte Stelle. Vielleicht war dieser Lockduft für die Bienennase auf noch größere Distanzen wahrnehmbar, als wir dachten, und statt einer Richtungsangabe war es einfach der Lockduft der Sammlerinnen, der die Neulinge heranzog?

Ein weiterer Versuch, zu dem die reich gegliederte Landschaft um Brunnwinkl Gelegenheit bot, sollte die Entscheidung bringen. Es wurde ein Futterplatz an einer Stelle angelegt, wo herumsuchende Bienen ohne speziellen Hinweis nicht zu erwarten waren: auf einem schmalen, steinigen Fußweg, mehrere hundert Meter vom Stock, der einerseits vom See, anderseits von Felswänden und Hochwald begrenzt war. Wenige Minuten, nachdem die hier verkehrenden Bienen statt der dünnen Zuckerlösung, die ihnen bisher geboten worden war, konzentriertes Zuckerwasser erhielten und dem entsprechend im Stock zu tanzen begannen, kamen die Neulinge aber auch an diesem versteckten Platz in hellen Scharen angeschwärmt. Meine spontane Reaktion auf diesen Anblick war eine innerliche Abwehr — ich wollte nicht glauben, was sich vor meinen Augen abspielte. Doch war an der Tatsache nichts zu ändern.

Eine letzte diskutable Hypothese schien die Annahme, daß die Sammlerinnen schon während des Fluges vom Stock zum Futterplatz ihr Duftorgan ausstrecken und so eine Duftstraße durch die Luft ziehen, der die Neulinge folgen mochten. Bei Wind konnte sie freilich keinen Bestand haben. Aber statt an Vermutungen herumzurätseln konnte man ja Gewißheit haben. Es ist nicht schwierig, das Duftorgan der sammelnden Bienen zu verkleben, so daß der Lockduft so wenig nach außen kann, wie aus einem fest verkorkten Fläschchen. Ihre Tanzlust wird dadurch nicht beeinträchtigt. Nachdem ich unsere sammelnden

Bienen in dieser Weise versiegelt hatte, konnte es bestimmt keine Duftstraße in den Lüften mehr geben. Trotzdem fanden die verständigten Kameraden so schnell nach der entlegenen Gaststätte wie zuvor.

So stand die Sache, als der Spätherbst 1944 den Versuchen für dieses Jahr ein Ende machte. Es war keine andere Erklärung abzusehen, als daß die Bienen einander die Himmelsrichtung des Zieles irgendwie bekanntgaben. Auch hinter der Entfernungsweisung steckte noch ein Rätsel. Sie konnte nicht allein auf dem Unterschied zwischen Rund- und Schwänzeltanz beruhen, denn die Schwänzeltänze beginnen schon bei 50—100 m Abstand vom Stock, Futterquellen werden aber bis zu kilometerweiten Entfernungen beflogen und von den Stockgenossen rasch gefunden. Der Winter gebot Geduld, aber die Spannung war groß, bis 1945 die Tage wieder warm wurden und es erlaubten, den Dingen weiter nachzugehen.

Genaues Zusehen brachte dann den Schlüssel zu diesen Geheimnissen: Beim Vergleich der Schwänzeltänze von Bienen, deren Futterplätze in abgestuften Entfernungen lagen, fiel der verschiedene Tanzrhythmus auf. Bei einem Abstand des Zieles von 100 m ist er so rasch, daß die geradlinige Schwänzelstrecke in $^1/_4$ Minute 9—10 mal durchlaufen wird. Bei zunehmender Entfernung nimmt das Tanztempo in gesetzmäßiger Weise ab. Jeder Entfernung entspricht ein bestimmtes Tanztempo. Das ist unter Bienen ein Ritus von internationaler Geltung. Amerikanische Bienen können sich mit europäischen ohne Schwierigkeit verständigen. Im Gebiet von Indien — und *nur* dort — kommen *verschiedene Arten* von Honigbienen vor, die ähnlich wie die unseren in Staaten leben. Auch sie haben, wie M. Lindauer kürzlich bei seinen „vergleichenden Sprachstudien“ fand, im Prinzip dieselbe Art der Entfernungsmeldung, wenn sie auch nach etwas anderem Takt tanzen.

Noch eigenartiger war die Lösung, die sich für die Richtungsweisung fand. Ich kann die Stunde angeben: es war die Mittagszeit des 15. Juni 1945, als mir bewußt wurde, daß alle numerierten Tänzerinnen, die an einem 400 m nördlich vom Stock gelegenen Futterplatz ihr Zuckerwasser holten, auf der vertikalen Wabenfläche ausnahmslos beim Schwänzellauf nach unten rannten, während gleichzeitig ungezeichnete Bienen, die irgendwo an mir unbekannten Plätzen an Blumen sammelten, nach allen möglichen, verschiedenen Richtungen tanzten. In den folgenden Stunden änderte meine Schar vom 400-Meter-Platz ihre Tanzrichtung allmählich entgegen dem Uhrzeigersinn um den gleichen Winkel, um den inzwischen die Sonne am Himmel im Sinne des Uhrzeigers weitergegangen war. Als ich nach der entgegengesetzten Himmelsrichtung einen zweiten Futterplatz anlegte und beide Bienengruppen gleichzeitig fütterte, tanzten die einen kopfunten, während die anderen kopfoben ihre Schwänzelläufe ausführten.

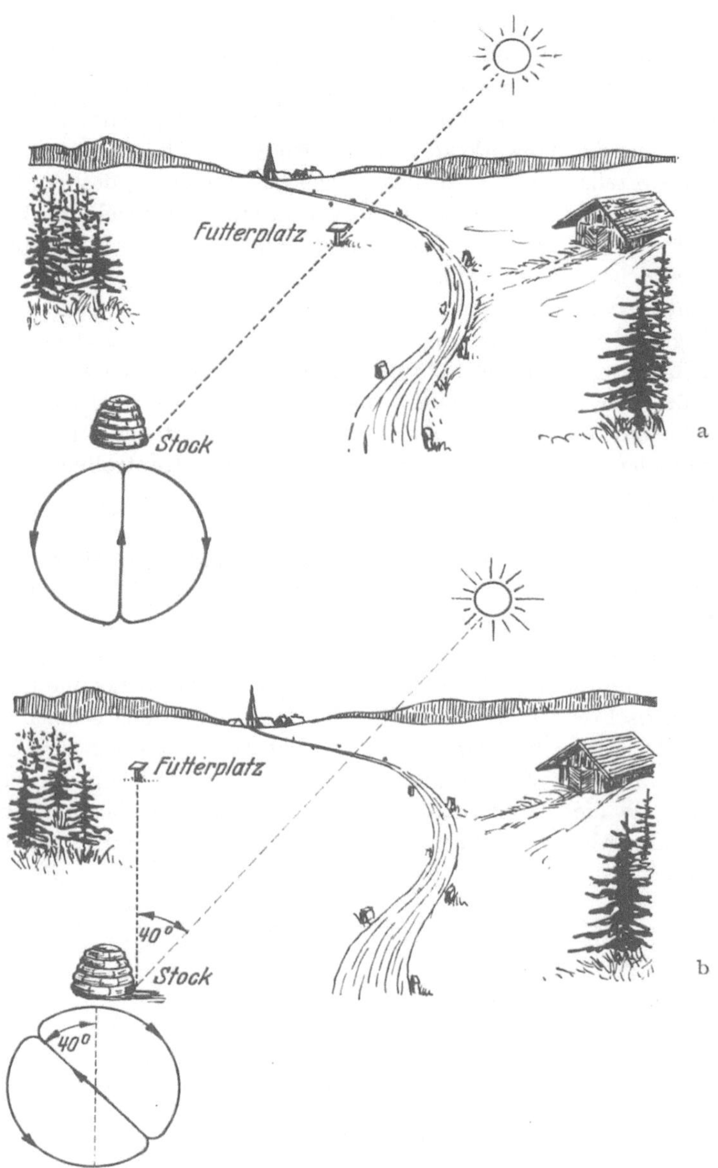

Abb. 31 a u. b.
Die Richtungsweisung durch den Schwänzeltanz. Auf der vertikal stehenden Wabenfläche bedeutet: a: der Schwänzellauf in der Richtung ***nach oben*** ein Ziel in der Richtung ***zur Sonne***; b: ein Schwänzellauf um 40° nach links von der Richtung nach oben, ein Ziel um 40° nach links von der Sonne usw. — Unter dem Bienenkorb ist (in größerem Maßstabe) die für die Situation gültige Laufkurve des Schwänzeltanzes angegeben

Es stellte sich also heraus, daß die Bienen ihren Stockgenossen die Richtung zum Ziel durch die Richtung der geradlinigen Schwänzelstrecke anzugeben wußten, wobei sie auf den jeweiligen Sonnenstand Bezug nahmen. Den Winkel zur Sonne, der beim Flug zum Ziel eingehalten werden sollte, brachten sie beim Tanz im finsteren Bienenstock, auf der vertikalen Wabenfläche, durch einen entsprechenden Winkel zur Richtung der Schwerkraft zum Ausdruck, nach folgendem Schlüssel: Ein Schwänzellauf in der Richtung nach oben zeigt an, daß der Futterplatz in der Richtung zur Sonne liegt, und ein Schwänzellauf, der nach links oder rechts um einen bestimmten Winkel von der Richtung nach oben abweicht, bedeutet eine Flugrichtung, die um den gleichen Winkel nach links bzw. rechts vom Sonnenstande abweicht (Abb. 31).

Entgegen aller Erwartung hatte sich die einstmals erwogene abenteuerliche Hypothese als richtig erwiesen. Die Bienen waren wirklich imstande, ihren Stockgenossen die Richtung und Entfernung eines kilometerweit abgelegenen Zieles eindeutig mitzuteilen. Es bedurfte freilich vieler, hier nicht berührter Versuche und Kontrollversuche, bis diese Annahme zur Gewißheit wurde.

Noch im gleichen Jahre erhielt ich eine Einladung zu einem Vortrag in Zürich und hatte zum erstenmal Gelegenheit, von diesen Neuigkeiten vor einem größeren Kreise zu berichten. Der Besuch in dem Lande, das vom Grauen des Krieges verschont geblieben war, in dem man alles haben konnte, wonach einem der Sinn stand, das aufmerksame Interesse einer unbeschwerten Hörerschaft, die freie Atmosphäre nach jahrelanger Absperrung und Drangsalierung wirkte wie Balsam fürs Gemüt. Oftmals war ich, vorher und nachher, als Gast bei den Schweizern, aber nie habe ich die bodenständige Kraft dieses Volkes, das wie ein Fels der Brandung böser Mächte widerstanden hatte, so dankbar wie damals empfunden.

GRAZ 1946—1950

An der Universität Graz war 1946 der Lehrstuhl für Zoologie neu zu besetzen. Man fragte mich, ob ich ihn nicht übernehmen und als österreichischer Professor in meinem Heimatland bleiben wolle.

In München sah es trostlos aus. Ich war damals überzeugt, daß ich die Wiederherstellung unseres Institutes in den Jahren, die ich noch im Amt sein konnte, nicht erleben würde. Unser Wohnhaus war ein Schutthaufen. Auch wenn nur die Gedanken nach der Isarstadt wanderten, wurden all die Geister trüber Erinnerungen wach, die ihr aus unserem Erleben im letzten Dezennium verhaftet waren. Durch einen Wechsel des Milieus hoffte ich den Arbeitsfrieden zu finden, nach dem die Wissenschaft verlangt, um zu gedeihen.

Graz hatte durch den Krieg wenig gelitten. Die schöne Stadt, an den Ausläufern der steiermärkischen Berge in reizvoller Hügellandschaft gelegen, ist klimatisch begünstigt. Tier- und Pflanzenwelt dieser Gegend überraschen den Biologen durch südliche Formen. Die Universität hatte eine ruhmvolle Tradition, die freilich nun in Gefahr stand abzureißen. Als deutscher Vorposten im Grenzland hatte sich die Stadt den nationalsozialistischen Leidenschaften in stärkstem Maße hingegeben und die Universität hatte bei der „Säuberungsaktion" keinen Respekt vor Leistungen gekannt. Nach dem Ende des Krieges fegte der eiserne Besen in umgekehrter Richtung abermals durch die Reihen der Dozenten. Ein Auffüllen der Lücken war um so schwerer, als Berufungen aus Deutschland nur selten in Frage kamen. Man mußte um die Zukunft der Universität besorgt sein.

Das Zoologische Institut war geräumig angelegt und gut ausgestattet. Zwar hatte eine Sprengbombe eine Ecke des Gebäudes zum Einsturz gebracht, aber was bedeutete das gegenüber München, wo nur ein Eckchen des Institutes noch kümmerlich benutzbar war. Im Grazer Stadtbild gab es Zahnlücken durch zerstörte Häuser, in München ragten die erhaltenen Gebäude als Inseln aus den Ruinenfeldern.

So stand ich mit 60 Jahren vor der Wahl, meine restlichen Kräfte der Wiederherstellung des Münchner Zoologischen Institutes, oder in Graz der wissenschaftlichen Arbeit zu widmen. Das letztere schien mir richtiger. Die Betreuung dessen, was von unserer Münchner Arbeitsstätte übrig geblieben war, lag bei meiner alten Mitarbeiterin Prof.

Ruth Beutler in besten Händen. Sie erklärte sich in unverwüstlichem Optimismus bereit, das Institut nach Kräften zu verwalten, bis man wieder darin arbeiten könnte und ich von Graz zurückkäme. Daran dachte ich nun freilich nicht, sondern hielt den Abschied von München für endgültig. Aber sie hat an ihrer These festgehalten, bis sie wahr wurde.

Ruth Beutler hat sich als meine Vertreterin mit ungewöhnlicher und allseits anerkannter Energie darum bemüht, der Zoologie in München wieder aufzuhelfen und die Überbleibsel des Institutes zu verteidigen. Letzteres war notwendig, denn begehrliche Hände streckten sich nach ihnen aus. Das benachbarte Chemische Universitätsinstitut war gegen Ende des Krieges restlos zerstört worden. Ich selbst hatte Prof. H. Wieland angeboten, sich einen Teil unseres Gebäudes vorübergehend als Zufluchtstätte einzurichten. Es sah damals nicht so aus, als sollte die Zoologie in absehbarer Zeit wieder dieselbe räumliche Ausdehnung wie früher beanspruchen. Und es erwies sich die Einquartierung der Chemie sogar als vorteilhaft dadurch, daß sie die Hilfsquellen der Industrie erschließen konnte. Sie brachte es verhältnismäßig rasch fertig, auf die erhalten gebliebenen Mauern ein neues, drittes Stockwerk und einen neuen Dachstuhl aufzusetzen und die unter Dach gebrachten Räume wieder betriebsfähig zu machen.

Glich so der Bund zwischen Zoologie und Chemie einer für beide Teile vorteilhaften Symbiose, so entwickelte doch die Chemie ein gefährliches Expansionsbestreben. Daß sich schließlich ein Zustand stabilisierte, in dem etwa die Hälfte unseres Institutes von der Chemie benutzt und für ihre Zwecke umgestaltet wurde, ist der beherzten Vertretung unserer Rechte durch Ruth Beutler zuzuschreiben. Sie sorgte auch für den Wiederaufbau eines geordneten Unterrichtes, wobei es zunächst an allen Behelfen fehlte. In ihrer Tätigkeit wurde sie durch Prof. W. Jacobs wirksam unterstützt, dem Nachfolger Holtfreters in der Konservatorstelle. Besondere Anerkennung gebührt diesem treuen und um unser Institut vielfach verdienten Mitarbeiter dafür, daß er noch im letzten Kriegsjahr in den Kellerräumen des zerbombten Gebäudes die wichtigsten Vorlesungen aufrecht erhalten hatte.

Viel rascher, als zu ahnen war, hätte die Zoologie ihre gesamten alten Räume wieder nötig gehabt. Es dauerte 10 Jahre, bis sie aus drangvoller Enge befreit wurde und die Chemiker beginnen konnten, in ihr neu erstehendes Institut zu übersiedeln.

Als wir nach Graz kamen, war die Wohnungsnot groß. Meine Frau und ich mußten für zwei Jahre mit meinem Zimmer im Zoologischen Institut vorlieb nehmen, das als mein Sprech- und Arbeitszimmer, zugleich als unser Wohn- und Schlafzimmer sowie als Baderaum und Küche diente. Als Küche konnte es leicht genügen, denn zu kochen gab es damals nicht viel. Wenig erbaut war aber meine Frau, wenn der Institutsbetrieb noch spät abends an die Türe pochte und in unser beider Gedanken die Umstellung des Raumes vom Dienstzimmer auf das Privatgemach nicht gleichzeitig erfolgte.

Leider hat uns die wieder errichtete und streng abgeriegelte Grenze zwischen Österreich und Deutschland von unseren Töchtern und von unserem Sohn OTTO getrennt. Wir blieben in Graz zunächst allein. In den Sommerferien zog es sie aber mit Macht nach Brunnwinkl. Passierscheine konnten sie nicht erhalten. So versuchten sie es als illegale Grenzgänger. Meistens hatten sie Glück. Einmal wurde OTTO von einem wohlwollenden amerikanischen Offizier als „Gefangener" zu uns über die Grenze und nach den Ferien wieder zurückgebracht. Zuweilen ging es auch schief. So als LENI, am Grenzbach sitzend, erwischt und gefragt wurde, was sie da wolle. „Frühstücken", war ihre Antwort. Warum sie dazu Schuhe und Strümpfe ausgezogen hätte! Und dann half nichts, sie mußte zur Grenzstelle, und wurde stundenlang peinlich verhört, bis sie der Gestrenge gegen Abend entließ mit dem Bemerken, daß jetzt kein Kontrollposten am Grenzbach wäre. Ein Strafmandat blieb trotzdem nicht aus.

Allmählich lockerten sich die Bestimmungen und als wir schließlich doch in Graz eine hübsche Wohnung in der Theodor-Körner-Straße erhielten, rückte auch ein Teil der Familie wieder an. OTTO hatte das Abitur bestanden und begann an der Grazer Universität mit dem Studium der Zoologie.

Meine Antrittsvorlesung in Graz galt dem Thema: „Medizinstudium und Biologieunterricht". Den Anlaß zur Wahl dieses Stoffes gab eine Verfügung des österreichischen Unterrichtsministeriums, durch welche für die Studierenden der Medizin die Biologie als obligatorisches Prüfungsfach abgeschafft wurde. Die Biologievorlesungen blieben zwar auch weiterhin im Studienplan vorgesehen, aber es ist ja eine Binsenweisheit, daß die große Mehrzahl der Studenten nur durch die drohende Prüfung dazu angehalten werden kann, sich ernsthaft mit einem Fach zu befassen. Daher war die Einstellung der Prüfung praktisch fast gleichbedeutend mit der Ausschaltung der Biologie aus dem Studiengang der Mediziner.

Das entsprach einer Tendenz, die sich nicht nur in Österreich bemerkbar machte und durch die zunehmende Belastung des Studiums mit Lernstoff begründet war. Da die Aufnahmefähigkeit des menschlichen Gehirns beschränkt ist, suchte man die Anforderungen in minder wichtigen Teilgebieten einzuschränken, und zu diesen zählte man die Biologie.

Man hat dabei nicht bedacht, wie nahe dieses Fach den *Menschen* angeht, dessen Leben und Gesundheit dem jungen Arzt in die Hand gelegt werden soll. Für den Menschen gelten dieselben Grundgesetze des Lebens, wie für die Tierwelt. Die Kenntnis dieser Gesetze ist fast ausnahmslos an Tieren gewonnen worden und kann an solchen auch am leichtesten gelehrt werden. Denn vieles ist bei niederen Tieren besser zu sehen und leichter zu verstehen als im verwickelten Getriebe des menschlichen Organismus. Gerade in unserer Zeit, da sich entgegen einer überspitzten Spezialisierung die Einsicht durchsetzt, daß der wahre Arzt nicht an das kranke Glied des Körpers allein zu denken hat, sondern an den ganzen Menschen, ist die Kenntnis von den allgemeinen Gesetzmäßigkeiten des Lebens und ein Verständnis für den Bau des menschlichen Körpers, wie es sich nur aus dem Vergleich mit anderen Geschöpfen ergibt, die unerläßliche Basis für ärztliches Wissen und Können.

In jener Antrittsvorlesung suchte ich das näher zu begründen. Ich war mit dem Herzen dabei. Denn keine andere Unterrichtstätigkeit hat mir in meiner ganzen Dozentenzeit so viel Freude gemacht, wie die Einführung der Mediziner in die allgemeine Biologie und in die vergleichende Anatomie der Wirbeltiere — vielleicht weil ich mich mit der ärztlichen Wissenschaft durch Familientradition, durch den eigenen Studiengang und durch die Tätigkeit im ersten Weltkrieg sehr nahe verbunden fühlte.

Noch lange waren die Medizinstudenten in Österreich zur Biologieprüfung nicht wieder verpflichtet. Daß sie sich in wachsender Zahl freiwillig dazu meldeten, war ein Zeichen von besserer Einsicht in ihren Kreisen, als bei den maßgebenden Behörden. Erst laut Bundesgesetz vom 14. 2. 1973 müssen die Mediziner wieder eine Prüfung in Biologie ablegen.

Für meine wissenschaftlichen Arbeitspläne bedeutete in Graz der kümmerliche Sachhaushalt eine arge Hemmung. Da kam mir zum zweitenmal die ROCKEFELLER-Foundation zu Hilfe. Sie bewilligte 1949 erhebliche Mittel für unsere Arbeiten und unterstützte sie nicht nur in jenem Augenblick einer ungewöhnlichen Notlage, sondern auch in den späteren Jahren, als ich wieder in München tätig war. Die Hilfe der Stiftung war sachkundig und großzügig. Dankbar bemerkte ich das Bestreben, mit einem Minimum an verwaltungstechnischer Leerlaufarbeit ein Maximum an wissenschaftlichem Nutzeffekt zu verbinden.

Dazu kam noch als besondere Hilfeleistung eine Bewilligung an die Grazer Universität für die Instandsetzung unseres Gebäudes. Nach der Beseitigung des Bombenschadens konnte das Zoologische Institut als Gewinn einen schönen neuen Hörsaal buchen.

In den Grazer Jahren war für die weiteren Arbeiten an Bienen die Hauptlinie durch eine Zufallsbeobachtung in Brunnwinkl bestimmt. Sie führte von der internen Angelegenheit der wechselseitigen Verständigung im Bienenvolk hinüber zum Problem der Orientierung im weiten Feld der äußeren Umgebung, wobei die psychologischen Leistungen mit den sinnesphysiologischen aufs engste verwoben und ohne sie nicht denkbar sind.

Die „Sprache“ der Bienen war komplizierter, als wir zunächst gedacht hatten. Bei der Analyse baute sich eine Schlußfolgerung auf der anderen auf. Das wird etwas unheimlich, wenn nicht die Basis tragfähig ist. Darum sucht man auch Veraussetzungen, die fast selbstverständlich scheinen, auf ihre Richtigkeit zu prüfen. Ich hatte die Tänze der Bienen immer nur in Beobachtungsstöcken gesehen. Daß sie sich in normalen Bienenkästen ebenso abspielen würden, daran konnte man kaum zweifeln — aber ich wollte mich doch davon überzeugen. Aus diesem Grunde öffnete ich ein Normalvolk, hob einzelne Waben heraus und sah die numerierten Bienen, die von einem vorher angelegten Futterplatz ihr Zuckerwasser eintrugen, genau so tanzen wie im Beobachtungsstock. Das war in Ordnung. Einer impulsiven Regung der Neugierde folgend drehte ich eine herausgehobene Wabe mit tanzenden Bienen in der Hand so um, daß die vertikale Wabenfläche nun horizontal lag. Ich wollte wissen, wie sich die Bienen helfen würden, wenn sie den Winkel zwischen Futterplatz und Sonnenstand nicht mehr auf die Richtung der Schwerkraft übertragen könnten (vgl. S. 128—130). Statt der erwarteten Ratlosigkeit bot sich das faszinierende Bild, daß die Bienen ihre Schwänzeltänze fortsetzten, als wäre die plötzliche Wandlung des vertikalen Tanzbodens in einen horizontalen für sie ein alltägliches Geschehen, und nun durch die Richtung ihres geradlinigen Schwänzellaufes direkt dorthin wiesen, wo ihr Futterplatz lag — so wie wir mit erhobenem Arm nach einem Ziel deuten. Wenn ich die Wabe in der horizontalen Ebene drehte wie eine Drehscheibe, dann ließen sie sich nicht aus der Fassung bringen und spielten sich wie eine Kompaßnadel immer wieder auf ihre Richtung ein.

Ich mußte lange zappeln, bis ich die ungemein einfache Erklärung für diese überraschende Erscheinung fand; aber dem Leser will ich sie gleich verraten: Wenn die Sammlerin zum Futterplatz fliegt, dann achtet sie auf die Stellung der Sonne und merkt sich den Winkel zwischen Flugrichtung und Sonnenstand. Diesen Winkel überträgt sie ja dann, wenn sie auf der *vertikalen* Wabenfläche tanzt, auf den Winkel zur Schwerkraftrichtung (S. 130). Tanzt sie aber auf einer *horizontalen* Fläche unter freiem Himmel, so kann sie sich diese Übertragung ersparen und stellt sich beim Schwänzellauf so ein, daß sie die Sonne wieder auf der gleichen Seite und unter dem gleichen Winkel sieht, wie vorher beim Flug zum Futterplatz. Dadurch weist sie beim Schwänzellauf die Richtung nach dem Ziel (Abb. 32). Ihre nachtrippelnden Gefährten erfahren auf diese Weise unmittelbar, wie sie sich mit Bezug auf die Sonne einstellen sollen, wenn sie nachher ausfliegen um sich am Sammeln zu beteiligen. Diese Situation ist durchaus nicht so unbiologisch, wie sie auf den ersten Blick erscheint, denn bei warmem Wetter sitzen nicht selten viele Stockbienen auf dem horizontalem Anflugbrettchen vor dem Flugspalt. Dann sieht man auch heimkehrende Sammlerinnen daselbst im Freien tanzen.

Daß ich auf diese Erklärung nicht gleich gekommen bin, hat einen guten Grund. Ich wollte die neuartige Form der Richtungsweisung in Ruhe studieren und legte zu diesem Zweck einen Beobachtungsstock

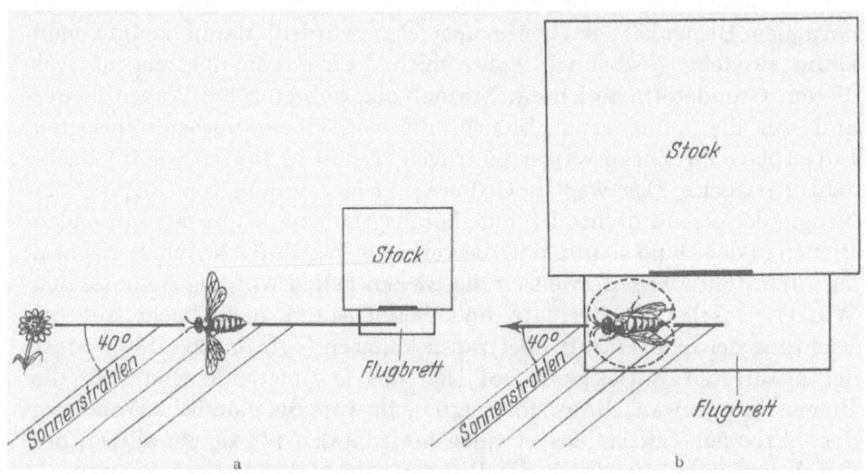

Abb. 32 a u. b. Richtungsweisung nach dem Sonnenstand beim Tanz auf horizontaler Fläche. a: Fluglinie vom Bienenstock zum Sammelplatz. b: Schwanzeltanz auf horizontaler Flache

so um, daß seine Waben horizontal lagen. Über dem Stock war ein hölzernes Schutzdach angebracht, was schon deshalb nötig war, weil sich sonst die Waben unter der Glasscheibe bei der Besonnung zu stark erwärmt hätten. Die Tänzerinnen waren also im Schatten des Schutzdaches, sie konnten die Sonne gar nicht sehen, und zeigten trotzdem richtig nach dem Ziel.

Es sah so aus, als würden sie sich nach dem Erdmagnetismus orientieren. Aber das stimmte nicht, denn sie ließen sich durch magnetische Kräfte nicht ablenken. Eine Zeitlang dachte ich, sie wären für langwellige, durchdringende Strahlen empfindlich und könnten die Sonne durch das Schutzdach hindurch erkennen. Diese Hypothese fiel in sich zusammen, als ich den horizontal gelegten Stock ringsum einbaute, so daß die Tänzerinnen keinen Ausblick nach dem Himmel mehr hatten. Dann waren sie mit ihrer Kunst am Ende und tanzten völlig konfus und desorientiert. Es genügte aber, ihnen durch ein seitlich eingesetztes Ofenrohr ein kleines Stück blauen Himmels zu zeigen, dann waren ihre

Tänze sofort wieder richtig orientiert. Als ich ihnen durch das nach Norden gerichtete Loch mit Hilfe eines Spiegels ein Stück Südhimmel zeigte, wiesen sie die Richtung spiegelbildlich falsch. Daraus habe ich geschlossen, daß die Bienen am blauen Himmel eine nach der Sonne ausgerichtete Erscheinung wahrnehmen, nach der sie sich zum Sonnenstand orientieren können.

Der Physiker in Graz, Prof. H. BENNDORF und zünftige Himmelskundige, wie Prof. O. KIEPENHEUER (Freiburg) machten mich bei der Diskussion dieses Phänomens darauf aufmerksam, daß das polarisierte Himmelslicht als eine solche, nach der Sonne ausgerichtete Erscheinung in Betracht zu ziehen wäre. Das Licht, das vom blauen Himmel kommt, ist zum großen Teil polarisiert, das heißt seine Schwingungsrichtung ist in bestimmter Weise ausgerichtet, und an jeder Himmelsstelle steht die Schwingungsebene der Lichtstrahlen in bestimmter, gesetzmäßiger Beziehung zum Sonnenstande. Wenn das Auge der Bienen die Schwingungsrichtung polarisierten Lichtes analysieren konnte, dann war ihr Verhalten verständlich. Aber darüber war nichts bekannt und es war so unwahrscheinlich, daß es ohne strengen Beweis niemand geglaubt hätte.

Für eine experimentelle Prüfung wäre eine große Polarisationsfolie nötig gewesen, aber die gab es bei uns nicht. Mein Freund AUGUST KROGH in Kopenhagen, mit dem ich mich schriftlich über das Problem unterhalten hatte, kam 1948 nach Amerika und sandte mir von dort eine Folie im Ausmaße von 15 zu 30 cm, wie sie in den Vereinigten Staaten als Blendschutz für die Sichtscheibe von Kraftwagen hergestellt wurden. Eine solche Folie polarisiert das durchfallende Licht in bestimmter Richtung. Ich brachte sie über eine horizontal liegende Wabe mit tanzenden Bienen und vergesse wohl nie das glückliche Gefühl gelöster Spannung, als sie der Drehung der Folie folgten und die Tanzrichtung der geänderten Schwingungsrichtung des Himmelslichtes anpaßten. Hiermit war erwiesen, daß die Bienen das polarisierte Licht analysieren und seine Schwingungsrichtung bei ihrer Orientierung verwerten können. Es bedurfte freilich noch vieler Versuche, um diese Schlußfolgerung nach allen Seiten zu überprüfen und zu sichern.

Aus meiner frühen Studentenzeit erinnere ich mich eines Familienabends, an dem von allerhand sehr merkwürdigen wissenschaftlichen Neuigkeiten die Rede war. Mein Onkel SIGMUND EXNER, der Physiologe, bemerkte dazu mit seiner tiefen Stimme und stoischen Ruhe: „Die meisten wunderbaren Dinge erklären sich dadurch, daß sie nicht wahr sind."

Das schien auch der Standpunkt mancher Fachkollegen gegenüber den Neuigkeiten zu sein, die ich über die „Sprache" der Bienen verbreitete. Einer erklärte, daß er nicht gesonnen sei, so etwas zu glauben. Ein anderer reiste von England nach Brunnwinkl, um selbst nachzusehen, ob diese Dinge stimmen oder nicht. Es war Prof. W. H. THORPE, der im September 1948 aus Cambridge kam und sich durch Demonstrationen am Beobachtungsstock und durch von ihm selbst ausgeführte Versuche davon überzeugte, daß die Bienen wirklich jene Fähigkeiten hatten, die ihnen niemand recht zutrauen wollte.

In meiner Rocktasche steckt immer ein Notizbuch als unentbehrlicher Helfer für Leute mit schlechtem Gedächtnis. Eine Anzahl Seiten sind darin seit Jahren dem ,,Bienenprogramm" gewidmet. Da stehen alle

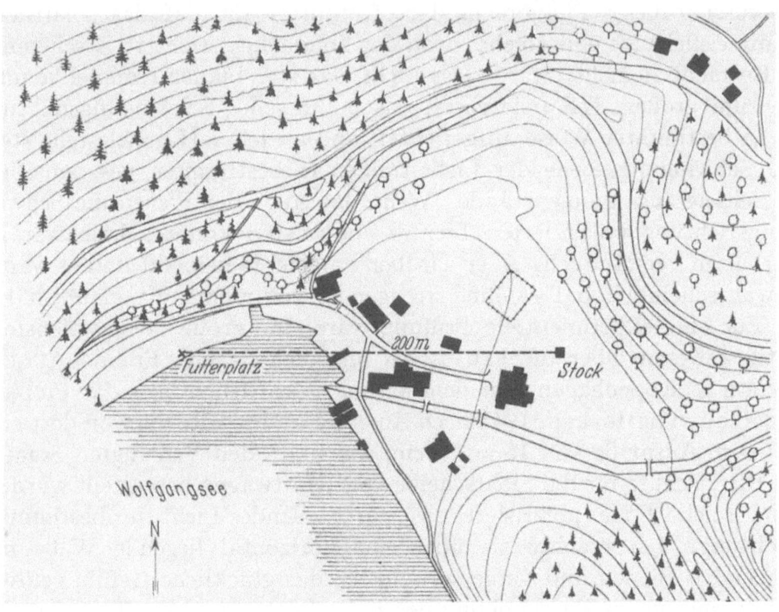

Abb. 33 a

Abb. 33 a u. b. Lageplan zum Versetzungsversuch. a: Numerierte Bienen wurden in Brunnwinkl an einen Futterplatz 200 m westlich vom Bienenstock gewöhnt

Versuche verzeichnet, die geplant, aber noch nicht durchgeführt sind. Nicht immer reicht die Sommerzeit, um alle hier versammelten Absichten zu verwirklichen und manches Vorhaben muß auf die nächste Saison warten. Ein ,,Versetzungsversuch" in dieser Liste hatte aber dieses Schicksal von Jahr zu Jahr immer wieder erfahren. Geplant war, eine Gruppe von numerierten Bienen irgendwo ein paar hundert Meter vom Stock eine Weile zu füttern, dann den Stock in eine weit entfernte, dem Volk sicher unbekannte Gegend zu versetzen und zu sehen, ob das gewohnte Futter auch in der fremden Landschaft in derselben Himmelsrichtung und in der gleichen Entfernung wie bisher gesucht würde. Der dunklen Erwartung eines Erfolges stand die vernünftige Überlegung gegenüber, daß höchstwahrscheinlich gar nichts dabei herauskommen würde — denn warum sollten die Bienen in einer anderen Gegend ihre Futterstelle in der alten Himmelsrichtung suchen! So wurde das etwas umständliche Experiment von Jahr zu Jahr zurückgestellt, bis wir am frühen Morgen des 24. 9. 1949 doch mit unserm Beobachtungsstock viele Kilometer weit über den Wolfgangsee fuhren.

Eine Gruppe von etwa 30 numerierten Bienen aus diesem Volk war seit mehreren Tagen in Brunnwinkl auf einem Futtertischchen, 200 m

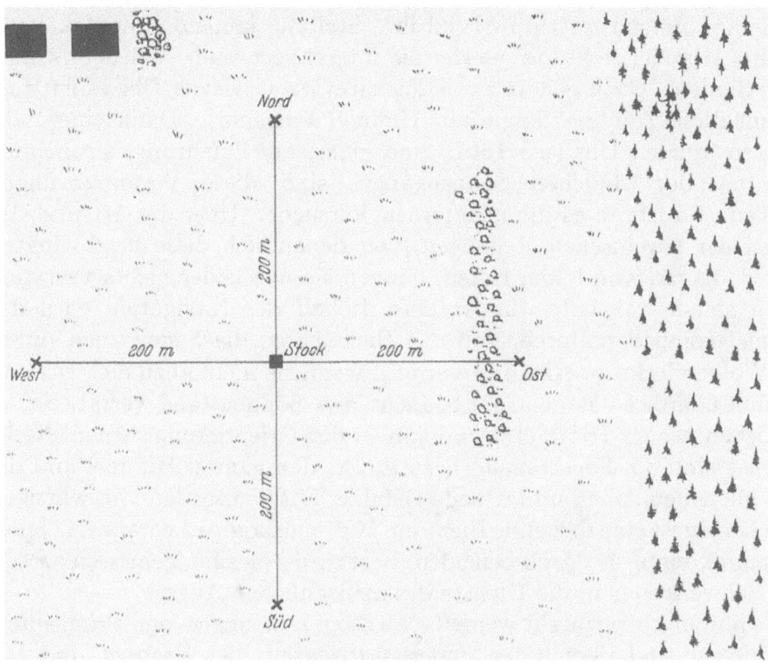

Abb. 33 b. In eine fremde und landschaftlich ganz andere Gegend versetzt, suchten sie auch hier das Futter 200 m westlich vom Stock und beachteten nicht die in den drei anderen Himmelsrichtungen aufgestellten Futtertischchen

westlich vom Stock gefüttert worden (Abb. 33a). Nun kam das Volk weit weg, inmitten großer Wiesenflächen zur Aufstellung. An vier Plätzen, je 200 m vom Stock nach Westen, Osten, Norden und Süden wurde ein Futtertischchen aufgestellt, ein Beobachter dabei postiert und dann das Flugloch des Stockes geöffnet (Abb. 33b). Das westliche Futtertischchen hatte ich selbst übernommen, gefaßt auf stundenlanges vergebliches Warten. Aber schon nach wenigen Minuten kam die erste numerierte Biene angeschwärmt. Sobald sie am Futterschälchen saß, mußte sie abgefangen werden, sonst hätte sie ja nach der Heimkehr die anderen alarmiert und den ganzen Versuch verdorben. Da eine Biene nach der anderen ankam, wurde die Wartezeit zur spannenden Jagd, und nur meine Helfer und Helferinnen in den anderen Himmelsrichtungen hatten die Langeweile. Das Unwahrscheinliche war wieder einmal Wirklichkeit geworden.

Wir haben solche Versetzungsversuche noch oftmals und mit vielerlei Varianten wiederholt. Des Pudels Kern läßt sich in wenige Worte fassen: Bienen benützen zu ihrer Orientierung im Gelände nicht nur auffällige Landmarken, die sie durch Erfahrung kennengelernt haben, sondern sie gebrauchen dazu noch die Sonne als Kompaß. Obwohl diese vom Morgen bis zum Abend ihre Stellung laufend ändert, können sie eine Himmelsrichtung, an der sie interessiert sind, zu jeder Stunde wiederfinden. Dazu gehört zweierlei: zu wissen, wieviel Uhr es ist, und wo um diese Zeit die Sonne am Himmel hingehört. Dank einer sehr präzisen inneren Uhr (s. S. 160f.) und einer, auf Erfahrung beruhenden Kenntnis des täglichen Sonnenganges sind diese Voraussetzungen gegeben. So lehren es die nüchternen Versuche. Über die Art und das Wesen der psychischen Regungen, von denen sich diese beschwingten Tiere so zuverlässig leiten lassen, können sie uns leider nichts verraten.

Zu einem wahrhaft wundervollen Behelf der Navigation wird der Himmelskompaß dadurch, daß das Bienenauge die Sonne auch durch eine Wolkendecke zu erkennen vermag, wenn sie nicht allzu dick ist, und daß ihm überdies das polarisierte Licht den Sonnenstand verrät. Schon ein kleiner blauer Himmelsfleck kann so der Orientierung dienen. Nicht umsonst sind die Facettenaugen so große, den ganzen Himmel und die Erde mit einem Blick umfassende Gebilde. Mit Tausenden von winzigen Einzelaugen ist eine fliegende Biene am Himmelskompaß verankert. Jeder Seemann könnte sie darob beneiden. Fast armselig sind, gemessen an solchen Sehwerkzeugen, die Dienste des menschlichen Auges.

Es muß noch vermerkt werden, daß diese Leistungen kein Privilegium der Bienen sind. Auch bei anderen Insekten, bei Krebsen und bei Spinnen hat sich die Fähigkeit zur Analyse des polarisierten Lichtes bestätigt und es sieht so aus, als wäre das Steuern nach dem Himmelskompaß unter Einkalkulation der Tageszeit eine bei Gliederfüßern weit verbreitete Kunst. Mit Überraschung hat man erfahren, daß auch Kraken und Tintenfische, die einem ganz anders gearteten Tierstamm angehören, die Schwingungsrichtung des polarisierten Lichtes wahrnehmen und sich danach orientieren können.

ZWEITE AMERIKAREISE (1949)

Das herzliche „come over again", das ich im Jahre 1930 vernommen hatte, klang mir noch in den Ohren, als Prof. D. R. GRIFFIN von der Cornell University in Ithaca (N. Y.) anfragte, ob ich Lust hätte, an seiner Universität von den Bienenversuchen zu berichten; Einladungen zu weiteren Vorträgen an anderen Orten würden sich gewiß ergeben. Der freundlichen Aufforderung folgte ich gerne. Nach jahrelanger Isolierung war man ja brennend interessiert, sich in einem Lande umzusehen, wo die Wissenschaft inzwischen ungehinderte, ja vielfach beflügelte Fortschritte gemacht hatte.

Diesmal konnte mich meine Frau begleiten. Am 11. März 1949 begann die Reise mit einer Bahnfahrt von Graz nach Wien.

Die Technik war in den 19 Jahren seit der ersten Amerikafahrt mit Riesenschritten vorwärts gegangen. Damals war es, bei meiner Rückfahrt von New York, eine Sensation, daß die „Bremen" ein Katapultflugzeug mit sich führte; bei Annäherung an die Küste startete es von Bord, damit die Post um einige Stunden rascher ans Ziel kam. Inzwischen war der Luftpost- und Passagierverkehr über den Ozean zur Alltäglichkeit geworden. Da es Zeit sparte und meine Frau von schaukelnden Booten durchaus nicht so entzückt ist wie ich, so wählten wir den Luftweg.

Wir hatten beide bis dahin noch nie in einem Flugzeug gesessen und sahen der weiten Reise, die sich im Falle des Mißbehagens nicht unterbrechen ließ, mit leichter Bangigkeit entgegen. Aber wir haben an dieser Beförderungsweise Gefallen gefunden; für mich muß ich hinzusetzen: bei gebotener Eile. Denn eine Schiffsreise finde ich um Vieles genußreicher.

Der Reiz der Neuheit kam gleich potenziert zur Geltung. Als wir am 12. März nach London starten sollten, um dort das Anschlußflugzeug über den Ozean zu erreichen, war der Flughafen in Tulln bei Wien durch einen Südoststurm in schwarzen Staub gehüllt. Im Warteraum bemerkte einer der Angestellten mit Bezug auf unseren Piloten: „Wenn der heute aufsteigt, dreht's ihn sofort um". Er ist, nach mehrstündigem Warten, nicht aufgestiegen. Erst am folgenden Morgen konnte die Reise beginnen. Es gab weiter keine Abenteuer und am Vormittag des 14. März landeten wir auf dem Flugplatz La Guardia bei New York.

Schon am nächsten Tag ging es in einem kleinen Flugzeug weiter nach Ithaca, über eine reizvolle Landschaft mit zahllosen Seen — bei lebhaftem Wind und Schneegestöber. Der Flugzeugführer kam herein und sagte, daß wir ein wenig hupfen, was wir ohnehin bemerkt hatten; er brachte uns aber gut ans Ziel.

An der Cornell University war ein mehrtägiger Aufenthalt vorgesehen. Im Programm nicht vorbedacht war, daß ich hier an Gelbsucht und Grippe erkrankte und einige Tage recht elend war. Einer der drei geplanten Vorträge fiel aus. Aber mit den modernsten Mitteln ärztlicher Kunst behandelt und von Dr. GRIFFIN rührend betreut, war ich bald wieder auf den Beinen.

Ich weiß nicht, ob es einem höheren Niveau der medizinischen Wissenschaft zuzuschreiben ist oder einer gesünderen Lebensführung, und ob es überhaupt stimmt — aber ich hatte den Eindruck, daß die Kollegen in USA durchschnittlich ein höheres Alter erreichen als bei uns, und dies in bester Verfassung. Einen Einzelfall, nicht als Beweis, aber als Illustration, will ich berichten: An einer kleinen Universität, die ich schon vor 19 Jahren besucht hatte — welche es war, habe ich vergessen —, fand ich beim Durchblättern meiner alten Tagebuchnotizen als Mitglied des dortigen Zoologischen Institutes einen damals 80jährigen Professor verzeichnet, der also nun ein Alter von nahezu 100 Jahren hätte haben müssen. Ich nahm mir vor, nach seinem Schicksal zu fragen. Als ich ins Institut kam, stand er im Korridor, an die Wand gelehnt, vor sich einen Halbkreis junger Leute, in angeregter Unterhaltung über die neuesten Probleme der Wissenschaft.

Zwei Monate lang ging es teils mit der Bahn, teils mit dem Flugzeug, teils im Wagen guter Freunde durch das weite Land bis an die kalifornische Küste. Es war diesmal keine Hetzjagd, es kam ja auch nicht darauf an, möglichst viele Institutseinrichtungen kennenzulernen, wie im Jahre 1930; und in der Osterwoche wurde sogar eine idyllische Ruhepause eingelegt.

Zunächst brachte ein Besuch von New Haven ein Wiedersehen mit der Yale University und mit Prof. R. G. HARRISON. Am Albertus Magnus College wirkte jetzt DOROTHEA RUDNICH als Nachfolgerin von Frau BOVERI, die krank in einem Sanatorium unweit von Princeton lag. Dort konnten wir sie noch einmal sehen und sprechen.

Wir reisten weiter, von einem Knotenpunkt alter Freundschaft zum anderen. In Cambridge erwartete uns G. H. PARKER. Obwohl inzwischen in den Ruhestand versetzt, war er noch fleißig an der Arbeit und mit berechtigtem Stolz führte er uns in das Biologische Institut, das einen schönen und praktisch eingerichteten Neubau erhalten hatte. Wie im alten Gebäude, waren die Vertreter der Tier- und Pflanzenkunde unter einem Dach zu harmonischer Arbeit vereint. Einem deutschen Biologen wird etwas schwindelig, wenn er erfährt, daß es 15 Professoren der Zoologie, 14 Professoren der Botanik und 50 Assistenten waren. Da gab es viel Interessantes zu sehen. Eindrucksvoll waren z. B. die Schmetterlingspuppen von CARROLL WILLIAMS, denen er ein Fensterchen in die Haut eingesetzt hatte, so daß man ihr Herz pulsieren sah und, wenn man Geduld hatte, zuschauen konnte wie sich im Inneren die Verwandlung zum Schmetterling vollzieht. Er hatte auch etwa ein Dutzend von ihnen Ende an Ende operativ aneinandergefügt, zu einer Kette von Puppen, die nun Puppen blieben solange er wollte, weil er ihnen das kleine Organ genommen hatte, dessen Drüsensekret die Metamorphose zum Schmetterling auslöst. Wenn er auch nur der letzten Puppe, dem Endglied der Kette, das hormonliefernde Organ unter die Haut impfte, dann verwandelte sich das Gefüge der Puppen in eine Kette von Schmetterlingen. Für den Laien sieht das aus wie eine Spielerei; der Kundige freut sich über die originellen Methoden, die zu wesentlichen Erkenntnissen geführt haben.

Die biologischen Laboratorien der Harvard University gehören zu den schönsten, die ich drüben gesehen habe. Privatuniversitäten wie diese, durch reiche Stiftungen gegründet und von ihren ehemaligen Studenten anhänglich gefördert, haben in Amerika nicht selten die staatlichen Universitäten überflügelt.

Auf einem Bankett in New Haven hatten wir F. OSBORN kennengelernt, den Direktor des New Yorker Zoologischen Gartens, und waren von ihm eingeladen worden, bei unserem bevorstehenden Aufenthalt in New York den Zoo anzusehen. Dieser Besuch begann mit einem Lunch bei OSBORN. An der Tafelrunde saß auch W. BEEBE, der sich in seiner berühmt gewordenen Taucherkugel als Erster bis zu einer Tiefe von 923 m ins Meer hinuntergelassen hatte. Er wollte sich mit eigenen Augen überzeugen, wie es in der Tiefsee aussieht und sich nicht mit den spärlichen Proben von Lebewesen begnügen, die durch die Netze der forschenden Zoologen zutage gefördert wurden. Bei diesem kühnen Vorstoß wurde BEEBE, und mit ihm die Zunft der Biologen, überrascht durch den Reichtum der Tierwelt und das Feuerwerk ihrer Leuchtorgane in der vermeintlichen finsteren Einsamkeit der Tiefsee. BEEBEs 71 Lebensjahre hinderten ihn nicht an neuen Plänen. Im Tropenwald von Trinidad hatte er soeben einen herrlichen Platz für ein Dschungellaboratorium erkundet. Es wäre noch viel Geld nötig, sagte er, um dieses Traumbild seiner Phantasie zur Wirklichkeit zu machen. Als wir etwa 2 Monate später abermals durch New York kamen, hatte er die Mittel bereits beisammen und heute ist aus dem neu erstandenen Laboratorium schon eine Reihe schöner Arbeiten von ihm und seinen Mitarbeitern und Gästen hervorgegangen.

Der Zoologische Garten ist so ausgedehnt, daß uns für die Besichtigung bemerkenswerter Objekte ein Wagen zur Verfügung gestellt wurde. Als Glanzpunkte habe ich in Erinnerung: lebende Schnabeltiere, jene altehrwürdigen eierlegenden Säugetiere aus Australien; sie wurden unterirdisch in strenger Abgeschiedenheit gehalten, denn man hoffte auf Nachkommenschaft und sie sollten sich ungestört fühlen. Ferner: Dutzende von verschiedenen Kolibri-Arten, jede für sich hinter Glas in einem geräumigen Flugkäfig, ein bezauberndes Farbengefunkel dieser schönsten Vögelchen der Erde. Hier waren sie arme Gefangene. In ihrer ganzen Herrlichkeit kamen sie erst zur Geltung, als ich sie einige Wochen später in der freien Natur von einer Blüte zur anderen jagen sah als würdige Gäste tropischer Blumenpracht.

Der New Yorker Zoo mit seinen Repräsentanten der lebenden Tierwelt wird wohl noch übertroffen durch das American Museum of Natural History. Nirgends sonst habe ich die toten Geschöpfe so lebenswahr dargestellt gesehen — und welcher Reichtum! Ist anderwärts ein Elefant, vielleicht mit einem Jungen ausgestellt, so wandelt hier in der Mitte der großen Afrikahalle ein Rudel von 9 oder 10 Tieren, jedes für sich ein Kunstwerk und aufs Schönste zur Geltung gebracht. Im Umkreis sind Panoramen in die Wand eingebaut, z. B. eine prächtige Gorillagruppe. Da sind nicht nur die Affen echt. Jeder Stein, jede Pflanze des Vordergrundes stammt aus der Gegend, in der die dargestellte Gorillafamilie gehaust hat und diese Szenerie verschmilzt unmerklich mit dem naturgetreu und künstlerisch gemalten Hintergrund. Oder: ein Straußennest im Sand, mit Eiern und einigen schon ausgeschlüpften Jungen neben ihren zerbrochenen Schalen, die Eltern in Kampfstellung gegenüber einem Rudel Warzenschweinen, die im Angriff soeben stutzen und zögern. Solche vollendete Kunst der Darstellung kann man durch keine Beschreibung richtig vor Augen führen, man muß sie selbst gesehen haben.

Am 8. April war ich im Bureau der ROCKEFELLER Foundation, im 55. Stock eines imponierenden Gebäudes, zum Lunch geladen und wurde von Direktor W. WEAVER aufs freundlichste empfangen. Um den Tisch saß ein halb Dutzend führender Männer vom Stabe der Stiftung. Da sie alle daran interessiert waren, daß die Völker der Erde lernen sollten einander besser zu verstehen, erzählte ich ihnen auf WEAVERs Wunsch von der wechselseitigen Verständigung der Bienen — die ja wirklich in ihrer staatlichen Organisation und reibungslosen Zusammenarbeit, sogar in einer künstlich hergestellten Völkermischung, dem Menschen in mancher Hinsicht überlegen sind. Nachher hatte ich in WEAVERs Sprechzimmer Gelegenheit, mit ihm unter vier Augen vom Wandel der Zeiten zu reden, vom Schicksal des Münchner Institutes, von Graz und unseren Zukunftsplänen. Als Ergebnis dieser Unterredung erhielt ich einige Wochen später über die Grazer Universität die Geldmittel für unsere Arbeiten, von denen schon die Rede war (S. 134).

Auf New York folgte ein Besuch von Princeton. Bei meinem Vortrag dort fesselte mich unter den Zuhörern der markante Kopf ALBERT EINSTEINs. Hervorragend intelligente Gesichter im Publikum sind, finde ich, für den Vortragenden nützlich. Man nimmt sich doppelt zusammen. (Anderseits beobachte ich auch gerne bei populären Vorträgen ein besonders geistloses Antlitz. Wenn in dieser Miene ein Schimmer von Verständnis aufleuchtet, dann ist man auf dem rechten Wege.) EINSTEIN lud uns ein, ihn in seinem Laboratorium zu besuchen, und da gab es am nächsten Tag noch einen fröhlichen Disput mit diesem humorvollen Mann. Es lag mehr als 40 Jahre zurück, daß mein Physiker-Onkel FRANZ EXNER uns ahnungslosen Laien im kleinen Familien- und Freundeskreis eine Idee von EINSTEINs genialer und damals noch neuen Leistung zu vermitteln suchte.

Von Princeton ging die Fahrt weiter nach Washington, womit der erste Teil der Vortragsreise sein Ende fand. Der Ostersonntag stand vor der Türe und unsere fürsorglichen Gastgeber hatten für diesen Zeitpunkt eine Woche der Ruhe und Erholung geplant. Als Ort war die vom Tierpsychologen Professor R. M. YERKES etwa 20 Jahre zuvor begründete Affenstation in Florida vorgesehen — worin ja ein Zoologe nicht gut eine Anzüglichkeit sehen konnte. Die Anstalt war der Yale University in New Haven angegliedert, wo wir auch YERKES getroffen hatten. Aber er war nicht mehr im Amt. Sein Nachfolger Professor K. S. LASHLEY nahm uns in Empfang, als wir in Jacksonville das Flugzeug verließen und brachte uns nach Orange Park. So heißt der Ort, an dem sich das ,,Yerkes Laboratory for Primate Behavior" befindet. Die Orangenhaine, nach denen er benannt ist, sind allerdings vor etwa 50 Jahren einem Frost zum Opfer gefallen und nicht wieder angelegt worden.

Im Park des Laboratoriums wurde uns das erste Stockwerk eines Wärterhauses für die kommenden Tage zur Verfügung gestellt. In einem großen Kühlschrank der Wohnung war in der landesüblichen Zurichtung, hygienisch verwahrt und möglichst gebrauchsfertig, alles aufgestapelt, wonach Herz und Magen verlangen konnten. Hier waren wir, obwohl vielfach betreut und eingeladen, im ganzen doch Freiherren unserer Zeit und dankbare Genießer der wunderbaren Stille.

Während der ersten Nacht konnte allerdings von Stille nicht die Rede sein. Unsere Nachbarn im Park, einige Dutzend Schimpansen, die in geräumigen Freilandgehegen gehalten wurden, machten einen Höllenlärm und waren auch noch am Vormittag, als wir die Anlagen besichtigten, in großer Aufregung. Ursache: In der Nacht war ein Schimpansenbaby zur Welt gekommen, worüber anscheinend die ganze Gesellschaft im Bilde war. Als wir es sahen, hatte es, wie alle jungen Schimpansen dort, eine weiße Windelhose an. Es war für Versuchszwecke der Mutter weggenommen und einer Pflegerin anvertraut worden.

Das geschah manchmal. Bei Dr. HAYES und seiner Frau, Mitarbeitern der Anstalt, trafen wir die Schimpansin VICKY, 18 Monate alt, die gleich nach ihrer Geburt von dem kinderlosen Ehepaar aufgenommen und wie ein Menschenkind erzogen worden war. Es sollte sich zeigen, was aus einem Schimpansen geistig herauszuholen ist. Die Pflegeeltern hofften, ihr Adoptivkind würde sprechen lernen. In dieser Hinsicht wurden sie enttäuscht. Im Benehmen aber erinnerte VICKY frappant an unartige Menschenkinder. Sie zog meiner Frau unter dem Tisch die Schuhe von den Füßen und schleuderte sie in den entferntesten Winkel des Zimmers und machte ähnlichen Unfug einen nach dem anderen, am liebsten natürlich, was streng verboten war.

Abb. 34. Am St. Johns River. „Spanisches Moos“

Auch die erwachsenen Schimpansen in den Freilandgehegen hatten ihre Ungezogenheiten. Vorübergehende Besucher pflegten sie mit einer Hand voll Staub und Steinen zu bewerfen oder anzuspukken, wobei sie vorsorglich Wasser in den Mund nahmen, da der Speichel allein nicht genügend ausgiebig war. Obwohl zuvor gewarnt, hat meine Frau einen Volltreffer auf die Backe bekommen.

YERKES hatte für sein Laboratorium diese Gegend gewählt, weil sie, bei nicht allzu großer Entfernung von der Yale University, für die Haltung von Menschenaffen ein günstiges Klima bot. Und so brauchte man nicht mehr in die Wildnis zu reisen, um an diesen, dem Menschen am nächsten stehenden Vertretern der Tierwelt psychologische, anatomische und entwicklungsgeschichtliche Studien in aussichtsreicher Weise zu betreiben. Heute ist es allerdings geduldigen Forschernaturen gelungen, in der Wildnis Zugang zu Schimpansenfamilien zu finden und so ihr natürliches Verhalten noch besser kennen zu lernen.

Spaziergänge in die nähere Umgebung brachten uns allerhand Überraschungen. Die Baumbestände erhalten ihr eigenartiges und für das Gebiet bezeichnendes Gepräge durch einen graugrünen, flechtenartigen

Bewuchs, der ähnlich wie mächtige Bartflechten von ihren Ästen herunterhängt und „spanisches Moos" genannt wird, aber weder aus Spanien stammt noch ein Moos ist, sondern eine der Ananas verwandte Bromeliacee (Tillandsia usneoides). Obwohl kein Schmarotzer im eigentlichen Sinne, bringt diese Pflanze durch ihr üppiges Wuchern die Bäume allmählich um (Abb. 34).

In der sandigen Uferzone des St. John River fand ich eine große Kolonie von Winkerkrabben, die hier dicht aneinandergedrängt ihre Wohnlöcher hatten. Bei den jungen Tieren sind die beiden Scheren gleich groß, aber mit zunehmendem Alter wird bei den Männchen die eine riesenhaft, größer als der ganze Körper des Tieres, während die andere winzig bleibt. Da sitzen sie nun vor ihren Löchern und schwingen die Beißzangen wie Fiedelbögen im Takt hin und her, wobei die blendend weiß gefärbten Riesenscheren demonstrativ zur Geltung kommen. Man nimmt an, daß sie hierdurch gegenüber ihren Nachbarn, die ihren kleinen Geländebereich von allen Seiten einengen, ihr Wohnrecht betonen und wohl auch den Weibchen in die Augen fallen wollen. An der tropischen Mangroveküste sind viele Arten dieser originellen Krebse heimisch, und oft ist ihr Verhalten beschrieben worden. Aber keine Schilderung vermag den drolligen Eindruck der Wirklichkeit zu vermitteln.

Ein andermal gingen wir entlang einer Autostraße, die beiderseits von Sandflächen mit spärlichem Pflanzenwuchs gesäumt war. Da scheuchten wir zahllose Heuschrecken auf (ich fand sie später in einer Sammlung als *Scistetica marmorata* bezeichnet), die von ihrer schlechthin vollkommenen Schutzfärbung durch eine eigenartige Fluggewohnheit besonders wirksamen Gebrauch machten. Sie flogen im Zickzack und indem sie unmittelbar vor dem Niedersetzen mit einem scharfwinkeligen Zack die Richtung änderten, landeten sie an unvermuteter Stelle und waren wie mit einem Zauberschlag verschwunden. In diesen Beobachtungen wurden wir dadurch gestört, daß fast jedes vorüberfahrende Auto anhielt und uns zum Mitfahren einlud. Die freundlichen Menschen hatten, wenn auch etwas zögernd, Verständnis für unsere Tätigkeit. Aber als wir dann, um etwas Bewegung zu machen, der Straße entlang heimwärts gingen, hielten sie uns für völlig verrückt und es blieb uns schließlich nichts anderes übrig, als einzusteigen.

Der interessanteste Ausflug führte uns im Wagen südwärts nach Marineland, wo an der Ozeanküste, in kaum besiedelter Gegend, aber am Rande einer stark benützten Autostraße das „Oceanarium" zu sehen war, das größte Aquarium der Erde. In zwei riesigen Betonbecken tummelten sich erwachsene Delphine, diese vollendeten Schwimmkünstler des Ozeans, neben großen Haifischen, Rochen, Zackenbarschen, Seeschildkröten usw. Von einem dunklen Umgang aus konnte man durch seitlich eingesetzte Fenster ihr Treiben auch unter der Wasseroberfläche betrachten. Am schönsten präsentierten sich die Delphine, wenn sie sich in ihrer ganzen Länge und Mächtigkeit aus dem Wasser schnellten, um ihrem Wärter, der auf einer Art Sprungbrett hoch über ihnen stand, einen Fisch aus der Hand zu schnappen (Abb. 35). Als ich mich, am Rande des Beckens stehend, umwandte und den Blick über das Meer schweifen ließ, trieben ihre Brüder draußen in goldener Freiheit nahe der Küste ihr munteres Spiel.

Abb. 35. Delphine holen sich ihre Fischmahlzeit im Sprung aus der Hand des Warters. Oceanarium, Marineland, Florida. (Aufnahme: Marine Studios, Marineland, Florida, USA)

Die Anlage bestand seit mehr als zehn Jahren und begann sich zu lohnen, da sie nun bei steigender Berühmtheit täglich von etwa 2000 vorüberfahrenden Florida-Gästen besucht wurde. Mit einer wissenschaftlichen Auswertung der hier gegebenen lockenden Möglichkeiten wurde damals eben erst begonnen.

Die Ferienwoche war schnell herum. Der zweite Teil der Vortragsreise führte uns zunächst über Columbus und Ann Arbor nach Chicago, wo wir den heißesten 3. Mai in der Geschichte dieser Stadt erlebten. Doch die Hitze beeinträchtigte nicht die netten Stunden, die uns dort mit dem Biologen Paul Weiss, dem Termitenforscher A. E. Emerson und anderen Kollegen beschieden waren. Emerson hatte von einer Forschungsreise nach Belgisch-Kongo eine stattliche Sammlung von Termitennestern mitgebracht. Manche von diesen haben mir durch ihre komplizierte und harmonische Gestaltung großen Eindruck gemacht. Den winzigen

Baukünstlern fehlen ja alle Voraussetzungen dafür, je einen Überblick zu gewinnen über das, was sie da in tausendköpfiger Gemeinschaftsarbeit schaffen. Und doch sieht das fertige Werk so aus, als hätte ein denkender Architekt den Plan entworfen.

Wenn die Termiten einfallsreiche Baukünstler sind, so gilt das auf anderer Basis auch für die Amerikaner. Sooft ich an Chicago zurückdenke, kommt mir die prächtige Autostraße in Erinnerung, die von der gigantischen Stadt entlang dem Ufer des Michigansees nach den ausgedehnten Vororten führt. Die acht Fahrbahnen dieser Straße werden durch ein niederes Mäuerchen in der Mitte in vier für die Richtung stadtauswärts, und vier für die Richtung stadteinwärts geteilt. Abends, wenn der Hauptverkehr nach außen geht, versinkt das Mäuerchen und erhebt sich um zwei Fahrbahnen seitlich verschoben, so daß sechs hinaus und zwei hinein führen, und am Morgen vollzieht sich ein solcher Wandel in umgekehrter Richtung.

Wir fuhren diesen Weg, als uns A. D. Hasler abholte, um uns mit seinem Wagen nach Madison zu bringen, wo an der University of Wisconsin der nächste Vortrag stattfinden sollte. Es bliebe ein Versuch mit unzulänglichen Mitteln, wenn ich von den schönen Landschaftsbildern dieser Autoreise erzählen wollte. Aber ein kleines Erlebnis unterwegs sei berichtet, das uns einen Eindruck von amerikanischem Geschäftsgeist gab.

Wir kamen an einer Farm vorbei, die einem Bekannten von Hasler gehörte und trafen den Besitzer in der Nähe des Gutes mit einigen Gehilfen an einem Forellenbach damit beschäftigt, eine Bestandsaufnahme durchzuführen. Systematisch wurden, Strecke für Strecke, mit elektrischen Geräten alle Fische betäubt, herausgefangen, gewogen und wieder in Freiheit gesetzt, wo sie sich rasch erholten. Wir kamen gerade dazu, wie mit Befriedigung eine gewaltige, 2 kg schwere Bachforelle registriert und wieder losgelassen wurde. Später stellte sich im Gespräch heraus, daß der Besitzer des Fischwassers, unser Farmer, an Sportfischerei überhaupt kein Vergnügen fand. Aber die Milch seiner Kühe diente für medizinische Zwecke und wurde für die Bedürfnisse der Kranken in verschiedener Weise präpariert, eiweißarm gemacht oder entfettet usw. Der Bach war für den Angelsport der Ärzte da, die ihren Patienten jene Milchpräparate verschreiben sollten. Dank seiner Bestandsaufnahmen konnte der Farmer seine besten Kunden dahin schicken, wo die fettesten Forellen zu fangen waren.

Die Farm entsprach übrigens ihrer medizinischen Bestimmung durch vorbildliche Sauberkeit. Die Kühe im Stall waren sogar zimmerrein. Durch einen elektrisch geladenen Bügel über ihrem Nacken wurden sie veranlaßt, bei jeder Entleerung einen Schritt zurückzutreten, so daß der Fladen in eine Spülrinne hinter ihrem Standort fiel. Dieses

Benehmen lernen die Tiere binnen wenigen Tagen, worauf kein elektrischer Schlag mehr nötig ist. Der Stallboden bleibt frei von Beschmutzung.

Auf Stallhygiene wird auch sonst im Lande viel Wert gelegt. Einer anderen hervorragenden Dokumentation solcher Bestrebungen waren wir in der Nähe von Princeton begegnet, einer Sehenswürdigkeit, die unter dem Namen „Rotolactor" bekannt war. In diesem Viehbetrieb wurden 1550 Kühe dreimal täglich elektrisch gemolken. Das geschah fortlaufend Tag und Nacht, wobei die Kühe im Gänsemarsch zu einer großen Drehscheibe anmarschierten; während sie sich der Scheibe näherten, wurde den an sich schon reinen Tieren das Euter mit einem Gartenschlauch abgespritzt, dann traten sie, eine neben der anderen, auf die langsam rotierende Plattform, wo weißgekleidete Männer das nasse Euter mit blitzsauberen Tüchern und mit einem Strahl von Warmluft trockneten, worauf die elektrische Melkvorrichtung angesetzt wurde. Etwa 30 Kühe standen immer gleichzeitig nebeneinander auf der Scheibe, die sich in 10 Minuten einmal herum drehte. Solange dauerte es, bis eine Kuh gemolken, die Milch in einen Glasbehälter gepumpt, automatisch gewogen, registriert und weitergeleitet und das Gefäß mit heißem Wasser gespült war. Die nächste Milchlieferantin konnte für das abgehende Tier in die Lücke treten.

Inmitten von vier Seen gelegen, ist Madison eine der schönsten Universitätsstädte. HASLERs Arbeiten galten der Fischereibiologie und der Physiologie der Fische. Eine vortrefflich ausgestattete Zweiganstalt des Institutes ist am Ufer des Lake Mendota erbaut. Da schwimmen den arbeitsfreudigen Zoologen die Versuchsfische fast ins Laboratorium. Wir haben dort lehrreiche und anregende Tage verbracht.

Dann trug uns abermals HASLERs Wagen die lange Strecke nach Minneapolis, zu einem Wiedersehen mit D. E. MINNICH, in dessen Haus wir gastlich aufgenommen waren. Vor 19 Jahren ist hier mein westlichster Punkt gewesen. Doch diesmal sollte es weitergehen.

Bevor wir zum großen Sprung nach der kalifornischen Küste ansetzten, machten wir noch einen Abstecher nach Iowa. Mein Studienkamerad WITSCHI, bei dem ich hier vor 19 Jahren gewohnt hatte, weilte für ein Jahr in Europa und als sein Vertreter war der Berner Zoologe F. BALTZER an die University of Iowa gekommen. Er wohnte mit seiner Frau in WITSCHIs Haus, und so waren wir in Amerika gemütlich zu Gast bei guten alten Freunden, die wir im schweizerischen Nachbarland schon lange nicht so ausgiebig besucht hatten. Zu unserm abendlichen Plausch im Garten spendeten die dort heimischen Leuchtkäferchen eine unerwartete Illumination. Sie flogen zu Hunderten in geringer Höhe über dem Boden umher, wobei sie nicht, wie unsere Johanniskäfer, kontinuierlich leuchten, sondern in bestimmten Intervallen, etwa einmal pro

Sekunde, sehr kurz und hell aufblitzen. Das gibt ein zauberhaftes Gefunkel. Der Rhythmus des Aufleuchtens ist bei verschiedenen Arten verschieden und dient als Erkennungszeichen. Die im Grase wartenden Weibchen geben sich, wenn sie angefunkelt werden, dadurch zu erkennen, daß sie im gleichen Rhythmus aufblitzen. Die Natur war ja nie verlegen um immer neue Ausdrucksformen für ihre Geschöpfe zur Anzettelung von Liebesromanzen.

Ein Flugzeug brachte uns über die Rocky Mountains und über die Wüstengebiete von Utah nach San Francisco. Bei unserer Ankunft am späten Abend boten die unübersehbaren farbenreichen Lichter der Stadt von oben her einen phantastischen Anblick. Von ihnen umschlossen lag die Bai von San Francisco in tiefer Dunkelheit, aber diese Schwärze war durchschnitten von einer strahlend beleuchteten 10 km langen Brücke. Bei Tageslicht erweist sie sich als ein sehr zweckmäßiges, aber häßliches Meisterwerk der Technik. Ihre Schwester vom Golden gate überspannt die Einfahrt in die Bucht und zeigt, daß eine viele Kilometer lange Brücke auch ein begeisternd schönes Kunstwerk sein kann.

So oft schon hatte ich gesehen, wie aus kalifornischen Konservenbüchsen die prächtigsten Pfirsiche, Birnen und andere Früchte zum Vorschein kommen, daß in meiner Phantasie Kalifornien ein blühender Obstgarten war. Auf das Baden am warmen Strand des Pazifik hatte ich mich schon im New Yorker Schneegestöber gefreut. Diese Vorstellungen erwiesen sich als revisionsbedürftig.

Wir wohnten nicht in San Francisco, sondern in der anmutigeren Nachbarstadt Berkeley, wo nun freilich unter der Pflege blumenfroher Menschen die vielen Gärten im Schmuck der Rosen und durch leuchtende Teppiche von blühendem Mesembryanthemum entzückend anzusehen waren. Aber außerhalb der Stadt zeigte sich nur kahler, unfruchtbarer Boden. Auf ausgedehnten Fahrten sahen wir erst landeinwärts, eingelagert in die weite dürre Landschaft, Obstplantagen und andere Kulturen, und zwar nur da, wo der Boden künstlich bewässert wurde. An der Küste sorgt die kalte Meeresströmung für kühle Nächte und häufigen Nebel, der auch uns begrüßte und die Badelust vertrieb.

Wir kamen viel mit Richard Goldschmidt zusammen, der nun in Berkeley an der University of California tätig war. Rund 40 Jahre früher hatte er mich in München gelehrt, die kleinsten Lebewesen im Mikroskop zu studieren. Jetzt führte er uns zu den Mammutbäumen eines nahe gelegenen Naturschutzparkes. Obwohl die mächtigste Art, Sequoia gigantea, nur tiefer im Gebirge gedeiht, war auch der schöne Bestand von Sequoia sempervirens (Redwood) imposant genug. Diese Riesen des Waldes erheben sich ja bis 100 m über den Boden — so hoch wie die Münchner Frauentürme.

Auf der Rückfahrt von diesem Ausflug kamen wir über die schon erwähnte schöne Brücke, die über die Einfahrt zur Meeresbucht hinweg nach San Francisco führt. An der Felsenküste südlich der Stadt ist eine viel benützte Autostraße angelegt. Da steht eine luxuriöse Gaststätte im Trubel moderner Zivilisation. Auf den vorgelagerten Klippen im Meer, kaum 200 m entfernt, tummelte sich eine Herde Seelöwen. Der Wind trug ihr Gebrüll und ihren Gestank ans Land, dessen Aussehen der Mensch so gründlich verwandelt hat. Aber die Tiere auf den Klippen, wohlweislich geschützt vor brutalen Zugriffen, nehmen keine Notiz von dieser Nachbarschaft und treiben es, wie sie es wohl seit Jahrtausenden hier getrieben haben — einer der Kontraste, an denen das Land so reich ist.

Seelöwen und Seehunde in freier Natur begegneten uns ein zweitesmal bei der hübschen, einsam gelegenen biologischen Meeresstation Pacific Grove, der wir unterwegs nach Süden einen kurzen Besuch abstatteten. In der Nähe liegt das Fischerstädtchen Monterey.

Von da brachte uns ein Flugzeug nach Los Angeles. Wegen der Erdbebengefahr baut man dort niedrige Häuser, aber um so mehr hat sich die Siedlung in die Breite entwickelt und ist mit ihren Nachbarn Pasadena und Hollywood zu einem Städtemonstrum zusammengewachsen.

Drei Universitäten teilen sich in die Bildung der Studierenden; darunter das California Institute of Technology, eine ursprünglich mehr für technische Zwecke gedachte, private Gründung, an der sich aber durch den Vererbungsforscher Th. H. Morgan ein internationales wissenschaftliches Zentrum der Biologie entwickelt hat. Bei meiner ersten Amerikareise hatte ich Morgan noch persönlich kennen gelernt. Nun war er seit 4 Jahren tot. Aber die Tradition blieb lebendig. Und hatte Morgan seinerzeit die winzige Taufliege Drosophila zum beliebtesten Versuchstier der Genetik gestempelt und dieser Wissenschaft durch seinen, an jenes Tier gewandten Scharfsinn einen unerhörten Impuls gegeben, so stand nun die kleine Fliege in Gefahr, durch den Schimmelpilz Neurospora aus ihrer Vormachtstellung verdrängt zu werden. Gerade darin fand das Fortwirken von Morgans Geist vielleicht den schönsten Ausdruck, daß man sich nicht an seine Arbeitsweise gebunden hielt. Methoden dürfen nicht versteinern. Nur wo sie sich neuen Fragestellungen anzupassen und jeweils das günstigste Objekt für sie zu finden wissen, kann ein Pflanzgarten der Biologie üppig weiterblühen und gedeihen.

Als Botaniker war der Holländer Went am Institut tätig. Er zeigte mir seine eben vollendeten Klimakammern, die 400000 Dollar gekostet hatten. Er war stolz, sie so billig gebaut zu haben. Da ließ sich aber auch erstaunlich viel inszenieren und regulieren, von der Temperatur bis zu künstlichem Regen und Sturm.

Am 30. Mai flogen wir von Los Angeles mit einer kurzen Zwischenlandung in Chicago direkt nach New York zurück. Die reine Flugzeit beanspruchte 9 Stunden. Obwohl wir uns oft über einem Wolkenmeer befanden, gab es doch wundervolle Durchblicke auf Sandwüsten mit felsigen Bergen, auf den Grand Canyon, auf die vielen schneebedeckten Kämme der Rocky Mountains, wobei in den zwischenliegenden Tälern Siedlungen zu sehen waren und eine Fülle von gelber Blütenpracht. Im Eriesee spiegelte sich die Abendsonne und nach schönsten Beleuchtungseffekten des vergehenden Tages kamen wir bei schwarzer Nacht ans Ziel.

Noch einmal flogen wir von da nach Ithaca, um GRIFFIN und der Cornell University als den Veranstaltern der Reise unseren Abschiedsbesuch und Dank abzustatten.

Hier gab es auch ein letztesmal Kontakt mit Amerikas praktischer Imkerei und wissenschaftlicher Bienenkunde, die uns natürlich auch sonst auf Schritt und Tritt begegnet waren. Oft stand dabei zur Diskussion, ob die besseren Honigerträge in USA gegenüber Deutschland auf günstigere Verhältnisse oder auf bessere Methoden der Imkerei zurückzuführen wären. Manches spricht zugunsten der amerikanischen Imkerpraxis. Aber auch mit den besten Methoden wird es ein deutscher Bienenzüchter kaum auf einen Durchschnittsertrag von 75 Pfund Honig pro Volk bringen, wie seine Kameraden um Ithaca. Und doch könnte sich eine umfassende Studienreise deutscher Imker über den Atlantik lohnen. Sie würden über manches staunen. Wenn sie zu dem Großimker kommen, der uns gezeigt hat, wie er aus einem 1000 Liter fassenden Tankwagen das Zuckerwasser zur Herbsteinfütterung mit einem Minimum an Zeitaufwand in die Futtertröge seiner Völker pumpt, dann werden sie hoffentlich nicht den Mut verlieren.

Am Morgen des 8. Juni ging es ohne Zwischenlandung von New York nach London, wo wir nach 13 Stunden ruhigen Fluges ankamen. Die Reise am 13. Juni von München nach Graz hat fast genauso lange gedauert.

Die beiden Amerikafahrten verdanke ich in erster Linie den Bienen; und auch andere Reisen; was mir diese Insekten aus ihrem Leben zum besten gaben, öffnete mir die Tore vieler Länder — nach der Schweiz und nach Holland, nach England und Frankreich, nach Jugoslawien, Dänemark, Schweden, Finnland und anderen schönen Gebieten. Wenn ich die Begabung zum Reiseschriftsteller hätte, was gäbe es da noch alles zu erzählen! Jedesmal ist man bei der Heimkehr innerlich reicher geworden. Für meinen Geschmack ist es die schönste Art, Reichtümer zu sammeln.

ZUM FÜNFTENMAL NACH MÜNCHEN

Während ich in Österreich war, suchte man in München nach einem Nachfolger. Mehrere langwierige Berufungsverhandlungen verliefen negativ. Die Verhältnisse waren ja auch wenig verlockend. In meinem vierten Grazer Jahr stand der Münchner Lehrstuhl noch immer frei. So kam es, daß ich noch einmal vor die Wahl gestellt wurde, ob ich zurückkehren wolle oder nicht.

Es lockte der alte Kreis von Freunden und Mitarbeitern und die rasch wieder angewachsene Zahl von tüchtigen Doktoranden, die an der kleinen Grazer Universität spärlich blieben; ohne ihre Mitwirkung ließen sich die Arbeitspläne nicht durchführen, für deren finanzielle Voraussetzungen die ROCKEFELLER Foundation gesorgt hatte und deren Verwirklichung in München auch durch die Deutsche Forschungsgemeinschaft großzügig unterstützt wurde. Dazu kam als entscheidender Faktor, daß das Münchner Institut inzwischen viel schneller, als ich es für möglich gehalten hatte, wieder arbeitsfähig geworden war. Schön sah es nicht aus, und die Raumnot blieb groß. Aber das Dringendste war geschehen, um Forschung und Unterricht im Hause wieder einzubürgern.

So nahm ich zum Sommersemester 1950 den Ruf nach München an, zurück in die Stadt, in der ich nun zum fünftenmal ein Heim finden sollte.

Mit dem ,,Heim" sah es allerdings trübselig aus. Unser Harlachinger Haus war noch der gleiche Trümmerhaufen wie anno 1944, nur mit dem Unterschied, daß fremde Hände in der Zwischenzeit herausgeholt hatten, was noch irgendwie verwertbar schien. Sogar der Plattenbelag des Gehsteiges vor unserem Grundstück war restlos fortgetragen worden. Der Garten hatte sich in eine Wildnis verwandelt, weil ja allezeit das Unkraut stärker wuchert als die Zierpflanzen, wo die Dinge ihren natürlichen Lauf nehmen. Ein Wahlonkel meiner Kindheit, in vieler Hinsicht originell, hatte auch für diese Sorge einen ungewohnten Ausweg gefunden: er ließ in seinem Wiener Garten das Unkraut wachsen und freute sich an den ihm eigenen Reizen. Auch im Gewöhnlichen das Schöne zu entdecken — dieser Weg zur Zufriedenheit ist nicht jedem gegeben.

Die Frage der Unterkunft löste das Ministerium zunächst durch Zuweisung einer Wohnung in einem der Universität gehörenden Gebäude am St. Paulsplatz. In ihm hausten mehrere Professoren; im Volksmund hieß es die „Intelligenzkaserne"; wir fühlten uns da nicht glücklich. Im Häusermeer der Großstadt eingekeilt, ohne Garten, nahe der Oktoberwiese mit ihren herbstlichen Bierzelten und lärmenden Menschenmassen, sehnten wir uns nach unserem alten Grund und Boden in der Vorstadt. Mit einigen Schwierigkeiten ist es gelungen, ein neues, kleineres Haus an der Stelle des alten erstehen zu lassen und um dieses herum erblühten die Blumen wie ehemals.

Abb. 36. Unser Wagen, voll besetzt: Vorne die Eltern, zweite Reihe: OTTO, zu seiner Linken MARIA, zur Rechten LENI, dritte Reihe: die Enkelkinder, hinter ihnen: JOHANNA SCHREINER. — Brunnwinkl, August 1951

Gelegentlich wurde für einige Tage die alte Stätte auch wieder zum Sammelpunkt für die ganze Familie. Aber HANNERL hat jetzt ihr eigenes Nest gegründet und lebt in Tübingen. MARIA hat als Regieassistentin beim Film den Schwerpunkt ihrer Tätigkeit auswärts. LENI aber ist, vereinsamt durch den Krieg, ganz zu uns zurückgekommen und schenkt zur Zeit dem Haus, wie meiner Arbeit ihre jungen Kräfte. OTTO brachte sein in Graz begonnenes Zoologiestudium in München zum Abschluß. Er war, ähnlich wie ich, schon als Kind von der Tierwelt gefesselt. Was er uns allmählich an Vögeln und anderen Lebewesen ins Haus gebracht hat, ließ meine einstmalige Menagerie noch weit hinter sich. Auch der Garten erinnerte zeitweise an einen Zoo. Das war nicht immer zu seinem Vorteil. Ein junges Reh zum Beispiel, das OTTO mit der Milchflasche aufgezogen hatte, fraß mit Vorliebe Rosenknospen. Er schenkte es später einem vermögenden Gutsherrn, der das Tier ins Herz schloß und ihm eigens Rosen pflanzen ließ. Als es noch in unserem Garten herumsprang, spielte es am liebsten mit unserem Hund und mit einem jungen

Waldkauz. Das war wohl die reizendste Tierfreundschaft, die mir je untergekommen ist (Abb. 37).

Ich muß gestehen: ganz eingeschlafen ist die Tierhaltung auch bei mir zu keiner Zeit. Sie beschränkte sich aber später auf ausgewählte Objekte. Der Sittich Tschocki (s. S. 17) hatte noch einige Nachfolger gleicher Art, die seinen Namen geerbt haben. Die Etymologie des Namens ist unklar, der Ur-Tschocki hat ihn mitgebracht. Vor 4 Jahren zog ein andersartiger Tschocki bei uns ein, ein australischer Nymphensittich vom Aussehen eines kleinen grauen Kakadus mit frechem Schopf, gelbem Kopf und orangeroten Backen. Er hat sich schnell zum Hausfreund der ganzen Familie entwickelt. Merkwürdigerweise ist nicht nur seine Farbe, sondern sein ganzes Benehmen sehr gegensätzlich zu meinen früheren grünen Sittichen. Während diese, wie so viele Tiere, eine Vorliebe für Süßigkeiten hatten, bevorzugt er gesalzene Speisen, ja er stattet bei jeder Mahlzeit dem Salzfaß einige Besuche ab und verzehrt mit sichtlichem Genuß einige Körnchen vom puren Salz. Obwohl er stets genug Futter im Käfig hat, speist er als geselliges Wesen lieber mit uns, wo das Menü zudem mehr Abwechslung bietet. Die Mahlzeiten sind ihm die wichtigsten Ereignisse des Tages und er reklamiert sie mit durchdringendem Geschrei, wenn sie nicht pünktlich beginnen. Da er, abermals gegen die Gewohnheit anderer Sittiche und Papageien, seine Nahrung beim Fressen nicht im Pfötchen hält, pflegt er aus den Schüsseln auf den Tisch zu zerren, was er in Ruhe genießen will, z.B. Spaghetti mit Tomatensauce. Meiner Frau blieb nur die Wahl zwischen Familienzwist oder einer Nylondecke über dem Tischtuch; sie entschied sich für die letztere. Tschocki kommt auch nie auf den Gedanken, sich selbst das Köpfchen zu kraulen, wie das seine Sippengenossen so besinnlich machen, sondern verlangt diesen Liebesdienst von uns. Des öfteren fordert er mich unzweideutig auf, zu traulicher Unterhaltung mit ihm in den Käfig zu kommen, was mir keiner meiner früheren Sittiche zugemutet hat. Das wird durch das 10×10 cm große Käfigtürchen verhindert. So bleibt eben Vieles unvollkommen im Leben.

Abb. 37.
Seltene Tierfreundschaft. Rehkitz, Waldkauz und Hündin

Neben dem Umgang mit Tieren spielte seit jeher der Verkehr mit Menschen, soweit er nicht durch den Beruf gegeben war, eine geringere Rolle. Eine Erweiterung erfuhr er unerwartet zwei Jahre nach unserer Rückkehr nach München. Zum Verständnis ist ein kurzer Rückblick auf eine lange Geschichte nötig.

Im Jahre 1740 schuf Friedrich der Große den Militärorden ,,Pour le Mérite". Friedrich Wilhelm IV. stellte diesem 1842 einen neuen ,,Orden Pour le Mérite für Wissenschaften und Künste" zur Seite. Er war bestimmt für Männer (heute heißt es in den Statuten: für Männer und Frauen), ,,die durch weit verbreitete Anerkennung ihrer Verdienste in der Wissenschaft und in der Kunst einen ausgezeichneten Namen erworben haben". Die Zahl der deutschen Mitglieder des Ordenskapitels war – und ist heute noch – auf 30 beschränkt: 10 Geisteswissenschaftler, 10 Naturwissenschaftler und 10 Künstler. Dazu kommt eine Anzahl ausländischer Mitglieder. Das besondere des Ordens ist, daß bei frei gewordenen Plätzen das Ordenskapitel selbst die neuen Mitglieder wählt. Sie wurden ursprünglich durch den König, und werden heute durch den Bundespräsidenten nur bestätigt. Eine solche Selbständigkeit konnte die Nationalsozialistische Regierung nicht dulden. Andererseits kam es zwischen den Ministern zu keiner Einigung, wer von ihnen die Verleihung des Ordens steuern sollte. Bald brachte ihnen der zweite Weltkrieg größere Sorgen. So wurde der Orden nicht aufgelöst, es erfolgten aber auch keine Zuwahlen mehr. Nach dem Zusammenbruch und den schlimmsten Nachkriegsjahren bewahrte Theodor Heuss als Bundespräsident den Orden vor dem Aussterben. Es waren damals nur noch drei Mitglieder am Leben. Auf Veranlassung des Bundespräsidenten wurde ihre Zahl wieder auf 30 ergänzt. Damals kam auch ich in diesen Kreis. Die alten Statuten blieben in Kraft. Einmal im Jahr versammeln sich die Mitglieder in Bonn. In einer Kapitelsitzung erledigen sie Neuwahlen und andere geschäftliche Dinge, zu Mittag sind sie Gäste des Bundespräsidenten, auch das Innenministerium gibt durch eine Einladung Gelegenheit zu geselligem Beisammensein. An einem Abend hält ein Mitglied einen allgemein verständlichen öffentlichen Vortrag. Aber eine eigentliche Aufgabe ist dem Orden so wenig wie früher gestellt, im Gegensatz zu wissenschaftlichen Akademien und ähnlichen Gremien. Er bildet eine freie Vereinigung von Wissenschaftlern und Künstlern, die selbst die Lücken ergänzt, welche der Tod in ihre Reihen bringt. Und doch erfüllt er einen Sinn. Denn er führt Menschen mit verschiedensten Interessen und Begabungen zu anregenden Gesprächen zusammen, aus denen oft genug freundschaftliche Verbundenheit erwächst; und er gibt ihnen auch immer wieder Gelegenheit, mit Männern, welche die Geschicke des Landes leiten, ungezwungen über so manches zu reden, was die Gemüter bewegt; und zuweilen finden sie ein offenes Ohr.

In späteren Jahren mußte ich wegen zunehmender Schwerhörigkeit auf die Teilnahme an diesen Zusammenkünften verzichten. Auch der Besuch von Vorträgen, Konzerten und Geselligkeiten wurde sinnlos. Das machte das Leben um einiges ärmer.

Meine Tätigkeit stand nun ganz im Zeichen der Bienen, um die Ergebnisse der letzten 12 Jahre über ihre wechselseitige Verständigung und über ihr Orientierungsvermögen zu einem geschlossenen Ganzen abzurunden. Dabei kam es zu enger Zusammenarbeit mit meinem Grazer Assistenten Dr. H. HERAN und mit meinem Münchner Schüler Dr. M. LINDAUER, der auch vorübergehend am Grazer Institut als Assistent tätig war. Schon dort beschäftigte uns die Frage, ob sich im Lexikon der „Bienensprache" nicht doch noch neue „Worte" finden ließen. Wenn die Tänzerinnen ihren Kameraden so genau die Himmelsrichtung eines Zieles anzugeben wußten, konnten sie nicht bei gegebenem Bedarf auch die Richtung nach oben oder unten weisen?

Das Wandern mit dem Futterplatz vom Beobachtungsstock weg zu einem vorgenommenen Ziel wurde bei diesen Versuchen um Vieles reizvoller als bisher. Schon in Graz mußten sich die numerierten Bienen daran gewöhnen, samt ihrem Futtertischchen mit einem improvisierten Aufzug von der Straße empor zur Regenrinne des Institutsdaches zu reisen. Aber das genügte nicht. Bei der Fortsetzung in München waren hochragende Ruinen zerbombter Häuser bevorzugte Versuchsstätten. Weit günstiger für unser Problem und zugleich genußreicher für uns erwiesen sich bald die senkrechten Felsabstürze des Schafbergmassivs am Wolfgangsee. Das eine Mal stand der Beobachtungsstock am Fuße der Wand und die Bienen hatten ihren Futterplatz 55 m hoch über sich auf dem Grat, ein andermal befand sich der Stock oben und das Futterschälchen unten — wobei der Fußmarsch vom einen Platz zum anderen von uns einen ansehnlichen Umweg und einige Berggewohntheit verlangte. Es war eine ausgesprochen gesunde Zoologie.

Aber trotz der scheinbar günstigen Versuchsbedingungen wußten sich die Bienen auf eine geradezu raffinierte Weise einer klaren Antwort auf die gestellte Frage zu entziehen. Sie fanden bei ihren Mitteilungen an die Stockgenossen immer wieder einen Ausweg aus der ungewöhnlichen Lage und schickten ihre Kameraden ans Ziel, auch ohne „hinauf" oder „hinunter" zu sagen. Erst mit Hilfe der Bayerischen Landespolizei gelang uns schließlich die Lösung der Frage. Sie ermöglichte uns ein ungestörtes Arbeiten auf der von Touristen viel besuchten Echelsbacher Brücke, die sich in freiem Bogen 76 m hoch über die Ammer spannt und sie stellte uns überdies einen ihrer Funktürme zur Verfügung, wo sich die Bienen beim Flug senkrecht hinauf an ihren Futterplatz nicht nach einer Felswand einstellen konnten. Da waren sie mit ihrer Weisheit am Ende und sandten die Stockgenossen durch Rundtänze auf die umliegenden Wiesen, während sie selbst sich gegen den Himmel schraubten. Auch die vollendetsten Insekten, mit kaum faßlichen Instinktleistungen, sind eben für *unnatürliche* Anforderungen nicht gewappnet. In die Baumkronen finden sie, sobald sie den Baum erreicht haben, auch ohne spezielle Höhenweisung und in den Wolken hängt kein Nektar.

Ebenso abwechslungsreich und spannend verliefen Versuche gemeinsam mit LINDAUER, die klären sollten, ob bei der Orientierung der

Abb. 38. Gesunde Zoologie in den Bergen. Der Beobachtungsstock (im Bilde nicht sichtbar) steht am Fuße einer 55 m hohen, überhängenden Wand. Numerierte Bienen sammeln auf einem schwebenden Futtertischchen und werden durch allmähliches Aufhieven nach oben auf den Felsgrat, genau über das Flugloch ihres Stockes gebracht. Werden ihre Tänze auf den Waben die Richtung nach oben anzeigen? Ein Trompetensignal gibt die Weisung hinauf, das Tischchen weiter aufzuholen. Vgl. auch Abb. 39

Bienen irdische Landmarken oder der Himmelskompaß (s. S. 140) die wichtigere Rolle spielen. Wir haben diese beiden Orientierungsmöglichkeiten miteinander in Konkurrenz gesetzt, indem wir z. B. eine Schar von Bienen entlang einem von Nord nach Süd verlaufenden Waldrand vom Stock zum Futterplatz fliegen ließen; am nächsten Tag fand sich das Bienenvolk an einen ähnlich aussehenden Waldrand versetzt, der aber von West nach Ost verlief. Nun war für die Orientierung der ausfliegenden Sammlerinnen der Himmelskompaß mit dem Leitweg des Waldrandes in Konflikt. Sie hielten sich an den Waldrand und kehrten sich nicht an den Himmel. Das wurde anders, wenn die Flugbahn vom Waldrand weiter weg mit ihm parallel lag. Von einer bestimmten Entfernung ab siegte der Himmelskompaß über die zu unauffällig gewordene Landmarke. So ließ sich an solchen und anderen Objekten der relative Wert verschiedenartiger Orientierungsmittel gegeneinander abwägen.

Solche Unternehmungen erstreckten sich weit hinaus in die Umgebung von München. Andere führten über die Ozeane. Da bin ich nun freilich nur mehr in Gedanken mitgereist, während jüngere Hände die Arbeit machten.

Abb. 39. Auf dem Grat. Das Futtertischchen mit den Bienen ist auf der Höhe der Wand angekommen. Der vordere Balken mit der Blechbüchse diente als improvisierte „Luftpost"-Verbindung. Für die mündliche Verstandigung war die Entfernung zwischen Beobachtungsstock und Futterplatz zu groß

Die Zoologen kennen vier verschiedene Arten der staatenbildenden Gattung „Honigbiene" *(Apis)*. Von ihnen kommt nur eine in Europa vor, die anderen sind im Gebiet von Indien zu Hause, wo wahrscheinlich ihre Urheimat zu suchen ist. Der Anlaß für eine Studienreise, die Dr. LINDAUER mit Unterstützung der ROCKEFELLER Foundation 1954/55 nach Ceylon und Indien durchführte, war unser Wunsch, ein wenig „vergleichende Sprachforschung" zu treiben und nachzusehen, ob die komplizierte Verständigungsweise der europäischen Bienen bei ihren indischen Verwandten nicht einfachere Vorstufen hat. Sie könnten uns wenigstens ahnen lassen, welchen Weg die phylogenetische Entwicklung dieser Verständigungsweise gegangen ist.

Die Hoffnung wurde nicht enttäuscht. Die winzigen Zwerghonigbienen *(Apis florea)* — sie sind nur etwa halb so groß wie Stubenfliegen, aber ihnen gegenüber die reinen Mannequins in ihrem eleganten bunten Kleid — sind in mehrfacher Hinsicht primitiver als unsere Bienen. Sie bauen nur eine einzige, handtellergroße Wabe ohne jeden Schutz an einen Ast unter freiem Himmel. Sie verständigen sich untereinander im wesentlichen so, wie ihre europäischen Verwandten, aber bei ihrer Richtungsweisung kennen sie noch nicht die Übertragung des Winkels zum Sonnenstand auf den Winkel zur Schwerkraft (s. S. 130); sie können die Richtung zum Ziel nur durch unmittelbare Bezugnahme auf den Sonnenstand angeben, genauso, wie es unsere Bienen beim Tanz auf einer horizontalen Fläche tun. Darum *müssen* sie ihr Nest unter freiem Himmel bauen, und darum legen sie auch auf dessen oberem Rand ein horizontales Plateau an für ihre Tanzzeremonien.

Noch einfachere Sprachgebräuche fanden sich bei einer staatenbildenden stachellosen Biene Ceylons, die zur entfernteren Verwandtschaft der Honigbienen gehört. Da es sehr viele Arten von stachellosen Bienen (Meliponiden) gibt, deren Staatenleben recht ungleich differenziert ist, bleibt hier gewiß noch manches zu entdecken. Vielleicht wird sich dann die Entstehung der Bienensprache klarer abzeichnen.

Ein anderes Problem führte meinen Mitarbeiter Dr. M. RENNER nach der entgegengesetzten Richtung über den Ozean. Der Ausgangspunkt liegt etwa 30 Jahre zurück. Damals versuchte ich, angeregt durch eine Gelegenheitsbeobachtung AUGUST FOREL[8], ob man Bienen dazu anlernen kann, zu einer bestimmten Tagesstunde zu Tisch zu kommen. Das gelingt ganz überraschend gut. Dieses Zeitgedächtnis wurde von INGEBORG BELING in ihrer Doktorarbeit genau studiert; andere Untersuchungen schlossen sich an. Erstaunlich war, daß der Versuch auch in einem abgeschlossenen Flugraum glückt, der nur durch künstliches Licht Tag und Nacht gleichmäßig erhellt ist. Sogar in einem Bergwerk tief unter der Erdoberfläche konnten solche Zeitdressuren mit Erfolg ausgeführt werden. Es scheint, daß die Bienen ihre „Uhr" in sich tragen. Doch wäre auch denkbar, daß sie sich nach einer uns unbekannten tagesperiodischen Strahlung orientieren, die durch die Gebäude und in die Tiefe der Erde dringt.

Zur Entscheidung dieser Frage hatte ich geplant, Bienen in Hamburg auf eine bestimmte Stunde zu dressieren und dann auf einem Amerikadampfer während der Überfahrt zu prüfen, ob sie nach Hamburger Zeit oder nach der Ortszeit zum Futterplatz kommen. Aber es kam der Krieg und für viele Jahre war an solche Unternehmungen nicht mehr zu denken. Vielleicht war das gut. Denn inzwischen hatte sich der Luftverkehr entwickelt. Mit ihm boten sich für den Versuch bessere Möglichkeiten. Persönliche Freunde in Paris und New York verhalfen uns zu seinem Gelingen. Wegen der besonders günstigen Flugverbindung Paris — New York dressierte Dr. RENNER seine Bienen im Institut von Professor GRASSÉ in Paris auf eine bestimmte Tageszeit. Mit dem Flugzeug nach New York gebracht, konnten sie dort, dank der Vorsorge durch Prof. C. T. SCHNEIRLA, in kürzester Zeit über die Zollschranke und durch die Stadt ins American Museum of Natural History gebracht werden, wo ein dem Pariser Dressurraum genau entsprechender Versuchsraum auf sie wartete. Vierundzwanzig Stunden nach ihrer letzten Fütterung in Paris kamen sie mit derselben Pünktlichkeit wie dort auch in New York an ihr Schälchen geflogen. Nach New Yorker Zeit hätten sie 5 Stunden später erscheinen müssen. Nun wußten wir bestimmt, daß sie eine Uhr in sich tragen.

Hiermit ist das letzte Rätsel ihres Zeitsinnes nicht gelöst. Die Wissenschaft kommt nur im Zottelschritt vom Fleck. Aber wo bliebe schon ihr unvergänglicher Reiz, wenn man mit einem Sprung am Ende aller Weisheit stünde!

NACH DER EMERITIERUNG (SEIT 1958)

Im allgemeinen werden Beamte mit einem bestimmten Lebensalter *pensioniert*. Sie treten mit gekürzten Bezügen in den Ruhestand. Hochschullehrer werden „*emeritiert*". Sie werden ihrer Pflichten entbunden, behalten aber ihre vollen Dienstbezüge. Sie brauchen keine Vorlesungen mehr zu halten, aber sie können es, wenn sie wollen. War man Direktor eines Instituts, so geht dessen Leitung an den Nachfolger über. Er muß nicht, aber er kann dem Vorgänger die Möglichkeit geben, im Institut weiter zu arbeiten. In der Regel sieht ein Hochschullehrer in der Entpflichtung die erwünschte Gelegenheit, sich, bei abnehmenden Kräften, nach der Befreiung von den Lasten der Verwaltung und des Unterrichts ganz seiner wissenschaftlichen Arbeit hinzugeben. Im Zuge der heutigen Reformbestrebungen wird wohl das Privilegium der Emeritierung, wie manche gute Tradition, verschwinden. Es wäre schade. Denn viele brauchen die ungekürzten Bezüge, wenn sie als „Privatgelehrte" ihre Arbeit fortsetzen wollen.

Als mein Nachfolger wurde H. AUTRUM von Würzburg nach München berufen. Mit elastischer Arbeitskraft hat er die Wiederherstellung des Institutes vollendet, es räumlich erweitert und seine Einrichtungen so umgestaltet, wie es für sein und seiner Schüler Schaffen nötig war. AUTRUM war – und ist – ein führender Vertreter der modernen elektrophysiologischen Arbeitsrichtung. Für diese waren die Einrichtungen vielfach unzulänglich. Das Antlitz des Institutes begann sich in mancher Weise zu wandeln. Die Bienen aber sind mit AUTRUMS Einzug keineswegs ausgezogen. Sie wurden auch für ihn und seinen Kreis oft beanspruchte Versuchstiere – nur daß sie jetzt auf andere Weise nach ihren unerschöpflichen Geheimnissen befragt wurden.

AUTRUM war so freundlich, mir einen schönen Arbeitsraum im Institut zur Verfügung zu stellen. Für die geplanten Versuche gab es keine Raumnot. Hier hatten wir auch in den folgenden Jahren das unbegrenzte Feld unter freiem Himmel zur Verfügung, teils in der Umgebung von München, teils bei Brunnwinkl. Ich sage „wir", weil diese Arbeiten überwiegend in Gemeinschaft mit einigen meiner früheren Schüler durchgeführt wurden. Mit ihren jugendlichen Kräften und manchem guten Einfall waren sie hilfreiche Arbeitsgefährten.

Es ging dabei um die Analyse des polarisierten Himmelslichtes durch das Bienenauge, es ging um die Frage, wie es die Bienen fertigbringen, bei bedecktem Himmel die für uns unsichtbare Sonne auch durch eine Wolkendecke wahrzunehmen und sich nach ihr zu orientieren; aber der größte Zeit- und Arbeitsaufwand galt der „Mißweisung" bei den richtungsweisenden Tänzen der Bienen.

In Abb. **31** S. **129** ist dargestellt, wie die Entdeckerin einer lohnenden Futterquelle nach ihrer Heimkehr den Stockgenossen durch ihre Tänze auf der vertikalen Wabenfläche die Richtung zur Fundstelle anzeigt. Sie bezieht sich dabei auf den Sonnenstand und transponiert den Winkel, den sie beim Flug zum Ziel zur Sonne eingehalten hat, auf den Winkel zur Schwerkraft. Nun war beim Studium dieser Erscheinung bald klar geworden, daß die Tänzerinnen Fehler machen und um einige Winkelgrade daneben zeigen können. Diese „Mißweisung" hatte aber ihre Gesetzmäßigkeiten. Sie verlief in einem regelmäßigen Tagesgang, sie konnte zu bestimmten Stunden verschwinden und dann wieder ansteigen oder nach der anderen Seite umschlagen und wurde durch eine Reihe verschiedener Faktoren beeinflußt. Der Schlüssel für die Bekanntgabe der Richtung, wie ihn Abb. **31** zeigt, hatte sich in zahllosen Versuchen stets als grundsätzlich richtig erwiesen. Die systematischen Abweichungen verlangten nach einer Erklärung – um so mehr, als für die Bienen selbst keine Mißweisung besteht. Auch in Versuchen, die absichtlich zu Zeiten extrem starker Mißweisungen angelegt waren, schlugen die alarmierten Neulinge (mit der auch sonst üblichen geringen Streuung) korrekt die Richtung zum Ziel ein. Das war nur so zu verstehen, daß die Tänzerinnen, welche die Information gaben, und ihre Nachtänzerinnen, die sie empfingen, in gleicher Weise durch die für die Mißweisung verantwortlichen Faktoren beeinflußt wurden. Aber wo waren diese zu suchen?

Durch viele Jahre habe ich gemeinsam mit M. Lindauer die Versuche wiederholt und variiert. Wir waren fasziniert von der Regelmäßigkeit der Fehler und dann wieder verblüfft durch unvermutete Überraschungen. Endlich kamen wir zu einer Hypothese, die uns annehmbar schien. Sie erwies sich später als falsch. Während ich mich einer anderen Arbeit zuwandte, ließ Lindauer nicht locker. Nach Frankfurt berufen, setzte er dort mit seinem Schüler und Mitarbeiter H. Martin die Versuche fort. Es gab zunächst eine böse Enttäuschung. Der Tagesgang der Mißweisung stimmte mit jenem in den früheren Versuchen durchaus nicht überein. Bei diesen hatte die Wabe des Beobachtungsstockes in Ost-West-Richtung gestanden. In Frankfurt war sie aus lokalen Gründen nord-südlich orientiert. Wenn der Experimentator in einer Sackgasse steckt, prüft er die unwahrscheinlichsten Vermutungen. Konnte die Mißweisung durch die Feldlinien des Erdmagnetismus beeinflußt werden? Durch die andere

Kompaßrichtung der Wabe änderte sich ja die Stellung der Tänzerinnen im erdmagnetischen Feld. Weitere Versuche bekräftigten diesen Verdacht. Als schließlich im Bereich des Beobachtungsstockes das erdmagnetische Feld künstlich ausgeschaltet wurde, war die Mißweisung vollständig verschwunden. Sie war also durch das Magnetfeld der Erde bewirkt. Mit dieser Entdeckung stand das Tor zu einem neuen Arbeitsfeld offen. Auf ihm herrscht rege Tätigkeit. Die Untersucher wurden samt ihren Bienen zur Klärung spezieller Fragen nach Afrika und an den nördlichen Polarkreis geführt. Es gehört zu den schönen Seiten solcher Art Biologie, daß man nicht zum Stubenhocker wird.

War so die Ursache der Mißweisung erkannt, so war doch ein biologischer Sinn für das Ansprechen der Bienen auf das Magnetfeld der Erde nicht ersichtlich. Ein solcher wurde erst durch Versuche unter natürlicheren Bedingungen deutlich. Die Imker pflegen Holzrähmchen in den Stock zu hängen. In diese Rahmen bauen die Bienen ihre Waben, deren Stellung im Raum dadurch festgelegt ist. Aber wie kommt es, daß ein Bienenschwarm, der in seine naturgegebene Wohnung einzieht, in einen hohlen Baum, schon über Nacht ohne derartige Hilfe einen wohlgeordneten Bau aus mehreren parallel ausgerichteten Waben aufführt? Kein Bauleiter gibt den Tausenden von Baubienen, die an dem Werk beteiligt sind, entsprechende Anweisungen. LINDAUER und MARTIN konnten nachweisen, daß sie sich dabei nach den Feldlinien des Erdmagnetismus orientieren und die Waben in der Kompaßrichtung anlegen, die sie an ihrem früheren Platz – in der Regel also im Mutterstock des Schwarmes – eingenommen hatten. So besteht, auch ohne Anweisung, Einigkeit unter den kleinen Baumeistern, welche Richtung sie ihrer Anlage zu geben haben. *Auf welche Weise* sie sich nach den magnetischen Feldlinien orientieren, ist freilich bisher noch nicht geklärt.

Etwa 5 Jahre waren so dahingegangen. Die Freilandversuche verlangten körperliche Ausdauer und gute Augen. Als beide Voraussetzungen nicht mehr erfüllt waren, wandte ich mich ganz der Schreibtischarbeit zu.

Durch mehr als 50 Jahre waren die Bienen unsere bevorzugten Versuchstiere gewesen. Was sie uns von ihren Sinnesleistungen, von ihrer Sprache und ihrem Orientierungsvermögen verraten hatten, war in zahlreichen zerstreuten Einzelarbeiten veröffentlicht. Der Wunsch nach einer zusammenfassenden Verarbeitung und übersichtlichen Darstellung wurde dringend. So kam es zu meinem Buch: „Tanzsprache und Orientierung der Bienen“ (1965). Dann versenkte ich mich in anderer Weise in vergangene Zeiten, wie das dem Alter zusteht. Ich hatte oft Vorträge gehalten. Sie handelten keineswegs nur von Bienen. Die meisten waren irgendwo im Druck erschienen, andere nicht. Ich stellte eine Auswahl zusammen, wobei ich mich gern noch einmal in die frühen Anfänge zurückversetzte. Es entstand die Sammlung „Ausgewählte Vorträge" (1970). In Anmerkungen oder in Anhängen zu den einzelnen Vorträgen erfährt der Leser, wie sich das behandelte Problem seither weiter entwickelt hat.

Und soeben ist nach zweijähriger Arbeit ein Buch abgeschlossen, dessen Vorgeschichte uns noch einmal ins Brunnwinkler Museum führt. Dort besuchte uns vor vielen Jahren das uns befreundete Verleger-Ehepaar Kurt und Helen Wolff. Die Bauwerke verschiedener Insekten in meiner Sammlung waren beiden in Erinnerung geblieben und bei einem Besuch in München im Frühjahr 1963 machten sie den Vorschlag, ich sollte für ihren Verlag ein Buch über Tiere als Baumeister schreiben. Damals waren die Bienenversuche noch in vollem Schwung und für so besinnliche Nebenbeschäftigung fehlte die Zeit. Aber später fand ich den Plan reizvoll und nun soll 1974 das Buch zugleich in englischer und deutscher Sprache herauskommen – an einem Seitenzweig des Lebensbaums als späte Frucht gereift, die ich nie im Sinne gehabt hatte.

Unerwartet kam in den letzten 6 Jahren das Aufflackern einer Polemik, die mir recht überflüssig erscheint. Ein amerikanischer Biologe, A. M. Wenner, und einige seiner Mitarbeiter bestreiten, daß die Bienen eine „Sprache" haben. Zwar zweifeln sie nicht daran, daß die Tänze der Sammlerinnen die Stockgenossen zum Ausfliegen alarmieren; sie bestätigen auch, daß die Schwänzeltänze die Richtung zum Ziel weisen und dessen Entfernung angeben. Aber nach ihrer Überzeugung ist es falsch, daß die Stockgenossen durch diese Information an die richtige Stelle geleitet werden. Sie sollen das Ziel ausschließlich durch ihren Geruchssinn finden.

Genau dieses war meine erste Vermutung gewesen, als ich 1944 den zielgerichteten Anflug von Neulingen an weit entfernten Futterplätzen entdeckte. Aber diese Vermutung hat sich eben bei genauer Prüfung als unrichtig erwiesen. Die weiteren Experimente haben vielmehr gezeigt, daß die Bienen durch ihre symbolische Tanzsprache den Kameraden eine Lagebeschreibung der lohnenden Fundstätte liefern. Auch Wenner hat experimentiert, leider auf unkritische Weise. Gegenargumente werden von ihm nicht beachtet oder oberflächlich abgetan. Mit unverwüstlichem Optimismus hält er daran fest, daß seine Ansicht die richtige sei. Auf die Einladung zu gemeinsamen Versuchen hat er nicht reagiert. Auch C. v. Hess war seinerzeit der Einladung nicht gefolgt, sich meine Versuche über den Farbensinn der Tiere anzusehen (s. S. 40). Aber die Fehde mit Hess war eine konstruktive Polemik. Seine teilweise berechtigte Kritik war der Sache dienlich. Wenners Kritik ist destruktive Polemik. Ohne ausreichende Kenntnis dessen, was auf diesem Gebiet bereits gemacht worden ist, ohne Berücksichtigung elementarer Fehlerquellen vertritt er weiter seinen Standpunkt mit einer Beredsamkeit, die auf fernerstehende Leser verwirrend wirkt. So mag mancher um die Freude kommen, die aus der Einsicht in die großartige Harmonie der Bienensprache erwächst. Wie so differenzierte Verhaltensweisen der Bienen im Laufe ihrer stammesgeschichtlichen Entwicklung entstanden sein sollten, wenn ihnen keine biologische Bedeutung zukommt, darüber fällt in WENNERS Schriften kein Wort.

In der Zeit seit meiner Emeritierung haben sich unsere Hochschulen in vielem verändert. Reformbestrebungen wollen ihre Struktur grundlegend wandeln. Daß Reformen nötig waren, darüber besteht kein Zweifel. Aber sie sollten Verbesserungen bringen und das Bewährte schonen.

Da ich diese Vorgänge nicht mehr als aktiver Hochschullehrer miterlebt habe, kann ich sie im einzelnen nicht beurteilen und will nicht näher auf sie eingehen. Aber auch der Außenstehende sieht mit Sorge, wie es an manchen Hochschulen zu ,,Reformen" gekommen ist, die deren Fortbestehen als erfolgreiche Stätten der Forschung und Lehre in Frage stellen. Dafür nur ein Beispiel.

Früher war der Ordinarius und Direktor eines Universitätsinstitutes selbstverständlich dessen Hausherr. Gewiß, mit der Entwicklung neuer Teilgebiete, bei uns wie in anderen Fächern, mit der Zunahme der Studentenzahl und der Erweiterung des Mitarbeiterstabes mußte sich das ändern. Der Institutsleiter holte sich Vertreter verschiedener Arbeitsrichtungen des Gesamtfaches als Mitarbeiter heran, die größere Selbständigkeit erhielten. Aber das Steuer blieb in seiner Hand, solange sich nicht ein Teilgebiet so entfaltet hatte, daß es sich wie ein Ableger von seiner Mutterpflanze löste. Heute hat im Zuge der jüngsten Reformen an manchen Universitäten ein Institutsleiter seine alten Rechte und Pflichten völlig verloren. Über die Aufteilung und Verwendung der zur Verfügung stehenden Geldmittel, über den Vorlesungsplan und die allgemeine Gestaltung des Unterrichts, die Prüfungen, die Besetzung freier Assistentenstellen, ja über die Berufungslisten zur Besetzung der Professuren entscheidet eine Fachbereichskonferenz mit 50 oder mehr Mitgliedern, in der neben Hochschullehrern und wissenschaftlichen Assistenten auch Studenten und Vertreter der Verwaltung und des technischen Personals das gleiche Stimmrecht haben wie Dozenten und Professoren, und diesen gegenüber in der Überzahl sind. Daß Mitglieder des Gremiums, denen zur Beurteilung wichtigster Fragen die nötige Einsicht und Erfahrung fehlt, entscheidend mitzusprechen haben, ist unverständlich. Die Folgen zeigen sich rasch. Von jenen Universitäten gehen hervorragende Kräfte weg, die Zahl der Professuren nimmt zu, ihre Qualität nimmt ab, die Ausbildung der Studenten leidet. In langen Sitzungen und Diskussionen wird die Zeit vergeudet, die ehedem der wissenschaftlichen Arbeit und dem Unterricht gewidmet war. Man hört Spott über das „Leistungsprinzip", wo doch der Fortschritt so deutlich an überdurchschnittliche Leistungen gebunden ist. Man drängt auf Vereinfachung der Ausbildung und Erleichterungen der Prüfungen, ohne Rücksicht darauf, wie umfangreich der Sockel geworden ist, auf dem heute ein Forscher weiterbauen muß.

Noch ist die Gärung in Gang. Sie hat die einzelnen Universitäten in ungleichem Maße erfaßt. Man kann nur hoffen, daß eine künftige, einheitliche Regelung die lokalen Mißgriffe bald beseitigt.

Sind einem die Anlagen für eine wissenschaftliche Tätigkeit in die Wiege gelegt und hat man das Glück, ihr mit Lust und Liebe folgen zu können, so stellen sich mit zunehmendem Alter immer mehr Anerkennungen verschiedenster Art ein. Ich habe ihnen nicht zu viel Bedeutung beigemessen. Sehr gefreut haben mich Ehrendoktorate, als völlig freie Äußerungen der Achtung und auch der Sympathie vonseiten einer anderen Hochschule als kompetenter Körperschaft. Zwei will ich aus besonderem Grunde erwähnen.

An der Harvard University (Cambridge, USA) war bei der Verleihung eines Ehrendoktorates ein persönliches Erscheinen zur Bedingung gemacht. Das führte mich ein drittesmal über den Ozean, wobei mein Sohn Otto mich begleitete. Ich kannte diese Universität von meinen Vortragsreisen (s. S. 143). Dort ist es Brauch, daß allen Studenten, die im Laufe eines Jahres ihr Studium beendet und die Abschlußprüfung mit Erfolg bestanden haben, am gleichen Tag in den „Commencement"-Feierlichkeiten ihr akademischer Grad zuerkannt wird. Mit dieser Zeremonie wird auch die Verleihung von Ehrendoktoraten verbunden. Man muß von den Ausmaßen der Harvard University eine Vorstellung haben, um zu begreifen, wie eindrucksvoll die Festlichkeit war, die sich bei dieser Gelegenheit entfaltete. Sie fand am 13. Juni 1963 auf dem weiten Universitätsgelände statt, unter freiem Himmel bei strahlendem Sonnenschein. Der lange Zug der Akademiker in ihren Talaren bot ein buntes Bild, als er sich langsam durch den Park zur Tribüne der Ehrengäste bewegte. Nicht weniger als 3552 Studenten erhielten die Bestätigung ihres abgeschlossenen Studiums und 16 Männer die Urkunde über ihren Ehrendoktor. Unter den letzteren stehen mir aus jenen Stunden noch besonders lebhaft vor Augen: der heutige deutsche Bundeskanzler Willy Brandt, der damalige amerikanische Außenminister Dean Rusk, der damalige Generalsekretär der Vereinten Nationen U Thant, der Leiter der Groton School und verdiente Betreuer der Jugend Rev. John Crocker. Die Begegnung mit diesen und anderen bedeutenden Menschen, das Wiedersehen mit alten Freunden, das frohe Getriebe der vielen jungen Leute machten die Feier zu einem wirklichen Fest.

Der letzte Dr. h. c. kam 1969 von der Universität Rostock (DDR), wo ich 1921 meine Laufbahn als Ordinarius begonnen hatte (S. 64). Die Beziehungen zwischen den beiden nun getrennten deutschen Staaten waren damals arg verdüstert. Aber *über* der wetterwendischen Politik steht die Verbundenheit der Kulturvölker im Reich der Wissenschaft. Leider ist ihr Gewicht gering gegenüber den Kräften, die die Menschheit spalten.

Im Mai 1963, einen Monat vor dem eben erwähnten Katzensprung nach Amerika, war ich mit meiner Frau und unserer Tochter Maria nach Rom gefahren. Auch diese Reise hatte ich wohl, wie so viele andere, letzten Endes den Bienen zu verdanken. Ein reicher Italiener, Eugenio Balzan, hatte einen Preis gestiftet, der nach den Empfehlungen eines internationalen Komitees für besondere Leistungen auf den Gebieten der Kunst und Wissenschaft und für Verdienste um den Frieden zuerkannt wurde. Daß den Friedenspreis der damalige Papst erhielt, gab den Feierlichkeiten eine besondere Note. Johannes XXIII., Papst seit 1958, verband ungewöhnlichen Weitblick und große Aufgeschlossenheit mit seinem schlichten Wesen. Daß uns der Balzanpreis mit diesem, um den Frieden der Völker mit Leidenschaft bemühten Mann so unerwartet in persönliche Berührung brachte, war ein Erlebnis eigener Art, und ein nachhaltiger Eindruck umsomehr, als Papst Johannes schon 3 Wochen später einer schweren Krankheit erlag.

Diese Fahrt war die letzte größere Reise zusammen mit meiner Frau. Sie hat sie mit offenen Augen und aufgeschlossenen Sinnen genossen. Am 1. Februar 1964 war ihr nach kurzer Krankheit ein sanfter Tod beschieden.

Maria gab ihre Tätigkeit beim Film auf und übernahm die Führung des Haushalts und die Vertretung der Hausfrau, wo es sonst noch erforderlich war. Leni, nur mehr gelegentlich meine Sekretärin und vielseitige Helferin, hat eine selbständige Tätigkeit gefunden, die sie erfüllt und befriedigt. Aber sie wohnt mit uns und so leben wir zu dritt in stiller Eintracht in unserem Harlachinger Haus. Hannerl hat ihren Wohnsitz jetzt in Mainz, wo ihr Mann, Dr. Theodor Schreiner, als Akademischer Direktor am Zoologischen Institut der Universität tätig ist. Von ihren 3 Kindern ist der Älteste, Peter, schon recht weit in der Welt herumgekommen. Sein Studium der vergleichenden Religionswissenschaften und der Indologie hat ihn in die Vereinigten Staaten und nach Indien geführt. Auch sonst ist in den jüngeren Generationen die Neigung und Begabung der Vorväter zur Gelehrsamkeit mehrfach wieder zu Tage gekommen.

Otto, nun auch Professor, ist Oberkustos am Naturhistorischen Museum der Technischen Universität in Braunschweig. Nebenberuflich schreibt er gern und mit Begabung biologische Bücher. Durch gut gewählte Themen sucht er vor allem bei der Jugend die gelockerte Verbindung mit der Natur wieder fester zu knüpfen. Das gleiche Streben liegt seinem gelegentlichen Auftreten im Fernsehen zugrunde. Nie hätte ich gedacht, daß dieser in München geborene und in Bayern so heimisch ge-

Abb. 40. Das älteste Haus des Brunnwinkls, das Mühlhaus, erbaut im Jahre 1615. In seinem Dachgeschoß, hinter dem durchgehenden Balkon, liegt seit 1925 das „Museum"

wordene Sohn sich in Norddeutschland auf die Dauer wohl fühlen würde. Nun ist er dort in doppelter Weise verwurzelt: familiär durch seine Frau Heidi geb. Franke-Stehmann, deren Eltern in Hannover leben, und beruflich nicht allein durch sein Amt am Museum; in einem Dorf nur 10 Autominuten von seiner Dienststelle entfernt konnte er ein altes Fachwerkhaus mit großem Park erwerben. Hiermit war sein Wunschtraum in Erfüllung gegangen, Tiere in reicher Zahl unter günstigen Lebensbedingungen in relativer Freiheit halten und beobachten zu können. In Freilandgehegen brüten inländische und ausländische Vögel. Auf den Wiesen tollen Hunde herum und grasen Pferde, zahme Störche und Kraniche schreiten umher, gelegentlich äst ein Reh zwischen den Pferden;

Abb. 41. Der Laufbrunnen vor dem Mühlhaus

dazwischen, mit allen befreundet, wachsen zwei fröhliche Kinder auf, Barbara und Julian, und lernen das Leben anderer Geschöpfe kennen und achten.

Der Brunnwinkl, im Jahre 1882 von meinen Eltern als Familiensitz begründet, ist für die Nachfahren der altgewohnte sommerliche Treffpunkt geblieben und hat sie in wechselvollen Zeiten zusammengehalten. Die Jüngsten zählen nun dort schon zur 5. Generation. Das äußere Antlitz der kleinen Siedlung hat sich nur wenig verändert. Die Häuser tragen immer noch die stilgerechten Schindeldächer (Abb. 40). Die Glocke in dem Türmchen vorn auf dem Dachfirst ist (oder war) an den alten Bauernhäusern unserer Gegend allgemein üblich. Sie ruft zur Mahlzeit, rief die Leute vom Feld. Vor dem Mühlhaus plätschert der Laufbrunnen seine alte Weise wie in Müllers Zeiten, und hält den großen Marmortrog gefüllt, den meine Eltern 1884 an Stelle des hölzernen Kuhtroges setzen ließen (Abb. 41). In der Umgebung aber sind leider zahlreiche unschöne Gebäude und neuerdings Großbauten mit Eigentumswohnungen aus dem Boden geschossen. Man muß schon etwas weiter wandern als früher, wenn man zum vollen Genuß dieser Landschaft kommen will.

Es ist dieselbe Entwicklung, die auch in München unsere ehemals so kleine Villenkolonie, die „Gartenstadt Harlaching", überfallen hat und in die Großstadt einbezieht. Das Grün der Bäume, Büsche und Wiesen schwindet immer mehr und Baulärm erreicht von allen Seiten die Ohren. Immerhin – das breite Tal der Isar in unmittelbarer Nachbarschaft hält eine grüne Schleuse zur Umgebung der Stadt offen. Noch sind Meisen, Finken, Rotkehlchen, Kleiber und anderes Kleinvolk ständige Besucher in unserem Garten, an dessen natürlichen und künstlichen Futterquellen auch Buntspecht und Grünspecht häufige und gern gesehene Gäste sind.

Als Kind geht man ganz in der Gegenwart auf. Später lernt man, vorauszuschauen. Und als Symptom des Alterns kommt die Neigung, zurückzublicken: auf einen langen Pfad im Nebel der Vergangenheit, der über Berg und Tal ging. In schattenhaften Tiefen wucherte Gestrüpp und wollte den Weg versperren, lichte Höhen öffneten die Sicht ins Weite; und vielerlei wuchs am Wegesrand. Davon zu träumen ist leichter, als das wesenlos gewordene einzufangen und ihm Gestalt zu geben.

Ich hab's versucht
Und weiß nicht, ob's gelungen.
Mein Trost: zum Lesen
Warst Du nicht gezwungen.
Hast Du's getan
Und bist nicht abgesprungen?
Hat eine Saite
In Dir angeklungen?
So wäre es
Für meiner Feder Fleiß
Der still erhoffte
Und der schönste Preis.

ANHANG: VERSE UND GEDICHTE

Aus jungen Jahren

Besinnung

Schön ist die weite Welt
Und groß das Himmelszelt
Doch klein die Erde hier –
Am kleinsten aber wir.

Drum, wenn Dir einsam ist
Und wenn Du traurig bist,
Dann heb' die Augen auf
Und schau' der Sterne Lauf.

Wie ist die Ewigkeit
So nah, und doch so weit
Und eine Winzigkeit
Der Menschen Lust und Leid.

1914

Träume

Wenn hell die Sterne blinken
Und aus den Schatten winken
Die Geister der Nacht,
Dann wandern die Gedanken
Aus den gewohnten Schranken
Ganz unbewacht.

Sie wollen fabulieren
Und gehn weit, weit spazieren
In fremden Himmelsstrichen.
Und morgen sind sie wieder
Ganz lobesam und bieder
Nach Haus geschlichen.

Herbst 1914

Oktobersonnenschein.
Es fällt das Laub zur Erde.
Die Bäume schlummern ein,
Bis wieder Frühling werde.

Auch ich möcht' solchen Schlummer,
Der auf die Welt vergißt,
Auf allen Schmerz und Kummer,
Bis wieder Frühling ist.

1917

Begebenheit im Walde

Es war einmal ein Vögelein,
Das wollte gern alleine sein,
Da flog es aus dem Sonnenschein
In einen finstern Wald hinein.

Im Wald, da saß ein Vogel drin,
Dem kam es just so in den Sinn,
Er setzt' sich zu dem Vöglein hin,
Das war der Freundschaft Anbeginn.

Und wie es freundlich angefangen,
So ist es lieblich fortgegangen,
Die Vöglein miteinander sangen
Und hatten weiter kein Verlangen,

Als miteinander froh zu sein
Und miteinander weh zu schrei'n,
Denn keines war mehr gern allein.
Und sieh – im Wald war Sonnenschein.

1919

Hoffnung

Vergänglich ist der Menschen Werk
Drum wende Deinen Blick
Von ihrem Tun und Lassen ab
Und zur Natur zurück.

Wie schön und wie unendlich groß
Enthüllt sich ihr Getrieb'
Da, wo in ihrem Zauberschloß
Ein Spalt als Guckloch blieb.

Da staunst Du dann und siehst ein Stück
Vom ewigen Geschehn,
Und könntest leicht ein Leben lang
Vor solchem Guckloch stehn.

Es war einmal

Des abends, wenn die Sinne schwinden
Und die Gedanken gehn zur Ruh',
Das letzte Bild, das sie noch finden,
Bist Du, — — bist Du.

Und früh im ersten Tagesschummer
Winkt mir die Traumgestalt noch zu —
Wer ging mit mir auch durch den Schlummer?
Nur Du, — — nur Du.

An der dalmatinischen Küste

Es zog von der sinkenden Sonne her
Eine goldene Straße über das Meer,
Die als ein flimmernder Zauberstab
Der Erde himmlische Töne gab,
Der Erde die irdische Schwere nahm
Und wie ein Gruß aus dem Ewigen kam.

Nun senken sich Schatten, der Zauber vergeht,
Ein kühler Hauch von den Bergen weht.
Du hast, kein Erdhauch kann's verwehn,
Die ewigen Mächte schreiten sehn.

1927

Begegnung

Menschen gibt es viele,
Sie wandeln ihren Weg,
Jeder nach seinem Ziele,
Jeder auf seinem Steg.

Wenn sie einander streifen,
Streifen sie vorbei;
Selten, daß sie begreifen,
Wes Art der andere sei.

Seltener noch, daß leise
Beim Streifen die Seele klingt
Und daß des anderen Weise
Froh in uns weiter klingt.

Brunnwinkler Stimmungsbilder

Herbst 1935

Der Herrgott, der den Sommer schuf
Mit allen seinen Freuden,
Er hat zugleich den Herbst gemacht
Mit seinen Abschiedsleiden.

Und wäre dieser Abschied nicht
Mit vielem Ach und Weh,
Dann wär er nicht so wunderschön,
Der Winkel hier am See.

Dann gäb's auch keine Wiederkehr
Zur nächsten Sommerszeit,
Dann gäb' es nicht, worauf man sich
So lange innig freut.

Drum lasset uns zufrieden sein
Zu kommen und zu gehn,
Vertrau'n auf unsern guten Stern
Und frohes Wiedersehn!

1938

Spannungen

Die Linde[1] spricht:
Ich schweige nicht,
Doch Ihr versteht mich nimmer!
Könnt Ihr erlauschen
Mein ruhiges Rauschen,
Ihr hört dasselbe wie immer:
Gedenket treu der alten Zeit,
Die wir dereinst gesehn.
Was Ungleiches zusammenhält,
Ist gütiges Verstehn.

Auf dem Schusterbergerl über Brunnwinkl

Am Schusterbergerl sitz' ich still
Ganz oben auf der Höh',
Und unter mir, im Sonnenglanz,
Da kräuselt sich der See.

Der Berge zarte Linie
In formenschöner Flucht
Umsäumt das Bild, da wo der Blick
Den weiten Himmel sucht.

Die Fichte hängt ihr Astwerk schwarz
Ins Himmelsblau hinein;
Mit ihm und ihrem harzigen Duft
Rahmt sie das Ganze ein.

Tief unten zieht ein schmaler Weg.
Auch Menschen wandeln drauf,
Ganz klein – so wie sie wirklich sind –
So scheinen sie herauf.

Hier hörst Du nicht ihr schales Wort,
Nur Vogelstimmen aus den Bäumen!
Weißt Du mir einen schöneren Ort,
Um Stunden glücklich zu verträumen?

---

[1] Inmitten von Brunnwinkl steht eine große Linde, deren Stamm als Anschlagsbrett für unsere Siedlung dient. Manchmal ist sie bespickt mit poetischen Ergüssen. Zuweilen wird ihr in den Mund gelegt, was man sagen will.

1948

Ein andermal

Der Himmel ist verhangen,
Es nieselt, trieft und tropft.
Enttäuscht wird, wer mit Bangen
Am Barometer klopft.

Und doch – einst *kommt* die Sonne
Und wird der Himmel blau.
Es schweigt die Regentonne
Und glitzert Morgentau.

So lerne, Dich nicht grämen
Und in die Zukunft schau'n –
Das Schlechte hinzunehmen,
Aufs Bessere vertrau'n.

1951

Herbst

Halb erfroren grüßen Dich
Letzte Blumenfreuden.
Auf den Almen, auf dem Wald
Liegt das große Scheiden.

Wo der Vögel Stimme klang
Zum Insektenbrummen,
Wird nun bald das letzte Lied
Unterm Frost verstummen.

Strahlst Du, Sonne, noch so klar,
Scheinst doch schon zum Sterben.
Die Du heut' noch jubeln läßt,
Kann die Nacht verderben.

Wen Du liebst, den halte fest
In den warmen Armen.
Laß die Nacht zur rechten Zeit
Seiner sich erbarmen.

Aus besonderem Anlaß

1935

Richard Hertwig zum 85. Geburtstag

Gerne denken wir noch immer
An die alten Klosterräume.[2]
Vielen waren sie die Wiege
Ihrer frohen Lebensträume.
Vielen waren sie die Quelle
Reger Arbeit, ernsten Strebens,
Allen eine hohe Schule
Für die Pflichten dieses Lebens.
Und wir zogen von der Stätte
In die weite Welt hinaus,
Doch sie bleibt uns eine Heimat
Wie ein zweites Vaterhaus.

1940

Widmung in „Zehn kleine Hausgenossen"

Es ist kein Wesen zu gering,
Man kann doch von ihm lernen.
Derselbe Zauber ist um uns
Im Nahen wie im Fernen.
Und voll der Rätsel bleibt die Welt
Vom Floh bis zu den Sternen.

[2] Das alte Zoologische Institut war in ehemaligen Klosterräumen untergebracht, s. Anm. S. 88.

1956

Otto zur Doktorfeier

Nun hast Du Deinen Doktorhut,
So trage ihn in Ehren.
Drei Tugenden beachte gut,
Dich künftig zu bewähren:

Zum ersten ist die Phantasie
Jedes Erfolges Quelle.
Im Struppwerk hängst Du ohne sie
Und kommst nicht von der Stelle.

Zweitens verlangt die Wissenschaft
Von ihren Dienern Wahrheit.
Kein Trug hat Überzeugungskraft.
Nur Ehrlichkeit bringt Klarheit.

Die dritte Tugend ist der Fleiß,
Am sauersten zu haben.
Doch wer den Fleiß zu finden weiß,
Dem streut er reiche Gaben.

Nimm das auf deinen Wegen
Als väterlichen Segen.

1956

Dank für die Glückwünsche zum 70. Geburtstag

Euerer Freundschaft reicher Chor,
Lautrer Wohlklang meinem Ohr,
Füllt mir noch die Sinne

Und des Lebens schönster Frucht:
Treue durch der Jahre Flucht,
Ward ich dankbar inne.

Am Abend

1964

Späte Zuneigung

Im Busch die Vögel sangen
Und aus dem Acker klangen
Die Grillen ohne Zahl.
Auch Bächlein hört' ich rauschen,
Gar manchem konnt' ich lauschen —
Ja, ja, das war einmal.

Doch steht, Gottlob, daneben
Noch anderem Erleben
Der Weg zum Herzen frei.
Nun hör' ich's wieder klingen
Von *innen* her, und singen
Wie Vöglein einst im Mai.

1966

Dank für Glückwünsche zum 80. Geburtstag[3]

Da grüßen sie, hoch über allen Wipfeln
Die Berge, zum vertrauten Bild gereiht.
Wo sind die Tage, die ich euren Gipfeln
Mit leichtem Schritt so oft, so froh geweiht!

Gestochen scharf vor reinem blauen Himmel
Steht die Silhouette Eurer Einsamkeit,
Die vor der Menschen drängendem Gewimmel
Und ihrem Lärm so göttlich uns befreit.

Viel lieber blickt' ich von den Graten nieder
Als nur nach oben, zum Verzicht bereit —
Wie wäre es, kehrst Du noch einmal wieder,
Du treulose, Du schöne alte Zeit?

Was wir verlieren, geht uns arg zu Herzen
Und tut uns oft bis in die Seele leid.
Jedoch es läßt sich manches auch verschmerzen.
Das Leben hält noch anderes bereit.

Bezeugt in alter, unentwegter Treue
Der Freunde Schar ihre Verbundenheit,
So ahnt Ihr nicht, wie sehr ich des mich freue
In warmer, tief gefühlter Dankbarkeit.

---

[3] Nach einem Herzinfarkt.

1. 1. 1967

Man ist versucht, im ersten Tagesgrauen
Des unbefleckten Neuen Jahres
Auf das verflossene zurückzuschauen.
Nicht g'rad' der besten eines war es!

So mag es flieh'n, wir weinen keine Tränen,
Zu fühlbar lasteten die Sorgen.
Durch alle Seelen zieht ein leises Sehnen
Nach einem friedlicheren morgen.

Wann wird der weiten Welt ein solches dämmern?
Es ist der Wunsch zur Jahreswende
Daß jene, die der Erde Schicksal hämmern,
Mehr achten auf ein gutes Ende.

Und Sorgen wachsen auch im engen Kreise.
Wir wollen nicht darin versinken.
Es wird schon jedem noch auf seine Weise
Ein milder Stern am Himmel blinken.

1967

Geburtstagsgruß an die jüngste Tochter

Weil zwischen Dir und uns die Alpen liegen,
So wirst Du heuer keine Gaben kriegen.
Doch viele warme gute Wünsche fliegen
Zu Dir, in süße Träume Dich zu wiegen.
Erträume Dir ein schönes Lebensjahr,
Und was Du wünschest, mach' die Zukunft wahr.

Den Lauf des Lebens sicher zu gestalten,
Was gut und schön ist, treu sich zu erhalten,
Es schirmen gegen höhere Gewalten,
Ist schwacher Menschenhand nicht vorbehalten.
Doch greife – denn das ist es, was man kann –
Was Du erträumst, im Wachen mutig an.

Dann spende Dir der Himmel seinen Segen,
So scheint die Sonne Dir auf allen Wegen.

1967

Resignation

Der Mensch in seinem Wissensdrang
Sinniert und forscht sein Leben lang,
Um dann verzichtend einzusehn:
Im Grunde kann er nichts verstehn.

31. Dezember 1968

Wieder geht ein Jahr zu Ende
Und das nächste rückt heran.
Wie bei jeder Jahreswende
Hebt das Spintisieren an.

Darf man es für besser schätzen?
Oder bringt es Böses mit?
Wird der Mensch den Mond besetzen?
Und was ist dann der Profit?

Sollte er nicht lieber streben
Hier zu meistern was uns plagt,
Ringen um ein schöneres Leben,
Statt daß er Gestirne jagt?

Muß er auch die Welt vergiften,
Blind im Wahn nach Macht und Sieg?
Wieviel Segen ließ' sich stiften
Mit dem Aufwand für den Krieg!

Haß wird immer Haß erzeugen.
Für den rechten Lebensstil
Müßten sich die Großen beugen
Vor der Ethik hohem Ziel.

Wird es dazu einmal kommen?
Hoffen wir auf die Vernunft.
Noch hab' ich sie nicht vernommen
Aus der maßgeblichen Zunft.

Hoffnung ist nicht umzubringen.
Einmal ist's vielleicht so weit.
Lassen wir die Gläser klingen
Auf die „Gute Neue Zeit"!

VERZEICHNIS DER ARBEITEN VON

Prof. Dr. KARL VON FRISCH

Bücher

1. Sechs Vorträge über Bakteriologie für Krankenschwestern, Wien und Leipzig 1918.
2. Aus dem Leben der Bienen. Verständl. Wissenschaft, Bd. 1. Berlin: Springer 1927 (8. Aufl. 1969).
3. Du und das Leben. Eine moderne Biologie für Jedermann. Berlin: Ullstein 1936 (121.—135. Tausend 1966).
4. 10 kleine Hausgenossen. München: Heimeran 1940. 19.—23. Tausend. Stuttgart: Franckh 1966.
5. Duftgelenkte Bienen im Dienst der Landwirtschaft und Imkerei. Wien: Springer 1947.
6. Biologie (für höhere Lehranstalten). 2 Bände. München: Bayr. Schulbuchverlag 1952/53. 3. Aufl. (in einem Band) 1967.
7. Bienenfibel. München: Bruckmann 1954.
8. Erinnerungen eines Biologen. Berlin-Göttingen-Heidelberg: Springer 1957.
9. Tanzsprache und Orientierung der Bienen. Berlin-Göttingen-Heidelberg-New York: Springer 1965.
10. Ausgewählte Vorträge 1911—1969, mit Anmerkungen und Zusätzen. München BLV Verlagsgesellschaft 1970.
11. Animal Architectonic. Helen and Kurt Wolff Books. New York: Harcourt Brace Jovanovich (in Vorbereitung).
12. Tiere als Baumeister. Berlin: Ullstein (in Vorbereitung).

Veröffentlichungen in Zeitschriften

1. Studien über die Pigmentverschiebung im Facettenauge. Biol. Zbl. **28**, 662—671, 698—704 (1908).
2. Über die Beziehungen der Pigmentzellen in der Fischhaut zum sympathischen Nervensystem. Festschrift f. Richard Hertwig, Bd. 3, 15—28, Jena 1910.— *Dissertation.*
3. Über das Parietalorgan der Fische als funktionierendes Organ. Ges. f. Morph. u. Physiol. München, Sitzgsber. 1911.
4. Beiträge zur Physiologie der Pigmentzellen in der Fischhaut. Arch. f. Physiol. **138**, 319—387 (1911).
5. Über den Einfluß der Temperatur auf die schwarzen Pigmentzellen der Fischhaut. Biol. Zbl. **31**, 236—248 (1911).
6. Über den Farbensinn der Fische. Verh. Dtsch. zool. Ges. **1911**, **220—225.**
7. Über farbige Anpassung bei Fischen. Zool. Jahrb. (Phys.) **32**, **171—230** (1912) *(Habilitationsschrift).*

8. Über Färbung und Farbensinn der Tiere. Sitzgsber. Ges. f. Morph. u. Physiol. München 1912.
9. Sind die Fische farbenblind? Zool. Jahrb. (Phys.) **33**, 107—126 (1912).
10. Über die Farbanpassung des Crenilabrus. Zool. Jahrb. (Phys.) **33**, 151—164 (1912).
11. Über den Farbensinn der Bienen und die Blumenfarben. Münch. med. Wschr. **1913**, Nr. 1.
12. (zus. mit KUPELWIESER): Über den Einfluß der Lichtfarbe auf die phototaktischen Reaktionen niederer Krebse. Biol. Zbl. **33**, 517—552 (1913).
13. Zur Frage nach dem Farbensinn der Tiere. Verh. Ges. dtsch. Naturforscher u. Ärzte. 1913.
14. Weitere Untersuchungen über den Farbensinn der Fische. Zool. Jahrb. (Phys.) **34**, 43—68 (1913).
15. Demonstration von Versuchen zum Nachweis des Farbensinnes bei angeblich total farbenblinden Tieren. Verh. dtsch. zool. Ges. **1914**, 50—58.
16. Der Farbensinn und Formensinn der Biene. Zool. Jahrb. (Phys.) **35**, 1—188 (1915).
17. Über den Geruchsinn der Biene und seine Bedeutung für den Blumenbesuch. Verh. zool.-bot. Ges. Wien 1915.
18. Zur Kenntnis sozialer Instinkte bei solitären Bienen. Biol. Zbl. **38**, 183—188 (1918).
19. Über den Geruchsinn der Biene und seine Bedeutung für den Blumenbesuch. II. Mitt., Verh. zool.-bot. Ges. Wien 1918.
20. (gemeinsam mit O. v. FRISCH): Über die Behandlung difform verheilter Schußbrüche des Oberschenkels. Arch. klin. Chir. **109**, H. 4 (1918).
21. Zur Streitfrage nach dem Farbensinn der Bienen. Biol. Zbl. **39**, 122—139 (1919).
22. Zur alten Frage nach dem Sitz des Geruchsinnes bei Insekten. Verh. zool.-bot. Ges. Wien **1919**, 17—26.
23. Über den Geruchsinn der Biene und seine blütenbiologische Bedeutung. Zool. Jahrb. (Phys.) **37**, 1—238 (1919).
24. RICHARD HERTWIGs Lehrbuch der Zoologie. Naturwiss. **1920**.
25. Über den Einfluß der Bodenfarbe auf die Fleckenzeichnung des Feuersalamanders. Biol. Zbl. **40**, 390—414 (1920).
26. Über die „Sprache" der Bienen I. Münch. med. Wschr. **1920**, 566—569.
27. Über die „Sprache" der Bienen II. Münch. med. Wschr. **1921**, 509—511.
28. Über den Sitz des Geruchsinnes bei Insecten. Zool. Jahrb. (Phys.) **38**, 1—68 (1921).
29. Über die „Sprache" der Bienen III. Münch. med. Wschr. **1922**, 781—782.
30. Methoden sinnesphysiologischer und psychologischer Untersuchungen an Bienen. Handbuch der biologischen Arbeitsmethoden, Abt. VI, Teil D, S. 121—178, 1922.
31. Über die „Sprache" der Bienen. Eine tierpsychologische Untersuchung. Zool. Jahrb. (Phys.) **40**, 1—186 (1923).
32. Das Problem des tierischen Farbensinnes. Naturwiss. **11**, H. 24 (1923).
33. Über die Verdauung bei Hydra. Verh. zool.-bot. Ges. Wien **73**, 37—43 (1923).
34. Ein Zwergwels, der kommt, wenn man ihm pfeift. Biol. Zbl. **43**, 439—446 (1923).
35. Versuche und Bemerkungen zu SCHNURMANNs Hypothese von der Farbenanpassung „total farbenblinder" Fische. Z. Biol. **80**, 223—230 (1924).
36. Sinnesphysiologie der Wassertiere. Verh. dtsch. zool. Ges. **29**, 21—42 (1924).
37. Sinnesphysiologie und „Sprache" der Bienen. Naturwiss. **12**, (1924).

38. Prof. Dr. FRANZ DOFLEIN †: Ostdtsch. Naturwart, H. 1 (1925).
39. Farbensinn der Fische und Duplizitätstheorie. Z. Physiol. **2**, 393—452 (1925).
40. Vergleichende Physiologie des Geruchs- und Geschmacksinnes. Handbuch der normalen und pathologischen Physiologie, Bd. 11, S. 203—239 (1925).
41. (gemeinsam mit RÖSCH): Neue Versuche über die Bedeutung von Duftorgan und Pollenduft für die Verständigung im Bienenvolk. Z. Physiol. **4**, 1—21 (1926).
42. Versuche über den Geschmacksinn der Bienen. Naturwiss. **15**, H. 14 (1927).
43. Ein Vorschlag für die Wanderimker. Bienenzucht u. Bienenforschung in Bayern. Wachholtz-Verlag **1927**.
44. Die Sinnesphysiologie der Bienen. Naturwiss. **15**, H. **48/49** (1927).
45. Versuche über den Geschmacksinn der Bienen II. Naturwiss. **16**, H. 18, 307—315 (1928).
46. Eröffnungsansprache. Verh. dtsch. zool. Ges. **32**. Jahresvers. **1928**.
47. Die biologische Bedeutung von Blumenfarbe und Blütenduft. Natur u. Museum **1928**, **537—544**.
48. Über die Labyrinth-Funktionen bei Fischen. Verh. dtsch. zool. Ges. **1929**, 104—112.
49. Versuche über den Geschmacksinn der Bienen III. Naturwiss. **18**, 169—174 (1930).
50. The sense of hearing in fishes. Science **71**, Nr. **1846**, **515** (1930).
51. Über den Gehörsinn der Tiere. Natur u. Museum **1931**, **245—237**.
52. Über den Sitz des Gehörsinnes bei Fischen. Verh. dtsch. zool. Ges. **1931**, 99—108.
53. (gemeinsam mit STETTER): Untersuchungen über den Sitz des Gehörsinnes bei der Ellritze. Z. Physiol. **17**, 686—801 (1932).
54. Die Erforschung des Gehörsinnes bei Fischen. Wien. klin. Wschr. **1933**, Nr. 20.
55. Das neue zoologische Institut in München. Biologe **2**, 10 (1933).
56. Einige Versuche und Modelle für den zoologischen Schulunterricht. Unterrichtsbl. Math. u. Naturwiss. **40**, Nr. 1 (1934).
57. Über eine Scheinfunktion des Fischlabyrinthes. Naturwiss. **22**, 332/34 (1934).
58. Über den Geschmacksinn der Biene. Z. Physiol. **21**, 1—156 (1934).
59. (gemeinsam mit TH. KOLLMANN): Der Neubau des Zoologischen Institutes der Universität München. München: Verlag Huber 1935.
60. Riechen und Schmecken bei Menschen und bei Tieren. Natur u. Volk **65**, 269—283 (1935).
61. (gemeinsam mit DIJKGRAAF): Können Fische die Schallrichtung wahrnehmen? Z. Physiol. **22**, 641—655 (1935).
62. Über den Gehörsinn der Fische. Biolog. Reviews **11**, 210—246 (1936).
63. Psychologie der Bienen. Z. Tierpsychol. **1**, 9—21 (1937).
64. Der Beobachtungsstock in der Schule. Biologe **6**, 171/172 (1937).
65. Vom Sinnesleben und Geistesleben der Bienen. Dtsch. Imkerführer **11**, Nr. 6 (1937).
66. RICHARD VON HERTWIG †: Münch. med. Wschr. **1937**, Nr. **45**.
67. The sense of hearing in fish. Nature (London) **141**, 8 (1938).
68. RICHARD VON HERTWIG: Gedächtnisrede. Verl. d. Bayr. Akad. d. Wiss. 1938.
69. Über die Bedeutung des Sacculus und der Lagena für den Gehörsinn der Fische. Z. Physiol. **25**, 703—747 (1938).
70. Zur Psychologie des Fisch-Schwarmes. Naturwiss. **26**, 601—606 (1938).
71. Die Tänze und das Zeitgedächtnis der Bienen im Widerspruch. Naturwiss. **28**, 65—69 (1940).

72. Nervöse und hormonale Regelung des tierischen Farbwechsels. Sitzgsber. Ges. f. Morph. u. Physiol. München **49**, (1940).
73. Die Bedeutung des Geruchsinnes im Leben der Fische. Naturwiss. **29**, 321 bis 333 (1941).
74. KARL ESCHERICH zum 70. Geburtstage. Naturwiss. **29**, 561—563 (1941).
75. Über einen Schreckstoff der Fischhaut und seine biologische Bedeutung. Z. Physiol. **29**, 46—145 (1941).
76. Die Werbetänze der Bienen und ihre Auslösung. Naturwiss. **30**, 269—277 (1942).
77. Der Farbwechsel der Fische. Umschau **1942**, H. **17**.
78. Die Bedeutung von SPRENGELs blütenbiologischer Entdeckung. Dtsch. Imkerführer **16**, Nr. 9 (1942).
79. CHRISTIAN KONRAD SPRENGELs Blumentheorie vor 150 Jahren und heute. Naturwiss. **31**, 223—229 (1943).
80. Die Lenkung des Bienenfluges durch Duftstoffe. Dtsch. Imkerführer **17**, H. 1 (1943).
81. Bericht über die am Münchner Zool. Institut eingeleiteten Nosemaarbeiten zur Frage der Vorbeugungsmittel, der chemotherapeutischen Bekämpfung und des Beobachtungsdienstes. Dtsch. Imkerführer **16**, H. 12 (1943).
82. Versuche über die Lenkung des Bienenfluges durch Duftstoffe. Naturwiss. **31**, 454—459 (1943).
83. Kurzer Bericht über die im Jahre 1943 durchgeführten Versuche über die Lenkung des Bienenvolkes durch Duftstoffe. Dtsch. Imkerführer **18**, Nr. 1 (1944).
84. Kurzer Bericht über die im Jahre 1943 durchgeführten Versuche zur Bekämpfung der Nosemaseuche der Bienen. Dtsch. Imkerführer **18**, Nr. 2 (1944).
85. Die „Sprache" der Bienen und ihre Nutzanwendung in der Landwirtschaft. Experientia (Basel) **2**, H. 10 (1946).
86. Die Tänze der Bienen. Österr. zool. Z. **1**, 1—48 (1946).
87. Medizinstudium und Biologieunterricht. Graz: J. A. Kienreich 1947.
88. RICHARD HESSE: Nachruf. Almanach österr. Akad. Wiss. für 1945, **95**, (1947).
89. Gelöste und ungelöste Rätsel der Bienensprache. Naturwiss. **35**, H. 1 u. 2 (1948).
90. Die Polarisation des Himmelslichtes als orientierender Faktor bei den Tänzen der Bienen. Experientia (Basel) **5**, 142—148 (1949).
91. Die Sonne als Kompaß im Leben der Bienen. Experientia (Basel) **6**, 210—221 (1950).
92. Orientierungsvermögen und Sprache der Bienen. Naturwiss. **38**, 105—112 (1951).
93. Spitzenleistungen tierischer Sinnesorgane und ihre biologische Bedeutung. Vjschr. naturforsch. Ges. Zürich **96**, 176—178 (1951).
94. Hummeln als unfreiwillige Transportflieger. Natur u. Volk **82**, 171—174 (1952).
95. Die wechselseitigen Beziehungen und die Harmonie im Bienenstaat. Coll. internat. d. Centre Nat. de la Recherche Scient. **34**, Paris 1952.
96. KARL ESCHERICH: Jahrb. Bayr. Akad. d. Wiss. 1952.
97. „Sprache" oder „Kommunikation" der Bienen? Psychol. Rdsch. **4**, 235—236 (1953).
98. (gemeinsam mit HERAN und LINDAUER): Gibt es in der „Sprache" der Bienen eine Weisung nach oben oder unten? Z. Physiol. **35**, 219—245 (1953).
99. Eine eigenartige Räuberbande. Z. Bienenforsch. **2**, (1953).

100. Die Richtungsorientierung der Bienen. Verh. dtsch. zool. Ges. Freiburg 1952, S. 58—72. Leipzig 1953.
101. Die Fähigkeit der Bienen, die Sonne durch die Wolken wahrzunehmen. Bayr. Akad. Wiss., Math.-Naturwiss. Kl., Sitzgsber. 1953.
102. (gemeinsam mit LINDAUER): Himmel und Erde in Konkurrenz bei der Orientierung der Bienen. Naturwiss. **41**, 245—253 (1954).
103. Symbolik im Reich der Tiere. Münchner Universitätsreden, Neue Folge, Heft 7. München: Verlag Hueber 1954.
104. Sprechende Tänze im Bienenvolk. Festrede am 11. 12. 54. Verlag der Bayr. Akad. d. Wiss. 1955.
105. (gemeinsam mit LINDAUER): Über die Fluggeschwindigkeit der Bienen und über ihre Richtungsweisung bei Seitenwind. Naturwiss. **42**, 377—385 (1955).
106. Beobachtungen und Versuche M. LINDAUERs an indischen Bienen. Sitzgsber. Bayr. Akad. Wiss., Math.-Naturwiss. Kl. 1955.
107. EUGEN KORSCHELT: Nachruf. Almanach österr. Akad. Wiss. **105**, (1956).
108. (gemeinsam mit LINDAUER): The "language" and orientation of the honey bee. Annual Rev. Entomol. **1**, 45—58 (1956).
109. Die Sinne der Bienen im Dienst ihrer sozialen Gemeinschaft. Nova Acta Leopoldina N. F. **17**, Nr. 122 (1956).
110. Lernvermögen und erbgebundene Tradition im Leben der Bienen. Vortrag am 18. 6. 1954. «L'instinct dans le comportement des animaux et de l'homme». Fondation Singer-Polignac, S. 345—386. Paris 1956.
111. The "language" and orientation of the bees. Proc. Amer. Philos. Soc. **100**, 515—519 (1956).
112. Wie Insekten in die Welt schauen. Studium gen. **10**, 204—210 (1957).
113. (gemeinsam mit JANDER): Über den Schwänzeltanz der Bienen. Z. vergl. Physiol. **40**, 239—263 (1957).
114. Neues von der „Sprache" und Orientierung der Bienen. Vierteljahresschrift d. Naturforschenden Gesellschaft in Zürich **102**, 361—363 (1957).
115. Die Bienen und ihr Himmelskompaß. Orden pour le mérite f. Wissensch. u. Künste, Reden u. Gedenkworte **2**, 1956/7, 135—161 (1958).
116. Die Erforschung der Sinnesleistungen bei Insekten. Mitt. d. Schweizer. Entomolog. Gesellsch. **31**, 139—145 (1958).
117. Über Zeichnungsmuster auf Schmetterlingsflügeln. Sitz. Ber. Bayer. Akad. d. Wissensch. (math.-naturw. Kl.) 157—165 (1958).
118. Insekten — die Herren der Erde. Naturw. Rundsch. 369—375 (1959).
119. Bestrafte Gefräßigkeit. Z. Tierpsych. **16**, 647—650 (1959).
120. (Gemeinsam mit M. LINDAUER u. F. SCHMEIDLER): Wie erkennt die Biene den Sonnenstand bei geschlossener Wolkendecke? Naturwissensch. Rundsch. 169—172 (1960).
121. Wunder der Insektenwelt. Triangel **4**, 206—218 (1960).
122. (gemeinsam mit M. LINDAUER u. K. DAUMER): Über die Wahrnehmung polarisierten Lichtes durch das Bienenauge. Experientia (Basel) **16**, 289—301 (1960).
123. „Sprache" und Orientierung der Bienen. Dr. Albert Wander Gedenkvorlesung H. 3, Bern u. Stuttgart 1961.
124. (gemeinsam mit LINDAUER): Über die „Mißweisung" bei den richtungsweisenden Tänzen der Bienen. Die Naturwissenschaften **48**, 585—594 (1961).
125. Über die durch Licht bedingte „Mißweisung" bei den Tänzen im Bienenstock. Experientia (Basel) **18**, 49—53 (1962).
126. Gedenkworte für OTTO RENNER. Orden pour le mérite f. Wissensch. u. Künste, Reden und Gedenkworte **4**, 1960/61, 129—137 (1962).

127. (gemeinsam mit O. KRATKY): Über die Beziehungen zwischen Flugweite und Tanztempo bei der Entfernungsweisung der Bienen. Die Naturwissenschaften **49**, 409—417 (1962).
128. Bienen und Blumen. Kosmos **59**, 279—283 (1963).
129. Bienenuhr und Blumenuhr. Z. Tierpsych. **20**, 441—445 (1963).
130. Gedenkworte für MAX HARTMANN. Orden pour le mérite f. Wissensch. u. Künste, Reden und Gedenkworte **6**, 1963/64, 109—115 (1964).
131. Spitzenleistungen im Sinnesleben der Bienen. Ber. 24. Kongr. D. Ges. für Psych. **10**—**23**, Göttingen (1965).
132. Honeybees. Do they use direction and distance information provided by their dancers? Science **158**, 1072—1076 (1967).
133. Verstehen die Bienen wirklich ihre eigene Sprache nicht? Allg. Deutsche Imkerzeitung H. **2**, (1968).
134. The role of dances in recruiting bees to familiar sites. Animal Behaviour **16**, 531—533 (1968).
135. Die Biene auf Trachtflug. Vortrag auf dem 22. Internat. Bienenzüchterkongreß in München 1969. Allg. D. Imkerztg. H. **12** (1969).
136. Mißglückter Nestverschluß einer Blattschneiderbiene Rev. Suisse Zool. **79**, fasc. suppl. Festschrift f. E. HADORN, 85—88 (1972).

NAMEN- UND SACHVERZEICHNIS